全国高职高专药学类专业规划教材（第三轮）

无机化学

第 3 版

（供药学类、中药学等专业用）

主　编　刘洪波

副主编　李伟娜　崔海燕　王红波　孔建飞　陈　凯

编　者　（以姓氏笔画为序）

王司雷（漳州卫生职业学院）

王红波（山东医学高等专科学校）

孔建飞（江苏医药职业学院）

吕　佳（长春医学高等专科学校）

伍　乔（长沙卫生职业学院）

刘洪波（长春医学高等专科学校）

李伟娜（长春医学高等专科学校）

李荣云（山东医药技师学院）

陈　凯（四川中医药高等专科学校）

姜　鹤（长春金赛药业有限责任公司）

崔珊珊（长春职业技术学院）

崔海燕（山东中医药高等专科学校）

中国健康传媒集团

中国医药科技出版社

内 容 提 要

　　本教材是"全国高职高专药学类专业规划教材（第三轮）"之一，系根据本套教材编写原则与要求和课程特点，由多名具有丰富职业教育经验的人员和知名药企的一线技术人员共同编写完成。本教材的理论内容包括 11 章，依次为分散系（包括稀溶液、胶体溶液的基本知识）、化学热力学基础、化学反应速率和化学平衡（包括酸碱平衡、沉淀溶解平衡、氧化还原平衡和配位平衡）、物质结构（包括原子结构、分子结构）、元素知识（包括主族元素和副族元素）。实验部分共设 12 个实验，包含化学实验基本操作、溶液的配制、有关常数的测定、无机物的制备及性质等。本教材为书网融合教材，即纸质教材有机融合电子教材、教学配套资源（PPT、微课、视频、图片等）、题库系统、数字化教学服务（在线教学、在线作业、在线考试）。

　　本教材主要供全国高等职业院校药学类、中药学专业师生教学使用。

图书在版编目（CIP）数据

　　无机化学／刘洪波主编. -- 3 版. -- 北京：中国医药科技出版社，2024. 10. --（全国高职高专药学类专业规划教材）. -- ISBN 978-7-5214-4937-2

　　Ⅰ. O61

　　中国国家版本馆 CIP 数据核字第 20242DJ606 号

美术编辑　陈君杞
版式设计　友全图文

出版　**中国健康传媒集团** | 中国医药科技出版社
地址　北京市海淀区文慧园北路甲 22 号
邮编　100082
电话　发行：010 - 62227427　邮购：010 - 62236938
网址　www. cmstp. com
规格　889mm × 1194mm $\frac{1}{16}$
印张　14
字数　408 千字
初版　2015 年 7 月第 1 版
版次　2024 年 11 月第 3 版
印次　2024 年 11 月第 1 次印刷
印刷　天津市银博印刷集团有限公司
经销　全国各地新华书店
书号　ISBN 978-7-5214-4937-2
定价　**49.00 元**

获取新书信息、投稿、为图书纠错，请扫码联系我们。

数字化教材编委会

主　编　刘洪波
副主编　李伟娜　崔海燕　王红波　孔建飞　陈　凯
编　者　(以姓氏笔画为序)
　　　　王司雷 (漳州卫生职业学院)
　　　　王红波 (山东医学高等专科学校)
　　　　孔建飞 (江苏医药职业学院)
　　　　吕　佳 (长春医学高等专科学校)
　　　　伍　乔 (长沙卫生职业学院)
　　　　刘洪波 (长春医学高等专科学校)
　　　　李伟娜 (长春医学高等专科学校)
　　　　李荣云 (山东医药技师学院)
　　　　陈　凯 (四川中医药高等专科学校)
　　　　姜　鹤 (长春金赛药业有限责任公司)
　　　　崔珊珊 (长春职业技术学院)
　　　　崔海燕 (山东中医药高等专科学校)

出版说明

全国高职高专药学类专业规划教材，第一轮于2015年出版，第二轮于2019年出版，自出版以来受到各院校师生的欢迎和好评。为深入学习贯彻党的二十大精神，落实《国务院关于印发国家职业教育改革实施方案的通知》《关于深化现代职业教育体系建设改革的意见》《关于推动现代职业教育高质量发展的意见》等有关文件精神，适应学科发展和高等职业教育教学改革等新要求，对标国家健康战略、对接医药市场需求、服务健康产业转型升级，进一步提升教材质量、优化教材品种，支撑高质量现代职业教育体系发展的需要，使教材更好地服务于院校教学，中国健康传媒集团中国医药科技出版社在教育部、国家药品监督管理局的领导下，组织和规划了"全国高职高专药学类专业规划教材（第三轮）"的修订和编写工作。本轮教材共包含39门，其中32门为修订教材，7门为新增教材。本套教材定位清晰、特色鲜明，主要体现在以下方面。

1. 强化课程思政，辅助三全育人

贯彻党的教育方针，坚决把立德树人贯穿、落实到教材建设全过程的各方面、各环节。教材编写将价值塑造、知识传授和能力培养三者融为一体。深度挖掘提炼专业知识体系中所蕴含的思想价值和精神内涵，科学合理拓展课程的广度、深度和温度，多角度增加课程的知识性、人文性，提升引领性、时代性和开放性，辅助实现"三全育人"（全员育人、全程育人、全方位育人），培养新时代技能型创新人才。

2. 推进产教融合，体现职教特色

围绕"教随产出、产教同行"，引入行业人员参与到教材编写的各环节，为教材内容适应行业发展献言献策。教材内容体现行业最新、成熟的技术和标准，充分体现新技术、新工艺、新规范。

3. 创新教材模式，岗课赛证融通

教材紧密结合当前实际要求，教材内容与技术发展衔接、与生产过程对接、人才培养与现代产业需求融合。教材内容对标岗位职业能力，以学生为中心、成果为导向，持续改进，确立"真懂（知识目标）、真用（能力目标）、真爱（素质目标）"的教学目标，从知识、能力、素养三个方面培养学生的理想信念，提升学生的创新思维和意识；梳理技能竞赛、职业技能等级考证中的理论知识、实操技能、职业素养等内容，将其对应的知识点、技能点、竞赛点与教学内容深度衔接；调整和重构教材内容，推进与技能竞赛考核、职业技能等级证书考核的有机结合。

4. 建新型态教材，适应转型需求

适应职业教育数字化转型趋势和变革要求，依托"医药大学堂"在线学习平台，搭建与教材配套的数字化课程教学资源（数字教材、教学课件、视频及练习题等），丰富多样化、立体化教学资源，并提升教学手段，促进师生互动，满足教学管理需要，为提高教育教学水平和质量提供支撑。

前言 PREFACE

本教材是"全国高职高专药学类专业规划教材（第三轮）"之一。根据本套教材的编写总体思路与原则，综合各同类院校药学类专业人才培养方案及药品检验和药品生产等职业岗位对相关能力的要求，经过充分调研，在上一版基础上对教材内容进行了修订。

本教材是以高职高专药学类专业人才培养目标为依据，以岗位需求为导向，以技能培养为核心，坚持"三基""五性""三特定"的原则修订而成。本教材修订思路如下。

1. 教材内容的筛选以"必需、够用"为度。依据有机化学、生物化学、药理学、药物化学、药物分析、药剂学等后续课程具体需要和岗位的需求，选择无机化学教材内容。努力做到语言的叙述简明扼要、通俗易懂。注重相近课程、前期课程和后续课程之间的继接。根据专业课的需要在教材的深度和广度方面，力争做到深浅适中、宽广适度、简明适用。本教材最后的两章主族元素和副族元素是元素方面的知识，在药学类相关专业的专业课中很少用到，类似这样的内容，进行与专业相关性的筛选，学生可根据升学和工作的需要，选择性学习。这样的处理既考虑到学生的可持续发展，又保证了教材具有较完整的无机化学知识体系。

2. 教材结构的构建力求顺应学生认知规律而富有逻辑。注重与高中知识衔接，将溶液、胶体溶液等基本知识、化学反应速率和化学平衡、酸碱平衡放在前面几章，后面逐步过渡到沉淀溶解平衡、氧化和还原平衡，之后接触无机化学的难点章节——原子、分子结构，教材内容组织和编排呈现出先易后难的自然梯度，符合学生的认知规律，旨在实现教与学的和谐共进。

结合无机化学课程特点、思维方法和价值理念，注重挖掘课程思政元素，通过"情境导入""知识链接"等板块有机融入教材的编写，达到润物无声的育人效果。着力于提高学生正确认识问题、分析问题和解决问题的能力。注重科学思维方法的训练和科学伦理的教育，培养学生探索未知、追求真理、勇攀科学高峰的责任感和使命感。

本教材由刘洪波担任主编，具体编写分工如下：刘洪波（绪言、第四章、实验七）、陈凯（第一章）、孔建飞（第二章和实验九）、吕佳（第三章和实验五）、李荣云（第五章）、王红波（第六章、实验六）、崔海燕（第七章、实验三）、李伟娜（第八章、实验一）、伍乔（第九章、实验十）、王司雷（第十章、实验十一）、崔珊珊（第十一章、实验十二）、姜鹤（实验二、实验四、实验八和附录）。

致谢在本教材编撰过程中给我们大力支持的编者所在单位、所引用文献资料的原作者。本教材在体现高等职业教育教材特色，从内容和逻辑结构的编排上做了一些尝试，但鉴于编者对高等职业教育的理解及水平有限，书中会有不妥甚至疏漏之处，敬请各位读者批评指正，以便进一步修订完善。

编 者
2024 年 8 月

CONTENTS 目录

绪　言

化学作为自然科学的一门重要学科，主要是在分子、原子或离子等层次上研究物质的组成、结构、性能以及能量关系的科学。简单而言，化学为研究物质化学变化的科学。它是人类获取认识和改造物质世界的主要手段和方法之一，从古代开始，人们就有了与化学有关的生产实践，例如用火、制陶、金属冶炼、造纸、染色、火药的应用等，现在化学与人类的衣、食、住、行以及能源、信息、材料、国防、环境保护、医药卫生、资源利用等方面更是紧密相连，已经深入到人类生活的各个领域，在国民经济的发展中发挥越来越重要的作用。

一、无机化学的研究对象

除去碳、氢化合物以及其大多数衍生物外，无机化学是对所有元素及其化合物的性质、结构和反应进行实验研究和理论解释的一门科学，其研究对象是所有元素及其化合物（有机化合物除外），覆盖了元素周期表中的所有元素，因此无机化学的研究范围极其广泛。从发展历史来看，化学中一些最重要的基本概念和规律（如元素、分子、化合、分解、元素周期律等），大多数是在无机化学早期的发展过程中形成和发现的，因此无机化学是化学的基础和母体。无机化学学科形成的标志是19世纪70年代初门捷列夫元素周期表的建立，它揭示了元素性质的周期性变化规律，将化学提到了唯物辩证的高度，充分体现了从量变到质变的客观规律性。20世纪以来，航空航天、能源石化、信息科学以及生命科学等领域的出现和发展，推动了无机化学的革新步伐。目前，无机化学正从描述性的科学向推理性的科学过渡，从定性向定量过渡，从宏观向微观深入，从单一学科向纵向交叉学科深入，一个全面完整的、理论化的、定量化的和微观化的现代无机化学新体系正在迅速地建立起来。随着现代化学内容的拓宽和加深，以及与其他学科的融合与交叉，又出现了很多新兴的无机化学领域，如固体无机化学、配位化学、放射化学与核化学、物理无机化学、同位素化学、无机材料化学、生物无机化学、有机金属化学、理论无机化学等，这些新兴领域的出现，使传统的无机化学再次焕发出勃勃生机。

二、无机化学与药学的关系

药学的任务是研制预防和治疗疾病、促进身体健康、保护劳动力的药物，揭示药物与机体及病原体相互作用的规律。无机化学课程是药学专业设置的为后续有机化学、分析化学、生物化学、药剂学、药理学等课程的学习打基础的必修课。无机化学为药物制备、研究与开发提供理论和方法。例如，从元素的原子结构理论推测物质的分子结构，由分子结构理论推测物质的理化性质、生物活性，这是现代药物分子设计的基本方法之一；无机化学中的很多基本理论和基础知识与药学的理论、实验以及生产密切相关。研究药物在胃液中的存在状态与胃液中各物质的关系时，需要配制人工胃液进行模拟实验，固定或改变人工胃液的pH以反映被试药物的存在状态和组成变化，需要应用溶液的酸碱理论知识。消化道溃疡的症状之一是胃酸过高，药物治疗方法之一是利用抑酸剂中和胃酸，此疗法应用了简单的酸碱反应，根据反应机制，我们能够利用一些碱性药物，如碳酸氢钠或氢氧化铝进行治疗。衡量药物的稳定性以及药物在体内的清除时间等，需要用半衰期表示；测定药物的有效期，药物在体内的吸收、分布、代谢、排泄等，均需要化学动力学知识。无机化学中的很多基本理论和基础知识与药学的理论、实验以及生产密切相关。药物的药效、稳定性、液体药物制剂的储存都需要用缓冲溶液来控制 pH 才能达到预期效果，在制药工业中十分重要。再如《中国药典》中有几十种无机药物，这些药物有哪些化学性质，药效怎么样，它们的结构与性质和药效之间有什么关系？回答这类问题均需用到无机化学知识，因此几乎所有的药物生产过程都不能脱离化学。

三、无机化学的学习方法

无机化学是一门以实验为基础的自然科学，是药学类专业的主干基础课。无机化学知识点既多又分散，并且大量的知识需要识记。鉴于这样的学科特点，学好无机化学既要有正确的学习目的，又要讲究学习方法，通常要做好以下几个环节。

1. 课前认真预习　无机化学课程内容多，上课的学时有限，因此一定要根据课程特点，做到课前认真预习。在预习中做到先通读，再细读，找出重点和难点内容，将发现的问题记下来带到课堂上，这样可以大大提高听课效率，有利于培养自主学习的意识，同时培养发现问题、提出问题和解决问题的能力。

2. 课上注意听讲　听讲是学习中一个非常重要的环节，在听讲时要紧跟老师的思路，带着预习时遇到的难点问题听课，听讲目的更明确，注意力更集中。在听讲时要做到手脑并用，做好听课笔记，记下重点和难点部分。

3. 课后及时复习　复习是把预习的内容和老师课堂所讲内容加以整理、归纳和补充，是一个知识再现的过程，也是一个强化记忆的过程。预习和听课是对知识的初步记忆，必须做到课后及时复习。复习越及时，遗忘越少。复习时可一边阅读教材，一边整理笔记，使所学知识条理化、系统化。结合知识点适当做些课后习题，认真独立按时完成课后作业，通过习题演练，掌握基本的化学原理和有关计算方法。考前还要有计划地进行系统全面地复习。

4. 注意拓宽视野　课后要善于利用图书馆和网络上的辅导书籍和参考资料，不但能从中寻找疑难问题的答案，还能开阔视野，增加知识，了解近年来本学科出现的新概念、新理论、新方法等，以及学科发展的新成果。

5. 明确实验的重要地位　通过无机化学实验，掌握实验的基本方法、基本技能，学会对实验过程中产生的实验数据进行处理；学会对实验现象进行观察、探究，更要注意实验中发生的"反常"现象。在进行化学实验操作时，要保持严谨的学风和科学的态度。在实验课程中，要做到"预习实验，弄懂原理，准确操作，真实记录，及时总结"。通过实验提高发现问题、分析问题、解决问题、理论联系实际的能力。

总之，学习无机化学既要遵循一般课程的学习规律，也要注意无机化学课程的特殊性。由于无机化学概念和理论抽象难懂，化学术语和符号较多，且容易混淆；因此，要深入理解概念的内涵与外延，充分发挥想象力，提高对物质微观结构的认识水平。除前面介绍的方法外，还要学会自学和互学。学习方法既有通则又无定法，因人而异，掌握并运用有效的学习方法和策略，是学习成功的关键。大学生应主动适应大学的教学模式和学习方式，在学习过程中既要自主又要自律，珍惜学习机会，充分利用现有的学习资源，在知识、能力和素质等方面获得快速提升。

第一章 分散系

人们在生活和工作中经常使用溶液；药物的研究、开发、生产和使用也经常涉及溶液；人体内的许多物质是以溶液的形态存在，体内化学反应及药物的吸收与代谢过程大都在溶液中进行。

药物有片剂、注射剂、丸剂、膏剂和栓剂等不同剂型。在不同剂型药物中，物质的分散情况也不尽相同。对药物的研究，离不开对其成分、存在状态和性质的认识。

第一节 分散系的概念和分类

PPT

一、分散系的概念

一种或几种物质的微粒，分散在另一种物质中所形成的体系称为分散系。其中，被分散的物质称为分散质或分散相；能容纳分散相的物质称为分散剂或分散介质。例如，在生理氯化钠溶液和葡萄糖溶液中，分散质分别是氯化钠、葡萄糖，分散剂是水。

二、分散系的分类

分散系无处不在，且多种多样。为便于研究，需要对分散系进行分类，主要有以下三种分类方法。

（一）按聚集状态分类

常温常压下，分散相和分散剂的存在状态可以是气相、液相或固相；依据分散相和分散剂所处的状态不同，可将分散系分为九种类型（表 1-1）。

表 1-1 不同聚集状态的分散系

分散相	分散剂		
	气相	液相	固相
气相	气-气	气-液	气-固
液相	液-气	液-液	液-固
固相	固-气	固-液	固-固

（二）按相数分类

相是体系中物理性质和化学性质完全相同的部分。根据相的数目不同，可以将分散系分为均相分散系和非均相分散系两种类型。一般来说，分散相和分散剂均为气相的混合物就是均相分散系，互溶的液体混合物也是均相分散系，如空气、消毒酒精等；而牛奶、浑浊的石灰水等则属于非均相分散系。

（三）按粒子直径分类

分散相中被分散的粒子大小不同，分散系表现出来的性质会有很大差异。按分散相粒子直径大小可以将分散系分为分子（离子）分散系、胶体分散系和粗分散系三种类型（表 1-2）。

表 1-2 三类分散系的比较

分散系类型		分散相粒子	粒子直径	主要特征	实例
分子（离子）分散系（真溶液）		分子、离子	<1nm	透明、均匀、稳定、扩散快、能透过滤纸、半透膜	蔗糖、氯化钠溶液
胶体分散系	高分子溶液	高分子化合物	1~100nm	透明、均匀、稳定、不易聚沉、能透过滤纸、不能透过半透膜	蛋白质溶液
	溶胶	分子或离子的聚集体		透明度不一、不均匀、较稳定、不易聚沉、能透过滤纸、不能透过半透膜	氢氧化铁溶胶
粗分散系	悬浊液	固体颗粒	>100nm	浑浊、不均匀、不透明、不稳定、容易聚沉、不能透过滤纸和半透膜	泥浆、炉甘石洗剂
	乳浊液	液滴			牛奶、松节油搽剂

1. 分子（离子）分散系 分散相粒子的直径小于1nm（10^{-9}m）的分散系称为分子或离子分散系，又称为真溶液，简称溶液。通常把溶液中的分散相称为溶质，把分散剂称为溶剂。如生理盐水就属于这一类分散系，分散相氯化钠称为溶质，分散剂水称为溶剂。

2. 胶体分散系 分散相粒子的直径在1~100nm的分散系，主要包括溶胶和高分子溶液。其中，分散相粒子以小分子聚集体形式存在于液态分散剂中形成的分散系，称为胶体溶液，简称溶胶。

3. 粗分散系 分散相粒子直径大于100nm的分散体系称为粗分散系。属于这类分散系的有混悬液（固体分散于液体）和乳浊液（液体分散于液体）两种。

第二节 溶液组成的表示方法

PPT

溶液对于生命具有重要意义，人体的体液如组织间液、血液、胃液、肠液、尿液等都是水溶液，食物的消化和吸收、营养物质的运输和转化、代谢物的排泄都离不开溶液；临床上许多药物也常配成溶液后使用。临床治疗中为病人大量补液时，也要特别注意溶液的浓度，本节主要介绍溶液组成的表示方法。

一、表示溶液的组成量度和单位

溶液的组成量度表示在一定量溶液或溶剂中所含溶质的量。表示溶液组成量度的方法有多种，在医药方面常用的有以下几种。

（一）物质的量浓度 📱微课

溶液中某溶质 B 的物质的量浓度，简称 B 的浓度，用符号 c_B 或 $c(B)$ 表示。它的定义为溶质 B 的物质的量 n_B 除以溶液的体积 V，即

$$c_B = \frac{n_B}{V} \tag{1-1}$$

物质的量浓度的 SI 单位是 mol/m^3，医学上常用的单位是 mol/L、mmol/L 和 μmol/L 等。需要强调的是，在使用物质的量浓度时，必须指明物质的基本单元。如 H_2SO_4 的物质的量浓度 $c(H_2SO_4) = 0.2mol/L$，$c(H^+)$ 或 $[H^+] = 0.2mol/L$，括号中的符号表示物质的基本单元。

溶质 B 的物质的量 n_B 与 B 的质量 m_B、摩尔质量 M_B 之间的关系可用下式表示。

$$n_B = \frac{m_B}{M_B} \tag{1-2}$$

例 1-1 正常人血浆中每 100ml 含 Na^+ 0.326g，计算血浆中 Na^+ 的物质的量浓度（用 mol/L 表示）。

已知：$V = 100ml = 0.1L$，$m(Na^+) = 0.326g$

求：$c(Na^+)$

解析：根据式（1-1）和式（1-2）

则　　　　$c(Na^+) = \dfrac{n(Na^+)}{V} = \dfrac{m(Na^+)/M(Na^+)}{V} = \dfrac{0.326/23.0}{0.1} = 0.142(mol/L)$

答：血浆中 Na^+ 的物质的量浓度为 0.142mol/L。

（二）质量浓度

溶液中某溶质 B 的质量浓度用符号 ρ_B 表示，它的定义为溶质 B 的质量 m_B 除以溶液的体积 V，即

$$\rho_B = \frac{m_B}{V} \tag{1-3}$$

质量浓度的 SI 单位是 kg/m^3，医药上常用的单位是 g/L、mg/L 和 μg/L 等。应该指出，质量浓度单位中表示质量的单位可以改变，如用 g、mg 等，但表示体积的单位一般不能改变，均用 L。

在临床生化检验中，凡是已知相对分子质量的物质在人体体液中的组成量度，原则上均应用物质的量浓度表示；人体体液中有少数物质的相对分子质量还未精确测得，其含量则用质量浓度表示。对于注射液，世界卫生组织建议，在大多数情况下，标签上应同时标明物质的量浓度和质量浓度，如静脉注射用的氯化钠溶液，应同时标明 $\rho_{NaCl} = 9g/L$、$c(NaCl) = 0.154mol/L$。

例 1-2 供注射用氯化钠溶液的规格是 0.5L 氯化钠溶液中含 NaCl 4.5g，问氯化钠注射液的质量浓度是多少？若给某患者输入 1.5L 氯化钠注射液，则进入体内的 NaCl 是多少克？

已知：$V = 0.5L$，$m(NaCl) = 4.5g$

求：ρ_{NaCl}

解析：$\rho_{NaCl} = \dfrac{m_{NaCl}}{V} = \dfrac{4.5}{0.5} = 9（g/L）$，因为 $\rho_{NaCl} = \dfrac{m_{NaCl}}{V}$

则　$m(\text{NaCl}) = \rho_{\text{NaCl}} \cdot V = 9 \times 1.5 = 13.5$ （g）

答：氯化钠注射液的质量浓度是 9g/L，输 1.5L 氯化钠注射液有 13.5g NaCl 进入体内。

（三）质量分数

溶液中某溶质 B 的质量分数用符号 ω_B 表示，它的定义为溶质 B 的质量 m_B 与溶液总质量 m 之比，即

$$\omega_B = \frac{m_B}{m} \tag{1-4}$$

质量分数分子和分母上下单位一致，其单位量纲为 1，不一致为组合单位，可以用小数或百分数表示。例如，市售浓硫酸的质量分数 $\omega(\text{H}_2\text{SO}_4) = 0.98$ 或 $\omega(\text{H}_2\text{SO}_4) = 98\%$。

例 1-3　将 10g NaCl 溶于 100g 水中配成溶液，计算此溶液中 NaCl 的质量分数。

已知：$m(\text{NaCl}) = 10\text{g}$，$m(\text{H}_2\text{O}) = 100\text{g}$

求：$\omega(\text{NaCl})$

解析：$\omega(\text{NaCl}) = \dfrac{m(\text{NaCl})}{m} = \dfrac{10}{110} = 0.091 = 9.1\%$

答：溶液中 NaCl 的质量分数为 0.091。

（四）体积分数

溶质 B 的体积分数用符号 φ_B 表示，它的定义为在相同温度和压力时溶质 B 的体积 V_B 与混合前各组分的总体积 V 之比，即

$$\varphi_B = \frac{V_B}{V} \tag{1-5}$$

体积分数常用于溶质为液体的溶液。体积分数分子和分母上下单位一致，其单位量纲为 1，不一致为组合单位，可以用小数或百分数表示。如消毒用的乙醇溶液中乙醇的体积分数 $\varphi(\text{C}_2\text{H}_5\text{OH}) = 0.75$ 或 $\varphi(\text{C}_2\text{H}_5\text{OH}) = 75\%$。

例 1-4　配制 500ml 消毒用的乙醇溶液，需无水乙醇多少毫升？

已知：$V(\text{C}_2\text{H}_5\text{OH}) = 500\text{ml}$，$\varphi(\text{C}_2\text{H}_5\text{OH}) = 0.75$

求：V（无水乙醇）

解析：$V(\text{C}_2\text{H}_5\text{OH}) = V \cdot \varphi(\text{C}_2\text{H}_5\text{OH}) = 500 \times 0.75 = 375$ （ml）

答：量取 375ml 无水乙醇，用水稀释至 500ml，即可得到消毒酒精。

（五）质量摩尔浓度

溶液中溶质 B 的物质的量除以溶剂的质量，叫作溶质 B 的质量摩尔浓度。该量的符号是 b_B 或 b（B）。可以表示为

$$b_B = \frac{n_B}{m_A} \tag{1-6}$$

式中，n_B 为溶质 B 的物质的量；m_A 为溶剂的质量。该物理量的 SI 单位是 mol/kg。质量摩尔浓度的优点是不受温度的影响。对于极稀的水溶液来说，其物质的量浓度与质量摩尔浓度的数值几乎相等。

例 1-5　将 0.1mol NaCl 溶解于 500g 水中，所得 NaCl 溶液的质量摩尔浓度是多少？

已知：$n(\text{NaCl}) = 0.1\text{mol}$，$m(\text{H}_2\text{O}) = 500\text{g} = 0.5\text{kg}$

求：$b(\text{NaCl})$

解析：$b(\text{NaCl}) = \dfrac{n_{\text{NaCl}}}{m_{\text{H}_2\text{O}}} = 0.2$ （mol/kg）

答：所得 NaCl 溶液的质量摩尔浓度是 0.2mol/kg。

（六）摩尔分数

B 的摩尔分数是 B 的物质的量与混合物的物质的量之比。该量的符号是 x_B 或 $x(B)$，可以表示为

$$x_B = \frac{n_B}{n_总} \tag{1-7}$$

式中，n_B 为 B 的物质的量；$n_总$ 为混合物中各物质的物质的量之和。混合物中各物质的摩尔分数之和等于 1。

例 1-6　市售浓硫酸的浓度为 98%，求 H_2SO_4 和 H_2O 的摩尔分数分别为多少？

已知：$\omega(H_2SO_4) = 98\%$

求：$x(H_2SO_4)$ 和 $x(H_2O)$

解析：设浓硫酸的质量为 100g

$$n(H_2SO_4) = \frac{98}{98} = 1.0 \ (mol)$$

$$n(H_2O) = \frac{2}{18} = 0.11 \ (mol)$$

$$x(H_2SO_4) = \frac{n_{H_2SO_4}}{n_总} = \frac{1.0}{1.11} = 0.9$$

$$x(H_2O) = 1 - 0.9 = 0.1$$

答：H_2SO_4 和 H_2O 的摩尔分数分别为 0.9 和 0.1。

二、表示溶液组成的量度之间的换算

实际工作中，同一溶液的组成可以用不同的量度来表示，常因需求不同，溶液组成的不同表示方法之间需进行换算，下面介绍 c_B 与 ρ_B、ω_B 之间的换算。

（一）c_B 与 ρ_B 之间的换算

由 $c_B = n_B/V$、$\rho_B = m_B/V$ 及 $n_B = m_B/M_B$，可以推导出 c_B 与 ρ_B 之间的换算关系是

$$c_B = \rho_B/M_B \tag{1-8}$$

例如，生理氯化钠溶液的质量浓度为 9g/L，根据公式（1-8）把其换算成物质的量浓度为 0.154mol/L。

例 1-7　临床上纠正酸中毒的针剂乳酸钠（$C_3H_5O_3Na$），其规格为 20.0 毫升/支，每支含 2.24g $C_3H_5O_3Na$，求其质量浓度和物质的量浓度。

已知：$V = 20.0$ 毫升/支，$m(C_3H_5O_3Na) = 2.24g$

求：$c(C_3H_5O_3Na)$ 和 $\rho(C_3H_5O_3Na)$

解析：根据式（1-3）得

$$\rho(C_3H_5O_3Na) = \frac{m(C_3H_5O_3Na)}{V} = \frac{2.24}{0.0200} = 112 \ (g/L)$$

根据式（1-8）得

$$c(C_3H_5O_3Na) = \frac{\rho(C_3H_5O_3Na)}{M} = \frac{112}{96.1} = 1.17 \ (mol/L)$$

答：$C_3H_5O_3Na$ 的质量浓度和物质的量浓度分别为 112g/L 和 1.17mol/L。

（二）c_B 与 ω_B 之间的换算

由 $c_B = n_B/V$、$\omega_B = m_B/m$、$\rho = m/V$ 及 $n_B = m_B/M_B$，可以推导出 c_B 与 ω_B 之间的换算关系是

$$c_B = \frac{\omega_B \rho}{M_B} \tag{1-9}$$

式中，ω_B 为溶液中溶质的质量分数；ρ 为溶液的密度，g/L；M_B 为溶液中溶质的摩尔质量，g/mol。

例 1-8 浓硫酸的质量分数为 98%，浓硫酸的密度为 1.84kg/L，求浓硫酸的物质的量浓度为多少？

已知：$\omega(H_2SO_4) = 98\%$，$\rho = 1.84kg/L$，$M(H_2SO_4) = 98g/mol$

求：$c(H_2SO_4)$

解析：根据式（1-9）得

$$c_B = \frac{\omega_B \rho}{M_B} = \frac{0.98 \times 1.84 \times 1000}{98} = 18.4 \ (mol/L)$$

答：浓硫酸的物质的量浓度为 18.4mol/L。

三、溶液的配制

在医药方面，常需配制一定浓度的溶液或稀释溶液。配制一定质量分数的溶液时，计算出溶质、溶剂的质量后，将对应质量的溶质和溶剂混合均匀即得。

溶液的稀释就是向溶液中加入溶剂，使浓溶液的浓度变小的过程，稀释过程中，溶液中溶质的量没有发生改变。则稀释公式有

$$c_1 V_1 = c_2 V_2 \tag{1-10}$$

例 1-9 市售 HCl 溶液的浓度为 12mol/L，欲配制 0.60mol/L 的 HCl 溶液 1000ml，需量取市售 HCl 溶液多少毫升？

已知：$c_2 = 0.60mol/L$，$V_2 = 1000ml$，$c_1 = 12mol/L$

求：V_1

解析：根据式（1-10）可得

$$c_1 V_1 = c_2 V_2$$
$$12V_1 = 0.6 \times 1000$$
$$V_1 = 50 \ (ml)$$

答：需量取市售 HCl 溶液 50ml。

第三节　稀溶液的依数性

溶液的某些性质（如颜色、导电性、酸碱性等）与溶质的本性有关；而溶液的另一些性质（如蒸气压、沸点、凝固点、渗透压等）却与溶质的本性无关，仅与溶质粒子数目有关。由于这类性质的变化依赖于溶质的粒子数且只适用于稀溶液，所以将这些性质统称为稀溶液的"依数性"。本节主要讨论难挥发非电解质稀溶液的依数性。

一、溶液的蒸气压

（一）溶剂的蒸气压

一定温度下，在密闭容器中，由于分子的热运动，一部分具有较高能量的分子脱离溶剂表面，扩散到空间形成蒸气，这一过程称为蒸发。蒸气分子不停地运动，其中一部分受到液面分子的吸引又回

到液体表面变成液态，这一过程称为凝聚。在一定温度下，当蒸发速度与凝聚速度相等时，蒸气的浓度不再随时间而改变，此时液面上的蒸气压称为此溶剂在该温度下的饱和蒸气压，简称蒸气压。用符号 P^* 表示，常用单位为 Pa 或 kPa。

溶剂的蒸气压与温度有关。温度升高，分子的平均动能增大，蒸发速度加快，蒸气压也相应增大。表 1 – 3 列出不同温度下水的蒸气压。

表 1 – 3　不同温度下水的蒸气压

温度（K）	273	283	293	303	313	323	333	353	373
蒸气压（Pa）	610.5	1227.8	2337.8	4242.8	7375.8	12 334	19 916	47 373	101 320

除液体外，固体也有蒸气压，但在一般情况下，固体的蒸气压都很小。冰在不同温度下的蒸气压见表 1 – 4。

表 1 – 4　不同温度时冰的蒸气压

温度（K）	261	263	265	267	269	271	273
蒸气压（Pa）	244.5	286.5	335.2	390.8	454.6	527.4	610.5

（二）溶液的蒸气压下降

在一定温度下，水的蒸气压是个定值，如果在水中加入少量难挥发的非电解质溶质时，溶质分子与水分子结合形成水合分子，束缚了一部分高能水分子的蒸发，同时溶液表面被一些溶质分子占据，单位面积上水分子数减少，蒸发速度也降低，所以单位时间内从溶液表面逸出的水分子数比相同条件下从纯水表面逸出的水分子数少。因此达到平衡状态时溶液的蒸气压低于纯水的蒸气压，这种现象称为溶液的蒸气压下降（图 1 – 1）。

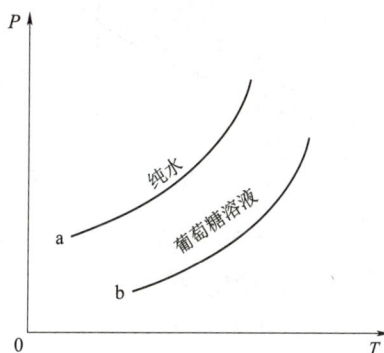

图 1 – 1　溶剂和溶液的蒸气压曲线

1887 年法国物理学家拉乌尔（Raoult）根据实验得出下列结论：在一定温度下，难挥发非电解质稀溶液的蒸气压下降与溶液中溶质的摩尔分数成正比，而与溶质的本性无关。这一规律称为拉乌尔定律。其数学表达式为

$$\Delta P = x_B P^* \tag{1-11}$$

式中，ΔP 为溶液的蒸气压下降，Pa；x_B 为溶质的摩尔分数；P^* 为纯溶剂的蒸气压，Pa。

对于只有一种溶质的稀溶液来说

$$x_B = \frac{n_B}{n_A + n_B}, 且\ n_B + n_A \approx n_A$$

将 $x_B \approx \dfrac{n_B}{n_A}$ 代入式（1 – 11）

则

$$\Delta P \approx \frac{n_B}{n_A} \cdot P^*$$

将 $n_A = 1000 m_A / M_A$（注：m_A 单位用 kg）代入上式中有

$$\Delta P \approx \frac{M_A}{1000} \cdot P^* \cdot \frac{n_B}{m_A}$$

在一定温度下，$\dfrac{M_A}{1000} \cdot P^* = K$（常数），则

$$\Delta P \approx K b_B \tag{1-12}$$

因此，拉乌尔定律也可以表述为：在一定温度下，难挥发非电解质稀溶液的蒸气压下降近似地与溶质的质量摩尔浓度成正比。这说明，溶液的蒸气压下降只取决于一定量溶液或溶剂中所含溶质的粒子数目，而与溶质种类无关。

二、溶液的沸点

（一）溶剂的沸点

当加热一种液体时，它的蒸气压将随着温度的不断升高而逐渐增大，当温度升高到使液体的蒸气压等于外界大气压时，就产生沸腾现象。在标准大气压（101.325kPa）下，液体沸腾的温度称为沸点。液体的沸点与外界的压强有关，外界的压强越大，沸点就越高。对水来说，在标准大气压下，其沸点为373K，当外界大气压较高时，水的沸点会高于373K，当外界大气压较低时，水的沸点会低于373K。

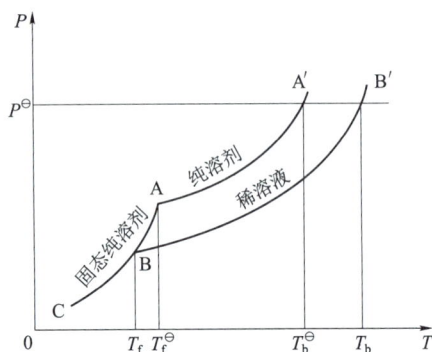

图1-2 溶剂、溶液的沸点和凝固点

（二）溶液的沸点升高

在溶剂中加入一种难挥发的非电解质溶质时，由于溶液的蒸气压下降，在100℃时溶液的蒸气压低于101kPa，因此，溶液不沸腾。只有继续加热，升高温度到T_b（图1-2），溶液的蒸气压才达到101kPa，此时溶液才沸腾。难挥发非电解质溶液的沸点总是高于纯溶剂的沸点，这种现象称为溶液的沸点升高。

溶液沸点升高的根本原因是溶液的蒸气压下降。因蒸气压下降的程度与溶质的质量摩尔浓度有关，因此，溶液的沸点升高的程度也只取决于溶质的质量摩尔浓度，而与溶质的本性无关。由此得出拉乌尔定律的另一种形式为

$$\Delta T_b \approx K_b b_B \tag{1-13}$$

式中，ΔT_b为溶液的沸点升高，K或℃；b_B为溶质的质量摩尔浓度，mol/kg；K_b为溶剂的沸点升高常数，K·kg/mol。

几种溶剂的沸点及沸点升高常数见表1-5。

表1-5 几种常用溶剂的沸点及沸点升高常数

溶剂	水	乙醇	乙醚	苯	萘	三氯甲烷
T_b（K）	373	351.5	307.4	353.2	491.0	333.2
K_b	0.52	1.22	2.16	2.53	5.80	3.63

例1-10 已知纯苯的沸点是80.2℃，取2.67g萘（$C_{10}H_8$）溶于100g苯中，测得该溶液的沸点为80.731℃，试求苯的沸点升高常数。

已知：$\Delta T_b = 0.531K$，m（萘）$= 2.67g$，M（萘）$= 128g/mol$，m（苯）$= 100g$

求：K_b

解析：根据式（1-13）可得

$$\Delta T_b \approx K_b b_B$$

$$0.531 = K_b \times \frac{2.67}{128} \times \frac{1000}{100}$$

得

$$K_b = 2.545（K·kg/mol）$$

答：苯的沸点升高常数为 $2.545\text{K} \cdot \text{kg/mol}$。

三、溶液的凝固点

血液和泪液的凝固点都比纯水的凝固点低 0.52℃，制备药物时常利用凝固点降低法调节渗透压。本节讨论溶液的凝固点降低问题。

（一）溶剂的凝固点

在一定的外压下，液态物质的凝固点是该物质的液相与固相具有相同蒸气压而能平衡共存时的温度。若两相蒸气压不等，则蒸气压大的一相向蒸气压小的一相转化。在外界大气压为标准压力下，273K 时冰、水两相的蒸气压相等（均为 0.61kPa），此温度就是水的凝固点。若温度低于 273K，冰、水两相蒸气压不相等，会由液相向固相转化。

（二）溶液的凝固点降低

在 273K 时，在冰、水两相共存的体系中加入难挥发的非电解质，会引起溶液的蒸气压下降。由于溶质全部溶解在水中，加入溶质只影响溶液中水的蒸气压，而对冰的蒸气压则无影响。因此在 273K 时，水溶液的蒸气压低于冰的蒸气压，这时溶液和冰就不能共存。由于冰的蒸气压高于溶液的蒸气压，冰将会融化为水。若使溶液的蒸气压与冰的蒸气压相等而平衡共存，就必须继续降低温度（图 1－2）。这种溶液的凝固点低于纯溶剂的凝固点的现象称为溶液的凝固点降低。溶液浓度越大，凝固点就越低。

溶液的凝固点降低也是溶液蒸气压下降的结果。因此，溶液的凝固点降低只与溶质的质量摩尔浓度有关，而与溶质的本性无关。即

$$\Delta T_f \approx K_f b_B \tag{1-14}$$

式中，ΔT_f 为溶液的凝固点降低，K 或 ℃；b_B 为溶质的质量摩尔浓度，mol/kg；K_f 为溶剂的凝固点降低常数。几种溶剂的凝固点及凝固点降低常数见表 1－6。

表 1－6　几种溶剂的凝固点及凝固点降低常数

溶剂	水	乙酸	苯	萘	樟脑
T_f（K）	273	289.6	278.5	353.0	452.8
K_f	1.86	3.90	4.90	6.90	39.7

例 1－11　将 0.115g 奎宁溶解于 1.36g 樟脑中，测得其凝固点降低了 10.2K，计算奎宁的摩尔质量。

已知：$\Delta T_f = 10.2\text{K}$，$m_A = 1.36 \times 10^{-3}\text{kg}$，$m_B = 0.115\text{g}$，$K_f = 39.70\text{K} \cdot \text{kg/mol}$

求：M_B

解析：根据 $\Delta T_f \approx K_f b_B$，$b_B = n_B / m_A$，$n_B = m_B / M_B$

则

$$M_B \approx \frac{m_B K_f}{m_A \Delta T_f} = \frac{0.115 \times 39.70}{1.36 \times 10^{-3} \times 10.2} = 329(\text{g/mol})$$

答：奎宁的摩尔质量为 329g/mol。

知识链接

凝固点降低的应用

利用凝固点下降原理，将食盐和冰（或雪）混合，可以使温度降低到251K。氯化钙与冰（或雪）混合，可以使温度降低到218K。上述过程都是通过吸收大量的热而使体系的温度降低的。利用这一原理，可以自制冷冻剂或防冻剂。例如，冬天在室外施工时，建筑工人在砂浆中加入食盐或氯化钙防止砂浆凝固。

四、溶液的渗透压

（一）渗透现象与渗透压

在日常生活中我们会观察到一些有趣的现象：生活在淡水中的鱼不能生活在海水中，人在淡水中游泳时会觉得眼球胀痛，在临床上大量补液时常用9.0g/L的生理氯化钠溶液和50.0g/L的葡萄糖等，这些现象都与渗透现象有关。渗透现象广泛存在于自然界中，对于人体保持正常的生理功能有着十分重要的意义。

在U形管中，在很浓的蔗糖溶液的液面上小心加一层清水，在避免任何机械振动的情况下静置一段时间，由于分子的热运动，蔗糖分子从下层进入清水，同时水分子从上层进入蔗糖溶液，直到浓度均匀为止，这个过程称为扩散，以上现象是溶质分子和溶剂分子相互扩散的结果。在任何纯溶剂和溶液之间或两种不同浓度的溶液之间，都会发生扩散现象。

如果用一种只允许溶剂（水）分子自由通过而溶质（蔗糖）分子不能透过的半透膜将蔗糖溶液和纯水隔开，并使蔗糖溶液和纯水液面的高度相等（图1-3a）。由于膜两侧单位体积内溶剂（水）分子数不等，单位时间内由纯水进入蔗糖溶液的水分子数要比由蔗糖溶液进入纯水的水分子数多，经过一段时间后，可以观察到纯水的液面下降，蔗糖溶液的液面上升（图1-3b）。若将半透膜一侧的纯水换成浓度较低的蔗糖溶液，则稀溶液中的水分子也会通过半透膜进入浓溶液，使浓溶液的液面上升，而稀溶液的液面下降。这种溶剂分子通过半透膜从纯溶剂进入溶液或者从稀溶液进入浓溶液的自发过程称为渗透现象，简称渗透。溶液液面升高后，静水压力随之增大，驱使溶液中的溶剂分子加速通过半透膜，当静水压力增大到一定程度后，单位时间内从膜两侧通过的溶剂分子数相等，达到渗透平衡，这时溶液的液面不再变化。如果要使半透膜两侧液面的高度相等并保持不变，必须在溶液液面上施加额外的压力（图1-3c）。这时，溶液液面上所施加的压力称为该溶液的渗透压。渗透压的符号为 Π，单位为Pa或kPa。如果用半透膜将稀溶液和浓溶液隔开，为了阻止渗透现象的发生，必须在浓溶液液面上施加一压力，但此压力并不代表任一溶液的渗透压，它是两溶液渗透压之差。

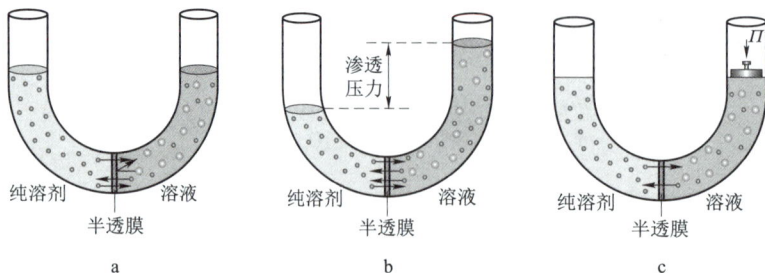

图1-3 渗透现象和渗透压

产生渗透现象必须具备两个条件：一是存在不允许溶质粒子透过的半透膜；二是在半透膜两侧要存在浓度差。渗透方向总是溶剂分子从纯溶剂一方向溶液一方渗透，或者从稀溶液一方向浓溶液一方渗透。

知识链接

半透膜

半透膜是一种只允许某些物质通过而不允许另外一些物质通过的薄膜。半透膜的种类多种多样，理想的半透膜是只允许水分子自由通过，而所有溶质分子或离子都不能通过的薄膜。人工制备的棉胶膜、玻璃纸及羊皮纸等，不仅水分子可以自由通过，溶质小分子、离子也可缓慢通过，但高分子物质不能通过。在生化实验中应用的透析膜、超滤膜也是半透膜，它们有不同的规格（如微孔大小不同），可以阻止大于某个相对分子质量的溶质分子通过。生物膜如细胞膜、毛细血管壁等，其透过性能就更为特殊和复杂。

若选用一种高强度且耐高压的半透膜把纯溶剂和溶液隔开，在溶液液面上施加的压力大于溶液的渗透压，溶液中将有更多的溶剂分子通过半透膜进入溶剂一侧，这种使渗透作用逆向进行的过程称为反（向）渗透。反渗透可用于海水的淡化和废水的处理。

（二）渗透压与温度、浓度的关系

1886 年，荷兰化学家范特霍夫（J. H. van't Hoff）根据实验数据提出了反映难挥发非电解质稀溶液的渗透压与溶液浓度及温度的关系公式为

$$\Pi = cRT \tag{1-15}$$

式中，Π 为溶液的渗透压，kPa；c 为溶液物质的量浓度，mol/L；R 为气体常数，8.314kPa·L/（mol·K）；T 为热力学温度，K。

式（1-15）称为范特霍夫公式，又称为渗透压定律。

由上式可知，在一定温度下，难挥发性非电解质稀溶液的渗透压与溶液的物质的量浓度成正比，也就是说与单位体积溶液中溶质的数目成正比，而与溶质的本性无关。对于任何非电解质溶液，在相同温度下，只要物质的量浓度相同，它们的渗透压就相等。

应该指出，式（1-15）只适用于非电解质稀溶液。对于电解质溶液，由于电解质在水中解离，因此在计算电解质稀溶液的渗透压时，就必须在公式中引入一个校正因子 i，即

$$\Pi = icRT \tag{1-16}$$

i 可近似地看作 1mol 电解质能够电离出离子的物质的量。如在极稀溶液中，NaCl 的 $i=2$，CaCl₂ 的 $i=3$。

通过测定溶液的渗透压，利用范特霍夫公式可以计算出溶质的相对分子质量。这种方法在测定生物大分子的相对分子质量时具有独特的优点，即使溶液的浓度比较低，其渗透压也比较大，可以准确测定。

（三）渗透压在医学上的意义

1. 渗透浓度　在一定温度下，稀溶液的渗透压取决于溶质的分子和离子的总浓度，而与溶质的本性无关。我们把溶液中产生渗透效应的溶质粒子（分子或离子）称为渗透活性物质，渗透活性物质的物质的量除以溶液的体积就是渗透浓度（osmolarity）。渗透浓度可用符号 c_{os} 表示，其常用单位是 mol/L 或 mmol/L。

在计算溶液的渗透浓度时，应注意，对于非电解质溶液，其渗透浓度等于溶液的浓度；对于强电

解质溶液，其渗透浓度等于溶液中溶质解离出的阳离子和阴离子浓度的总和；对于弱电解质溶液，其渗透浓度等于溶液中未解离的弱电解质分子的浓度和解离出的离子浓度的总和。

例 1 – 12 临床上常用的生理氯化钠溶液是 $9.00g/L$ 的 NaCl 溶液，求此溶液在 37℃时的渗透压和渗透浓度。

已知：$\rho_{NaCl} = 9.00g/L$，$T = 273 + 37 = 310K$

求：Π，c_{os}

解析： 因为 $c(NaCl) = \dfrac{\rho(NaCl)}{M(NaCl)} = \dfrac{9}{58.5} = 0.154$（mol/L）

所以 $\Pi = icRT = 2 \times 0.154 \times 8.314 \times 310 = 793$（kPa）

NaCl 是强电解质，渗透浓度等于 Na^+ 和 Cl^- 浓度的总和，则

$$c_{os} = 2 \times \frac{\rho(NaCl)}{M(NaCl)} = 2 \times \frac{9}{58.5} = 0.308mol/L = 308 （mmol/L）$$

答： 生理氯化钠溶液在 37℃时的渗透压为 793kPa，渗透浓度为 308mmol/L。

由于生物体液（如血浆、细胞内液等）温度变化不大，因此体液的渗透压是由体液中的电解质组分、非电解质组分及大分子组分等渗透活性物质共同决定的，故医学上常用渗透浓度来表示血浆等体液渗透压的大小。表 1 – 7 列出了正常人血浆、细胞内液和组织间液中各种物质的渗透浓度。

表 1 – 7 正常人血浆、组织间液和细胞内液中各种物质的渗透浓度

渗透活性物质	血浆中浓度（mmol/L）	组织间液中浓度（mmol/L）	细胞内液中浓度（mmol/L）
Na^+	144	137	10
K^+	5	4.7	141
Ca^{2+}	2.5	2.4	
Mg^{2+}	1.5	1.4	31
Cl^-	107	112.7	4
HCO_3^-	27	28.3	10
HPO_4^{2-}、$H_2PO_4^-$	2	2	11
SO_4^{2-}	0.5	0.5	1
氨基酸	2	2	8
肌酸	0.2	0.2	9
乳酸盐	1.2	1.2	1.5
葡萄糖	5.6	5.6	
蛋白质	1.2	0.2	4
尿素	4	4	4
总渗透浓度（mmol/L）	303.7	302.2	302.2

2. 等渗、高渗和低渗溶液 溶液渗透压的高低是相对的，若两个溶液的渗透压相等，则称之为等渗溶液。正常人血浆的渗透浓度约为 304mmol/L，在医学上通常把渗透浓度在 280 ~ 320mmol/L 的溶液称为等渗溶液，低于 280mmol/L 的溶液称为低渗溶液，高于 320mmol/L 的溶液称为高渗溶液。例如，临床上常用的等渗溶液有 9g/L NaCl 溶液、50g/L 葡萄糖溶液和 12.5g/L NaHCO₃ 溶液等。在实际应用时，溶液的渗透浓度可略超出此范围，如临床上常用的 50g/L 葡萄糖溶液的渗透浓度为 278mmol/L，也视为等渗溶液。

渗透压在医学上有重要的意义。在临床治疗中，当为病人大量补液时，要特别注意补液的渗透浓度，否则可能导致体液内水分的调节发生紊乱及细胞的变形和破坏。红细胞膜具有半透膜的性质，现以红细胞在不同浓度的氯化钠溶液中的形态变化为例加以说明。

将红细胞置于渗透浓度为 280 ~ 320mmol/L 的氯化钠溶液中，在显微镜下观察，可见红细胞仍保

持正常的形态（图1－4a）。这是由于红细胞膜内、外溶液的渗透浓度相等，处于渗透平衡状态。

将红细胞置于渗透浓度低于280mmol/L的氯化钠溶液中，在显微镜下观察，可见红细胞逐渐涨大，最后破裂（图1－4b）。释出的血红蛋白使溶液呈红色，这种现象在医学上称为溶血。这是由于红细胞膜内溶液的渗透浓度高于细胞外氯化钠溶液的渗透浓度，于是氯化钠溶液中的水分子透过细胞膜进入红细胞内，使红细胞膨胀、破裂。

将红细胞置于渗透浓度高于320mmol/L的氯化钠溶液中，在显微镜下观察，可见红细胞逐渐皱缩（图1－4c），这种现象在医学上称为胞质分离。这是由于红细胞膜内溶液的渗透浓度低于细胞外氯化钠溶液的渗透浓度，于是红细胞内液中的水分子透过细胞膜进入氯化钠溶液，使红细胞发生皱缩。

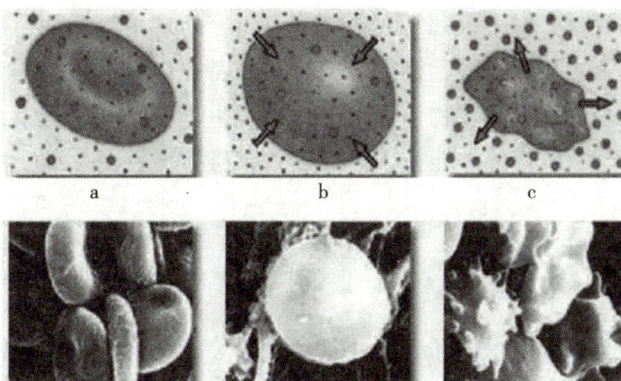

图1－4 红细胞在不同浓度氯化钠溶液中的形态示意图
a. 生理氯化钠溶液；b. 低渗氯化钠溶液；c. 高渗氯化钠溶液

3. 晶体渗透压和胶体渗透压 人体血浆中既含有小分子晶体物质，如$NaCl$、$NaHCO_3$、葡萄糖、氨基酸等；还含有大分子胶体物质，如蛋白质、核酸等。在医学上，通常把由小分子晶体物质所产生的渗透压称为晶体渗透压；由大分子胶体物质所产生的渗透压称为胶体渗透压。血浆的总渗透压是这两种渗透压的总和，由于小分子晶体物质的相对分子质量小，又能解离出离子，因此晶体物质的粒子数较多，血浆的晶体渗透压远大于胶体渗透压。例如，正常人血浆的总渗透压约为770kPa，其中晶体渗透压约为766kPa，胶体渗透压约为4kPa。

由于生物半透膜（如细胞膜、毛细血管壁等）对各种溶质的通透性不同，晶体渗透压和胶体渗透压具有不同的生理功能。晶体渗透压的功能是调节细胞内、外水的相对平衡，而胶体渗透压的功能是调节血管内、外盐和水的相对平衡和维持血容量。

细胞膜是一种间隔着细胞内液和细胞外液的半透膜，它只允许水分子自由通过，而不允许其他分子和离子（如Na^+、K^+等）通过。由于晶体渗透压远大于胶体渗透压，因此细胞内、外液中水分子的渗透方向主要取决于晶体渗透压。当人体由于某种原因缺水时，细胞外液的浓度升高，晶体渗透压增大，超过细胞内液的渗透压，使得细胞内液的水分子向细胞外液渗透，造成细胞内失水而感到口渴。如果大量饮水，则会使细胞外液浓度降低，晶体渗透压减小，低于细胞内液的渗透压，致使细胞外液的水分子向细胞内渗透，使细胞肿胀，严重时可引起水中毒。因此晶体渗透压对维持细胞内、外水的相对平衡起着重要作用。

▪■ 知识链接

渗析在医学上的应用

含有电解质和小分子杂质的蛋白质溶液可利用渗析原理提纯。人体内的肾脏是一个特殊的渗透器，它将代谢过程中产生的废物经渗透随尿液排出体外，而将有用的蛋白质保留在肾小球内。肾功能衰竭患者由于肾脏功能严重受损，导致血液中的代谢产物（如血肌酐、尿素氮等）不能顺利排泄到体外。临床上对肾病患者进行血液透析治疗，就是利用渗析原理，用人工合成的高分子半透膜（如聚丙烯腈薄膜等）制成了"人工肾"，让患者的血液在体外通过这种装有特制半透膜的装置，可在不排除血液中的重要蛋白质和红细胞的情况下，将血液中的有害物质除去。

第四节　胶体溶液

PPT

　　胶体在自然界中普遍存在，它不仅和工农业生产有着密切的关系，而且与医学的关系十分密切。人体机体组织和细胞中的蛋白质、核酸、糖原等基础物质都是胶体物质；体液中的血液，细胞内液、淋巴液等也都具有胶体性质。因此，生物体内发生的许多生理变化和病理变化都与胶体的性质有关，很多不溶于水的药物要制成胶体溶液才能被人体吸收，在药物制备、保管、使用的各个环节中也要涉及胶体理论。

一、溶胶

　　胶体溶液的种类很多，按照分散介质物理状态的不同，可分为三类，分散介质是气体的称为气溶胶（如烟、雾）；分散介质是固体的称为固溶胶（如含有颜料颗粒的有色玻璃、水晶、果冻）；分散介质是液体的称为液溶胶。溶胶在日常生活和医药卫生领域中都有重要的作用。

知识链接

泥水中的分散系

　　为了更好地理解胶体概念，做如下实验：将一把泥土放到水中，大粒的泥沙很快下沉，浑浊的细小土粒因受重力的影响最后也沉降于容器底部，而土中的盐类则溶解成真溶液。但是，混杂在真溶液中还有一些极为微小的土壤粒子，它们既不下沉，也不溶解，人们把这些即使在显微镜下也观察不到的微小颗粒称为胶体颗粒，含有胶体颗粒的体系称为胶体体系。

（一）溶胶的性质

　　溶胶分散相的粒子由许多分子、原子或离子聚集而成，高度分散在不相容的介质中。溶胶不是一类特殊的物质，而是任何物质都可以存在的一种特殊状态。溶胶具有高度分散性、多相性和聚结不稳定性，由此导致了溶胶在光学、动力学和电学等方面具有一些特殊性质。

　　1. 光学性质——丁达尔现象　在暗处，用一束聚焦的光束分别照射真溶液和溶胶，在与光束垂直的方向观察，可以看到真溶液是透明的，而溶胶中有一道发亮的光柱（图1-5），溶胶所具有的这种现象称为丁达尔现象。

　　当光束通过分散体系时，一部分自由地通过，一部分被吸收、反射或散射。可见光的波长在400～760nm，当光束通过粗分散系时，由于分散相粒子直径大于入射光的波长，主要发生反射，体系呈现浑浊。当光束通过胶体溶液时，由于胶粒直径小于可见光波长，主要发生散射，可以看见乳白色的光柱。当光束通过真溶液时，由于溶液十分均匀，散射光因相互干涉而完全抵消，因此看不见散射光。利用丁达尔现象可以区别真溶液、溶胶。

　　2. 动力学性质——布朗运动　溶胶的分散相粒子在分散介质中不停地做无定向、无规则的热运动,这种运动称为布朗运动。产生布朗运动的原因,是由于分散介质的分子从各个方向以不等的力撞击胶粒,胶粒在每一瞬间受到碰撞的合力大小和方向不同,所以胶粒处于不停的无秩序运动状态。

（1）扩散 当溶胶中的胶粒存在浓度差时,能自动地从浓度较高处移向浓度较低处,这种现象称为扩散。扩散是双向运动。溶胶黏度越小,浓度差越大,温度越高,越容易扩散。在生物体内,扩散是物质输送或物质分子通过细胞膜的推动力之一。

图 1 – 5 丁达尔现象

（2）沉降 溶胶在放置过程中,溶胶粒子受重力作用逐渐下沉的现象称为沉降。溶胶胶粒较小,扩散和沉降两种作用同时存在。一方面由于布朗运动使胶粒向上扩散,另一方面由于重力作用使胶粒向下沉降。当上述两种方向相反的作用达到平衡时,越靠近容器的底部,单位体积溶胶中的胶粒的数目越多;越靠近容器的上方,单位体积溶胶中的胶粒的数目越少,形成了一定的浓度梯度,这种现象称为沉降平衡。

3. 电学性质——电泳现象 在一个 U 形管中注入棕红色的 $Fe(OH)_3$ 溶胶,小心地在 $Fe(OH)_3$ 溶胶上面注入适量的 NaCl 溶液。然后分别插入电极,接通直流电源,一段时间后,可以看到阴极一端的溶液颜色逐渐变深,阳极一端溶液颜色逐渐变浅,这种现象说明氢氧化铁溶胶的胶粒带正电荷,在电场作用下向阴极移动。

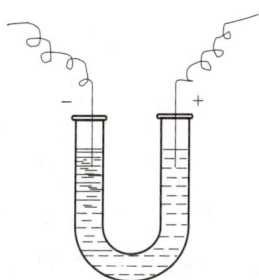

图 1 – 6 $Fe(OH)_3$ 溶胶电泳现象

如果改用黄色的硫化砷溶胶做实验,则阳极附近溶胶颜色逐渐变深,而阴极附近溶胶颜色逐渐变浅,这说明硫化砷溶胶的胶粒带负电荷,在电场中向阳极移动。在外电场的作用下,胶体粒子在分散介质中定向移动的现象称为电泳现象,如图 1 – 6 所示。

电泳现象证明胶粒是带电的,电泳方向可以判断胶粒所带电荷的种类。大多数金属氢氧化物溶胶的胶粒带正电荷,称为正溶胶;大多数金属硫化物、非金属氧化物、硅胶、金、银等溶胶的胶粒带负电荷,称为负溶胶。研究电泳现象,不仅有助于了解溶胶的结构及其电学性质,而且在蛋白质、多肽、氨基酸和核酸等物质的分离和鉴定方面有着广泛的应用。

溶胶粒子带电是由于胶核选择性吸附离子所引起的。胶核首先吸附的离子决定胶体所带电荷,称为电位离子,通常所说的溶胶带正电或者带负电是指胶粒而言,整个胶团是电中性的。

溶胶胶核常常选择性地吸附作为稳定剂的某种离子而使其表面带有电荷。通常选择吸附与其组成相类似的离子。例如,$AgNO_3 + KI \rightleftharpoons KNO_3 + AgI$,过量的 KI 作稳定剂,如图 1 – 7 所示。

胶团的结构表达式:

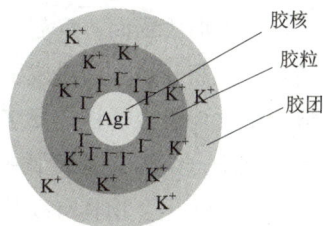

$$[(AgI)_m \cdot nI^- \cdot (n-x)K^+]^{x-} \cdot xK^+$$

胶核 吸附层 扩散层

胶粒

胶团

图 1 – 7 碘化银胶体结构示意图

（二）溶胶的稳定性和聚沉

1. 溶胶的稳定性 胶体溶液是比较稳定的,在相当长的时间内,胶体粒子不会互相聚集成更大的粒子而沉降下来。这种能够在相对较长时间内稳定存在的性质称为溶胶的稳定性。溶胶之所以有相对的稳定性主要原因有三点。

（1）胶粒带电　同种溶胶的胶粒带有相同电荷，当彼此接近时，由于静电作用相互排斥而分开。胶粒电荷量越多，胶粒之间静电斥力就越大，溶胶就越稳定。胶粒带电是大多数溶胶能稳定存在的主要原因。

（2）溶剂化作用　溶胶的吸附层和扩散层的离子都是水化的，从而在胶粒周围形成一个水化层，在水化膜保护下，胶粒较难因碰撞聚集变大而聚沉。水化膜越厚，胶粒就越稳定。

（3）布朗运动　胶体因质点很小，强烈的布朗运动使它不至于很快沉降，故具有一定的动力学稳定性。

2. 溶胶的聚沉　当溶胶粒子聚集成更大的颗粒时，其布朗运动克服不了重力的作用，溶胶粒子从分散介质中沉淀析出的现象，称为聚沉。使溶胶聚沉的方法主要有以下几种。

（1）加入强电解质　溶胶对电解质很敏感，向溶胶中加入少量的电解质，就能促使溶胶聚沉。使胶粒所带的电荷数减少甚至消除，使胶粒间的斥力减小，扩散层和水化膜随之变薄或消失，这样胶粒就能迅速凝聚而聚沉。例如，向 $Fe(OH)_3$ 溶胶中加入少量的 $(NH_4)_2SO_4$ 溶液，可以看到立即有氢氧化铁沉淀析出。

（2）加入带相反电荷的溶胶　两种带相反电荷的溶胶按适当比例混合，彼此所带的电荷相互抵消，引起溶胶聚沉。如用明矾净水就是溶胶相互聚沉的实例。

（3）加热　能使溶胶发生聚沉。因为加热增加了胶粒的运动速度和碰撞机会，削弱了胶粒的吸附作用和溶剂化程度，使溶胶发生聚沉。

二、高分子化合物溶液

（一）高分子化合物的概念

高分子化合物是指相对分子质量在一万以上，甚至高达几百万的大分子化合物，简称高分子。纤维素、蛋白质、蚕丝、橡胶、淀粉等都属于天然高分子，各种塑料、合成橡胶、合成纤维、涂料与黏结剂等属于以高聚物为基础的合成高分子材料。

高分子化合物所形成的溶液称为高分子溶液。高分子溶液中，溶质和溶剂有较强的亲和力，两者之间没有界面存在，属均相分散系。由于在高分子溶液中，分散相粒子已进入胶体范围，因此，高分子化合物溶液也被列入胶体分散系。它具有胶体分散系的某些性质，如扩散速度小、分散相粒子不能透过半透膜等，同时还具有自身的特征。

（二）高分子化合物溶液的形成和特征

1. 稳定性　高分子溶液在稳定性方面与真溶液相似，比溶胶的稳定性更高，在无菌、溶剂不蒸发的情况下，可以长期放置而不沉淀。由于高分子具有许多亲水基团，当其溶解在水中时，其亲水基团与水分子结合，在高分子表面形成了一层水化膜，使分散相粒子不易靠近，增加了体系的稳定性，因而它在水溶液中比溶胶粒子稳定得多。

2. 黏度大　高分子溶液的黏度比一般溶液或溶胶大得多，高分子溶液的高黏度与它的特殊结构有关。其原因是高分子化合物具有线状或分枝状结构，在溶液中，受到介质的牵引而运动困难，使部分液体失去流动性，自由流动的溶剂减少，故黏度较大。如蛋白质溶液和淀粉溶液都有很大的黏度。

3. 盐析　蛋白质的水合作用是蛋白质溶液稳定的主要因素。如果在蛋白质溶液中加入大量无机盐（如硫酸铵、硫酸钠等）时，无机离子强烈的水合作用使蛋白质的水合程度大为降低，蛋白质因稳定因素受破坏而沉淀。这种因加入大量无机盐使蛋白质从溶液中沉淀析出的作用称为盐析。

盐析的主要原因是去溶剂化作用。高分子的稳定性主要来自高度的水化作用，当加入大量电解质时，除中和高分子所带电荷外，更重要的是电解质离子发生强烈地水化作用，使原来高度水化的高分子去水化，失去稳定性而沉淀析出。

（三）高分子溶液对溶胶的保护作用

在溶胶中加入适量的高分子溶液，可以显著地提高溶胶的稳定性，当受到外界因素作用时（如加入电解质），溶胶不易发生聚沉，这种现象称为高分子溶液对溶胶的保护作用。例如，在含有明胶的硝酸银溶液中加入适量的氯化钠溶液，反应生成的氯化银不易出现沉淀，而容易形成氯化银胶体。

高分子化合物对溶胶的保护作用，一般认为是由于加入的高分子化合物都是能卷曲的线形分子，很容易被吸附在溶胶粒子表面上，将整个胶粒包裹起来形成一个保护层；又由于高分子水化能力很强，在高分子外面又形成了一层水化膜，这样就阻止了溶胶粒子的聚集，从而提高了溶胶的稳定性。

三、表面现象

物质在两相之间密切接触的过渡区称为界面，若其中一相为气体，则通常称为表面，凡是相界面上所发生的一切物理化学现象，统称为表面现象或界面现象。表面现象是自然界中普遍存在的现象，在生产、科研和生活中可经常遇到。

这些现象产生的主要原因是表面层中的分子和内部分子相比，它们所处的环境不同，存在能量上的差异。例如，液体及其蒸气组成的表面，液体内部的分子所受的力可以彼此抵消，但表面分子受到本相分子的拉力大、受到气相分子的拉力小，所以表面分子受到被拉入本相的作用力。这种作用力使表面有自动收缩到最小的趋势并使表面层显示出独特的性质，如表面张力、表面吸附等。

（一）表面张力与表面能

物体表面的分子和内部分子所处的环境不同，因而所具能量也不同。液体内部的分子受到周围分子的引力是对称而相等的，其合力为零。液体表面的分子受液体内部分子的引力强于来自气体分子方向的引力，相当于表面分子受到垂直向内的净吸引力。在这种净吸引力的作用下，液体表面分子趋向于到内部来，因此液体表面趋于自动收缩。如果想使表面增大，液体表面分子就必须反抗内部引力的作用，这一过程需要消耗一定量的功，这种功使表面层分子多余的能量贮藏在表面上。这种液体表面层的分子比内部分子所多余的能量叫表面能。

液体内部分子的吸引力使表面上的分子处于向内的一种力的作用下，这种力使液体尽量缩小其表面积而形成平行于表面的力，称为表面张力。表面张力越大，表面的分子越多，表面积越大，消耗的功越大，所具有的表面能也越大。

实验证明，不仅在液体和气体的表面上存在着表面能，在任何两相界面上均存在着界面能，在胶体分散系中，分散相颗粒具有很大的总表面积，故相应地具有很大的表面能。

（二）表面吸附

在一定条件下，一种物质的分子、原子或离子能自动地吸附在某固体表面上的现象，或者某物质在界面层中，浓度能自动发生变化的现象，称为吸附。吸附作用可以在固体表面上发生，也可以在液体表面上发生，其中具有吸附作用的物质称为吸附剂。被吸附的物质称为吸附质。如活性炭吸附色素，活性炭是吸附剂，色素是吸附质。

1. 固体界面上的吸附　固体表面上的原子或分子与液体一样，受力也是不均匀的，而且不像液体表面分子可以移动，通常它们是定位的。由于固体表面原子受力不对称和表面结构的不均匀性，它可以吸附气体或液体分子，使表面自由能下降。

当吸附发生在固体表面上，其他条件相同时，固体表面积越大，固体吸附剂的吸附能力也越大。细粉状物质和疏松多孔的固体常作为吸附剂，如活性炭、硅胶、活性氧化铝、铂黑等都是良好的吸附剂。良好活性炭的微孔界面常用于防毒面具中，也可用作蔗糖脱色。硅胶和活性氧化铝都可用作色谱分析中层析柱或薄层的吸附剂。

2. 气体 – 固体界面上的吸附 固体不具有流动性，这使得固体不能像液体那样以尽量减小表面积的方式降低表面能。但固体表面的剩余力场能对碰到固体表面上的气体分子产生吸引力，使气体分子在固体表面上发生相对地聚集，其结果可以减少剩余力场，以降低固体的表面能，使具有较大表面积的固体系统趋于稳定。这种气体分子在固体表面上相对聚集的现象称为气体在固体表面上的吸附，简称气 – 固吸附，吸附气体的固体称吸附剂，被吸附的气体称吸附质。

3. 固体 – 液体界面上的吸附 可能是溶质吸附，也可能是溶剂吸附，通常两者兼有只是程度不同。

在固体 – 液体界面上的吸附中，吸附的溶质可以是电解质，也可以是非电解质。对电解质的吸附使固体表面带电或者双电层中的组分发生变化，也可能使溶液中某些离子被吸附到固体表面，而固体表面的离子则进入溶液中，产生离子交换作用。对非电解质溶液的吸附，一般表现为单分子层吸附，吸附层以外就是液体溶液。

（三）表面活性剂

表面活性剂是指具有很强表面活性、能使液体的表面张力显著下降的物质。

1. 表面活性剂的分类 按表面活性剂分子能否电离，可分为离子型和非离子型两类。

（1）离子型 在水中能解离，根据解离后离子所带电荷不同，又可分为阴离子型、阳离子型和两性型三类。

1）阴离子型 带负电荷的表面活性剂称为阴离子型表面活性剂。起表面活性作用的是阴离子，包括羧酸盐、磺酸盐、硫酸酯盐、磷酸酯盐等，如肥皂（$C_{16}H_{31}COONa$）。

2）阳离子型 带正电荷的表面活性剂称为阳离子型表面活性剂。起表面活性作用的是阳离子，又称阳性皂，如脂肪胺盐、烷基咪唑啉盐、烷基吡啶盐、β – 羟基胺。

3）两性型 两性离子表面活性剂是分子结构中含有两种或两种以上极性基团的表面活性剂。因介质 pH 不同而呈现阴离子或阳离子表面活性剂的性质，如氨基酸、$R—NH—CH_2COOH$。这种表面活性剂具有许多独特的性质。

（2）非离子型 这类活性剂在水中不发生解离，主要分为两大类。

1）聚乙二醇型 用亲水基环氧乙烷为原料与憎水基原料进行加成反应而成。

2）多元醇型 用亲水基多元醇为原料与高级脂肪酸类憎水基原料反应而成。

2. 表面活性剂的作用 表面活性剂由于具有润湿或抗黏、乳化或破乳、起泡或消泡以及增溶、分散、洗涤、防腐、抗静电等一系列物理化学作用及相应的实际应用，成为一类灵活多样、用途广泛的产品。

（1）增溶作用 一些非极性的碳氢化合物，如苯、乙烷、异辛烷等在水中的溶解度是非常小的，但浓度超过临界胶团浓度的表面活性剂水溶液却能"溶解"相当数量的碳氢化合物，这种现象称为表面活性剂的增溶作用。

（2）润湿作用 在固体与液体接触界面上，如果加入表面活性剂，由活性剂分子定向排列在固 – 液界面，从而降低界面张力，使液体与固体之间的接触角减小，改善润湿程度。如农药行业中在粒剂及供喷粉用的粉剂中，有的也含有一定量的表面活性剂，其目的是为了提高药剂在受药表面的附着性和沉积量，提高有效成分在有水分条件下的释放速度和扩展面积，提高防病、治病效果。

（3）乳化与破乳作用 两种不相混溶的液体中的一种以极小的粒子均匀地分散到另一种液体中

形成乳状液的过程成为乳化。乳状液的形成过程主要依靠乳化作用，乳化作用是一种界面作用，能显著降低分散体系的界面张力，在其微液珠的表面上形成薄膜来阻止微液珠相互凝结，增大乳状液的稳定性。破乳实质上就是消除乳状液稳定化条件、使分散的液滴聚集、分层的过程。

（4）消毒、杀菌作用　在医药行业中可作为杀菌剂和消毒剂使用，杀菌和消毒作用是因其可与细菌生物膜蛋白质的强烈相互作用使蛋白质变性或失去功能，这些消毒剂在水中都有比较大的溶解度，根据使用浓度不同，可用于手术前皮肤消毒、伤口或黏膜消毒、器械消毒和环境消毒。

知识链接

纳米乳

纳米乳又称微乳，是由水、油、表面活性剂和辅助表面活性剂等自发形成，粒径为 1～100nm 的热力学稳定、各向同性、透明或半透明的均相分散体系。纳米乳具有许多其他制剂无可比拟的优点：①为各向同性的透明液体，属热力学稳定系统，经热压灭菌或离心也不能使之分层。②工艺简单，制备过程不需特殊设备，可自发形成，纳米乳粒径一般为 1～100nm。③黏度低，可减少注射时的疼痛。④具有缓释和靶向作用。⑤提高药物的溶解度，减少药物在体内的酶解，可形成对药物的保护作用并提高胃肠道对药物的吸收，提高药物的生物利用度。因此纳米乳作为一种药物载体受到广泛的关注。

目标检测

答案解析

一、选择题

（一）单项选择题

1. 下列关于分散系说法错误的是（　　）

　　A. 胶体分散系粒子直径为 1～100nm

　　B. 胶体分散系包括溶胶和高分子溶液

　　C. 分子离子分散系也称为真溶液

　　D. 牛奶属于胶体分散系

　　E. 悬浊液属于粗分散系

2. 物质的量浓度的单位为（　　）

　　A. g/L　　　　　　　　　B. mol　　　　　　　　　C. kg/mol

　　D. g/mol　　　　　　　　E. mol/L

3. 1000ml 0.1mol/L 的 Na_2CO_3 溶液含有 Na^+ 的物质的量为（　　）

　　A. 0.1mol　　　　　　　B. 0.2mol　　　　　　　C. 0.3mol

　　D. 4mol　　　　　　　　E. 5mol

4. 1000ml 9g/L 的 NaCl 溶液含有 NaCl（　　）

　　A. 4.5g　　　　　　　　B. 3g　　　　　　　　　C. 9g

　　D. 18g　　　　　　　　E. 36g

5. 18g H_2O 的物质的量是（　　）

　　A. 1mol　　　　　　　　B. 1g　　　　　　　　　C. 2mol

　　D. 2g　　　　　　　　　E. 3g

6. 溶胶稳定的决定性原因是（　　）

　　A. 胶粒带电　　　　　　　B. 溶剂化膜　　　　　　　C. 布朗运动

D. 胶粒直径　　　　　　　E. 温度

(二) 多项选择题

7. 下述说法正确的是 (　　)

A. 丁达尔现象由散射产生，可用于区别真溶液和溶胶

B. 溶胶比高分子溶液更稳定

C. 电泳现象说明胶粒带电

D. 胶粒可带负电或者正电

E. 布朗运动和分子热运动本质上是一样的

8. 使溶胶聚沉的方法有 (　　)

A. 加入少量强电解质　　　　B. 加热　　　　　　　　C. 加入带异号电荷的溶胶

D. 搅拌　　　　　　　　　　E. 冷冻

9. 有关稀溶液的依数性叙述正确的是 (　　)

A. 依数性只与粒子的数目有关　　　　B. 渗透浓度与物质的量浓度是一回事

C. 渗透压与渗透浓度成正比　　　　　D. 溶液的沸点升高

E. 溶液的凝固点降低

10. 下列溶液渗透浓度相等的有 (　　)

A. 0.1mol/L 的 $NaHCO_3$ 溶液与 0.1mol/L 的 $NaCl$ 溶液

B. 0.1mol/L 的 Na_2CO_3 溶液与 0.1mol/L 的 $NaCl$ 溶液

C. 0.1mol/L 的葡萄糖溶液与 0.1mol/L 的 $NaCl$ 溶液

D. 0.1mol/L 的葡萄糖溶液与 0.1mol/L 的蔗糖溶液

E. 0.1mol/L 的 $NaCl$ 溶液与 0.1mol/L 的 KCl 溶液

二、思考题

1. 临床上为什么能用0.9%氯化钠溶液（9g/L 的 $NaCl$ 溶液）作为补液？不同浓度的 $NaCl$ 溶液，比如0.9g/L 的 $NaCl$ 溶液能不能输入人体？

2. 配制 0.1mol/L $NaCl$ 溶液 500ml 可选用哪些仪器？配制的具体步骤和注意事项有哪些？

书网融合……

重点小结　　　　　　微课　　　　　　习题

第二章 化学热力学基础

学习目标

知识目标：通过本章的学习，应能掌握热力学第一定律、热力学第二定律、盖斯定律、化学反应自发进行方向的判断；熟悉化学热力学基本概念，焓变、熵变、吉布斯自由能变的计算；了解状态函数的特点，热力学第零定律，热力学第三定律，化学热力学的应用。

能力目标：具备运用热力学基本定律进行简单化学反应热相关分析的能力；能初步构建化学热力学知识结构图谱。

素质目标：通过本章的学习，树立严谨认真、实事求是的科学态度和吃苦耐劳、精益求精的工作风范。

情境导入

情境：从 1840 年开始，英国物理学家焦耳进行了一系列的实验，以测定外界对系统的影响。比如利用下落的重物带动搅拌器转动，通过摩擦使系统的水温升高；利用下落的重物带动发电机发电，通过电阻丝发热使水温升高等。这些实验都是在隔绝热传递的情况下进行的。他发现，只要重物的质量和下落的高度不变，水温升高的数值都是相同的，也就是只跟初始和结束时的两个状态有关，而跟具体实现的方式比如搅拌器尺寸、电阻丝型号无关。

思考：实验说明了什么问题？能否用高中所学原理进行初步分析？

第一次工业革命的理论是热力学，核心是把化学能转化成机械能。根据热力学理论发展出了一系列设备（统称热机），除了广为人知的蒸汽机，还包括后来的汽轮机、燃气轮机、内燃机等，从根本上改变了人类社会的生产方式。热力学主要是研究宏观过程中的能量转移、转化的方向与限度等问题。化学热力学则是应用热力学的基本理论和研究方法，从宏观角度研究化学反应中的能量问题、化学反应的方向问题和化学反应进行的程度问题。本章将学习化学热力学初步知识，只讨论化学反应中的热效应、化学反应的方向与限度，不涉及化学平衡、溶液与相平衡、气体定律、电化学热力学、表面与界面化学热力学等内容，所有计算均不使用高等数学。

第一节　热力学基本概念

PPT

一、体系和环境

在热力学研究中，被人为划定作为研究对象的部分物质或空间称为体系，体系也称为系统或物系；环境是除划定为研究体系以外的整个物质世界。

体系与环境是相对而言的，其界限往往根据研究的具体需要进行划定。例如，一杯热水，可以仅仅把液态水作为体系，也可以把液态水和水蒸气作为体系，还可以把液态水、水蒸气、水面上方的空气和水杯整体作为体系。

体系与环境是相互作用的，按照体系与环境之间物质和能量的交换情况，热力学体系可以分为开放体系、封闭体系和孤立体系三种（表 2 – 1）

表 2 – 1　热力学系统

系统分类	特点	举例
开放体系	体系与环境之间有物质交换，有能量交换	敞开的暖水瓶中的热水
封闭体系	体系与环境之间无物质交换，有能量交换	密封的暖水瓶中的热水
孤立体系	体系与环境之间无物质交换，无能量交换	理想的暖水瓶中的热水

若无声明，本章所讨论的化学反应都是在封闭体系中进行的。

用来描述体系状态的宏观物理量称为体系的性质，如温度、体积、压力、质量、密度，以及即将要学习的热力学能、焓、熵、吉布斯自由能等。体系的性质可分为强度性质和广度性质两类。

1. 广度性质　也称容量性质，具有加和性，数值与体系内物质的多少成正比，如体积、质量、焓、熵等。

2. 强度性质　没有加和性，数值取决于体系自身的特点，与体系内物质的多少无关，如温度、压力、浓度、密度等。

在物理学中，两个广度性质的比值就是强度性质，如质量与体积的比值就是密度。

强度性质与广度性质最好的区别方法：把一个系统分成几部分，具有加和性的为广度性质；如果各部分都相同的则为强度性质。

二、状态和状态函数

热力学角度的体系具有一系列广度性质与强度性质，其状态是体系物理性质和化学性质的综合表现，它可以由一系列表征体系性质的物理量所确定下来。这些用来描述体系宏观性质的物理量则称为状态函数，如前面提到的温度、压力、浓度、密度、体积、质量、焓、熵等。由于体系的状态是由一系列状态函数确定下来的，因此体系的状态与状态函数是对应的，状态确定则体系的各状态函数有确定的值；若体系的一个或几个状态函数发生改变，则体系的状态随之变化。状态函数的变化量取决于体系的始态和终态，体系如果恢复到始态，状态函数也随之恢复到原来的数值。即将学习的热力学能、焓、熵、吉布斯自由能等状态函数的变化有助于解决化学变化过程中的能量交换问题、化学反应的方向和限度问题。

物质的热力学标准态（简称标态），在热力学上有严格的规定。对于纯的固体或液体，其标准状态是摩尔分数为 1；溶液中的物质，其标准状态是浓度为 1mol/L；对于气态物质，按照 IUPAC（国际纯化学与应用化学联合会）的建议，其标准状态是分压为标准压力 $p^\ominus$，$p^\ominus = 1\text{bar}$（巴）$= 100\text{kPa}$（千帕）。当体系中所有物质都处于标准态时，这个热力学体系就处于热力学标准态。本章中凡是热力学物理量符号上标有"$\ominus$"的，都是指在热力学标准态的环境，其名称均应冠以"标准"为修饰词。例如，标准摩尔反应焓变 $\Delta_r H_m^\ominus$。

注意：热力学标准态并未对温度有限定，因此任何温度下都有热力学标准态。

三、过程和途径

前面提到，如果体系的一个或几个状态函数发生了改变，体系就从一个状态（始态）变成另一个状态（终态），体系经历了由始态到终态的变化，我们就说发生了一个过程。根据过程发生时的条件或变化发生前后体系状态函数的特点，热力学过程可分为以下几类。

（1）等温过程　始态和终态的温度相等并最终等于环境的温度的状态变化过程。

（2）等压过程　始态和终态的压力相等并最终等于环境的压力的状态变化过程。

（3）等容过程　始态和终态的体积相等的状态变化过程。

（4）绝热过程　体系和环境之间没有热交换的状态变化过程。

体系经历一个过程，由始态变到终态，可以采取多种不同的方式来实现，实现过程的每一种具体方式称为一种途径。过程与途径分别从两个层次描述体系发生的状态变化，过程侧重于体系的终态和始态的比较，途径侧重于具体方式和步骤。体系由某个始态到达指定的终态，其间可能经历等温、等压、等容、绝热过程中的一种或几种，这一种或几种过程的组合就形成了具体的途径，体系可以经历不同的途径，最终由始态变化到终态。无论经过哪种途径，由于始态和终态相同，状态函数的变化值是相同的。

例如，一定量的某理想气体，由始态（25℃，100kPa）变化到终态（25℃，200kPa），可经过途径Ⅰ一步完成，也可经过途径Ⅱ或途径Ⅲ分两步完成（图2－1）。

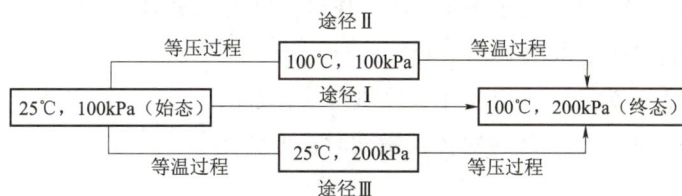

图2－1　过程与途径

可以看出，无论从途径Ⅰ、途径Ⅱ或途径Ⅲ分析，体系始态到终态时的温度变化 ΔT 都是75℃，压力变化 ΔP 都是100kPa。也就是说，状态函数的变化值只与始态和终态有关，与途径无关。

四、热力学能

热力学能是体系内部一切能量的总和，又叫内能，符号为 U，包括：体系中分子的动能（包括平动能、转动能和振动能）、分子内电子的动能、原子核内的能量、分子间相互作用的势能等，不包括体系整体的动能和在力场中的势能等。热力学能是体系在一定状态下具有的性质，是状态函数，可以从温度、体积等性质角度进行描述。是一个广度性质，具有加和性。例如，物体的温度是构成物体的大量微粒热运动的激烈程度的宏观表现。温度越高，微粒的平均动能越大，则体系的热力学能越大。

▪**知识链接**

分子动能与温度

由单原子分子构成的气体的大量分子的平均动能 E 与其温度 T 的关系经统计热力学理论推导为：$E = 1.5kT$，其中，$k = 1.391 \times 10^{-23} \text{J/K}$，称为玻尔兹曼常量，等于气体常量 R 与阿伏伽德罗常量 N_0 之比。

五、热和功

封闭体系的状态变化过程中，往往伴随着与环境之间的能量交换，能量交换有热传递和做功两种形式，在能量交换过程中，体系的热力学能将发生变化。

热力学领域的"热"不同于"冷热"的"热"，也不同于分子热运动中的"热"，而是体系与环境之间（或体系与体系之间）由于温度不同而传递的能量，符号为 Q。热不是物质，不是体系的性质，而是大量物质微粒做无序运动引起的能量传递形式。所以不能说体系有多少"热"，也不能说体系的"热"增加了或减少了。由于热传递是因为温度不同引发的，温度相等时，热传递也停止，此时称为"热平衡"。这是热力学最基本的观念之一，"两个各自与第三个体系达成热平衡的体系彼此也成热平衡"，这个描述被称为热力学第零定律。本章内容按照传统热力学标准，只讨论平衡体系与环境之间的能量传递。

除热之外，以其他形式传递的能量统称为"功"，功的符号为 W。功可以分为体积功和非体积功两类。体积功也称膨胀功，是气体体积变化引起的做功，气体体积增大，向外膨胀，克服环境压力，我们就说体系对环境做功；气体体积减小，向内收缩，我们就说环境对体系做功，二者均称为膨胀功；非体积功也称为有用功，是除了膨胀功以外的其他功的总称。本章中所涉及的主要是化学反应过程中的体积功。

热和功不是状态函数，只是在能量传递过程中表现出来的，不是体系固有的性质，其数值的大小和符号的正负均与变化的途径有关。热和功的单位通常为 J 或 kJ，符号按照热力学规定如下：体系在变化过程中吸收的热量为 Q，体系若吸收了 10J 的热量，则表示为 $Q = 10J$；功是指环境对体系所做的功，故 $W = 10J$ 表示环境对体系做功 10J。因而

体系向环境放热时，Q 为负；环境向体系放热时，Q 为正。

体系对环境做功时，W 为负；环境对体系做功时，W 为正。

第二节　热力学第一定律

PPT

情境导入

情境：热力学发展初期，热和机械能的相互转化是人们研究的主题。在工业革命的推动下，工业上和运输上都相当广泛地使用蒸汽机。人们研究怎样消耗最少的燃料而获得尽可能多的机械能。甚至幻想制造一种机器，不需要外界提供能量，却能不断地对外做功，这就是所谓的第一类永动机。在欧洲，早期最著名的一个永动机设计方案是 13 世纪时一个叫亨内考的法国人提出来的。如图 2-2 所示，轮子中央有一个转动轴，轮子边缘安装着 12 个可活动的短杆，每个短杆的一端装有一个铁球。方案的设计者认为，

图 2-2　第一类永动机

右边的球比左边的球离轴远些，因此，右边的球产生的转动力矩要比左边的球产生的转动力矩大。这样轮子就会永无休止地沿着箭头所指的方向转动下去，并且带动机器转动。这个设计被不少人以不同的形式复制出来，但从未实现不停息的转动。

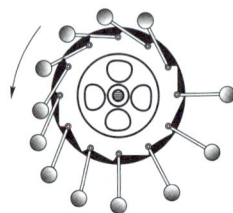

思考：1. 为什么永动机不能永远转动？

2. 永动机的构想违背了什么原理？

一、热力学第一定律基本形式 ℮ 微课

热力学能的绝对值是难以确定的，但是当确定了始态和终态，其变化值 ΔU 就可以通过体系与环境间传递的热和功来确定。

如果环境向体系传热，体系的温度升高，热力学能增加，其增量则等于体系吸收的热量：$\Delta U =$

Q；如果环境对体系做功，体系内能也会增加，$\Delta U = W$；如果同时向体系传递热量和做功，则体系热力学能的增量等于吸收的热量与环境向体系做功的和。

$$\Delta U = Q + W \qquad (2-1)$$

能量守恒定律指出：能量既不能无缘无故的产生，也不会无缘无故的消失，只会从一种形式转变为另一种形式，或者从一个物体传递给另一个物体，在转化和传递过程中，能量的总值不变。公式 2-1 反映了这一客观事实，是能量守恒定律运用于宏观热力学体系的表现形式，因此它是热力学第一定律的表达式，适用于封闭体系的任何过程。根据这个定律，要想制造一种既不靠外界供给能量，本身又不减少能量，却不断对外工作的机器是不可能的。人们把这种假想的机器称为第一类永动机。因此，热力学第一定律也可以表述为："第一类永动机是不可能造成的"。

例 2-1　已知某体系从始态到终态，经过以下两种途径：①从环境吸热 500kJ，同时对环境做功 320kJ；②向环境放热 120kJ，同时环境对体系做功 300kJ。计算上述两种途径下体系热力学能的变化。

已知：$Q_1 = 500\text{kJ}$；$W_1 = -320\text{kJ}$；$Q_2 = -120\text{kJ}$；$W_2 = -320\text{kJ}$

求：ΔU_1 和 ΔU_2

解析：$\Delta U_1 = Q_1 + W_1 = 500 - 320 = 180$（kJ）

$\Delta U_2 = Q_2 + W_2 = -120 + 300 = 180$（kJ）

二、化学反应的热效应

化学反应总是伴有热量的吸收或放出，在化学反应过程中，体系吸收或放出的热称为化学反应的热效应，简称反应热。在只有体积功的过程中，化学反应的热效应可以定义为：当生成物与反应物的温度相同时，化学反应过程中吸收或放出的热量。要求生成物的温度和反应物的温度相同，可以避免物质温度升高或降低所引起的热量变化混入反应热中。这时，反应热表示的是化学反应引起的热量变化。通常，根据具体测定条件，反应热可以分为恒容反应热和恒压反应热。

（一）恒容反应热

在恒温恒容且不做非体积功的条件下的反应热称为恒容反应热，符号为 Q_v。恒容意味着反应前后体系的体积不变，则体积功 $W = 0$；根据热力学第一定律

$$\Delta U = Q_v + W = Q_v + 0 = Q_v \qquad (2-2)$$

式 2-2 的意义是：在恒温恒容且不做非体积功的条件下，恒容反应热 Q_v 在数值上等于体系的热力学能变。$\Delta U > 0$，则 $Q_v > 0$，为吸热反应；$\Delta U < 0$，则 $Q_v < 0$，为放热反应。

知识链接

理想气体与实际气体

气体有理想气体和实际气体之分。理想气体被假设为分子之间没有相互作用力，分子自身没有体积，压力、温度和体积之间遵循理想气体状态方程 $pV = nRT$，分子在空间的分布遵循统计规律。当实际气体的压力不太大、分子之间平均距离很大，分子本身的体积就可以忽略不计；温度不低则分子的平均动能较大，分子之间的作用力可以忽略不计，此时，实际分子的行为就十分接近理想气体了。

（二）恒压反应热与焓变

在恒温恒压且只做体积功的条件下，反应热称为恒压反应热，符号为 Q_P。恒压意味着反应前后体系的压力不变，如果反应有气体参加且气体体积发生变化，为保持体系压力不变，体系的体积则会

相应地发生变化，将体积的变化记为 ΔV，则环境对体系做功 $W = -p\Delta V$。

根据热力学第一定律

$$\Delta U = Q_P + W = Q_P - p\Delta V$$

$$Q_P = \Delta U + p\Delta V \tag{2-3}$$

$$= (U_2 - U_1) + p(V_2 - V_1)$$

$$= (U_2 + pV_2) - (U_1 + pV_1)$$

因为 U、p、V 都是体系的状态函数，因此组合 $U + pV$ 也是状态函数，热力学上将这个函数定义为焓，符号 H，$H = U + pV$，则

$$Q_P = H_2 - H_1 = \Delta H \tag{2-4}$$

式 2-4 的意义是：在恒温恒压且只做体积功的条件下，恒压反应热 Q_P 在数值上等于体系的焓变。$\Delta H > 0$，则 $Q_P > 0$，为吸热反应；$\Delta H < 0$，则 $Q_P < 0$，为放热反应。焓的单位为 J 或 kJ。与热力学能 U 一样，焓 H 的绝对值也是难以确定的，其变化值 ΔH 可以通过体系的恒压反应热 Q_P 来确定。

例如，对于恒温恒压条件下的某个气体反应体系：

始态：物质的量为 n_1，体积为 V_1，压力为 p，热力学温度为 T，热力学能为 U_1；

终态：物质的量为 n_2，体积为 V_2，压力为 p，热力学温度为 T，热力学能为 U_2；

根据 $\Delta H = Q_P = \Delta U + p\Delta V = Q_v + p\Delta V$

其中，Q_v 可以通过燃烧弹（氧弹）测出；$p\Delta V$ 则可以通过理想气体状态方程得

$$pV = nRT$$

$$p\Delta V = \Delta nRT$$

即

$$\Delta H = Q_P = \Delta U + \Delta nRT = Q_v + \Delta nRT \tag{2-5}$$

式 2-5 中，Δn 为反应前后气体物质的量的变化，mol；R 为气体常量，取值 8.314J/(K·mol)；T 为热力学温度，单位为 K。

例 2-2 经燃烧弹测定，在 298K 下，1mol H_2（g）与 0.5mol O_2（g）完全反应，生成 1mol H_2O（g），放出热量 240.580kJ，试计算：如果该反应在 298K 和 100kPa 条件下进行，又会放出多少热量？

已知：$Q_v = -240.580$kJ；$T = 298$K

求：Q_P

解析： $\Delta n = n_2 - n_1 = 1 - (1 + 0.5) = -0.5$（mol）

$Q_P = \Delta H = Q_v + \Delta nRT = -240.580 + (-0.5) \times 8.314 \times 10^{-3} \times 298 = -241.818$（kJ）

例 2-3 用燃烧弹测出，氯气和氢气生成 1mol HCl 气体时，放出 92.307kJ 的热。求反应的焓变。

已知：$Q_v = -92.307$kJ

求：ΔH

解析： $\Delta n = 0$

$\Delta H = Q_v + \Delta nRT = Q_v = -92.307$（kJ）

从上述两个例题推广可以得出：对于一个具体的化学反应，恒压热效应与恒容热效应是否相等，取决于反应前后气体分子总数是否发生变化：若总数不变，体积功为零，$Q_P = Q_v$；若总数减少，环境对体系做功，此时对于放热反应，$|Q_P| > |Q_v|$，即 $|\Delta H| > |\Delta U|$；若总数增加，体系对环境做功，此时对于放热反应，$|Q_P| < |Q_v|$，即 $|\Delta H| < |\Delta U|$。

（三）热化学方程式

量热器（燃烧弹）

压力罐式量热器是用来测量恒容反应热的仪器（图2-3）。主要部件有：一个被水包围的高强度钢罐（压力罐），一个搅拌器，一个点火线圈和一个温度计。压力罐中放入食品，并充满氧气。为点火线圈通电，食品就燃了起来。搅拌水，直到温度稳定下来，利用温度计记录升高的温度。因为量热器的热容量已知（或者可以通过标准热源来测量），容易计算出反应释放的热量。

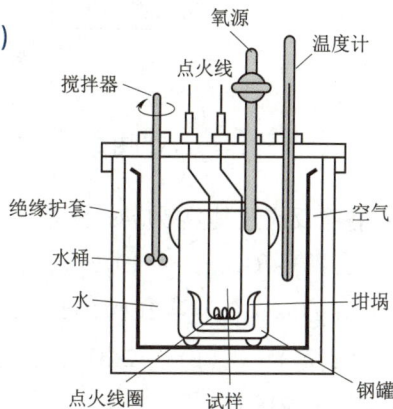

图2-3　弹式量热器

标示出反应热效应的化学方程式称为热化学方程。由于化学反应一般是在恒压条件下进行的，恒压反应热 Q_P 和焓变 ΔH 的比于 Q_V 更加具有实际意义，如果没有特别说明，通常所说的反应热就是指的恒压反应热。例如

$$2H_2(g) + O_2(g) = 2H_2O(g) \qquad \Delta_r H_m^\ominus(298.15K) = -483.636kJ/mol$$

符号 $\Delta_r H_m^\ominus$ 称为标准摩尔反应焓变，简称反应焓，它在数值上等于恒压反应热。其中，下标"r"表示化学反应中的热效应；下标"m"表示发生了1mol反应。

按照上述方程式，发生1mol反应时，消耗2mol氢气和1mol氧气，生成2mol水。如果方程式写法不同，则1mol反应中的反应物和产物的量和焓变都会随之变化。例如：$H_2(g) + 1/2\ O_2(g) = H_2O(g)$，发生1mol反应时，消耗1mol氢气和0.5mol氧气，生成1mol水蒸气，其 $\Delta_r H_m^\ominus(298.15K) = -241.818kJ/mol$。

上标"⊖"表示反应是在热力学标准态下进行的，"298.15K"则给出了这个等温过程的温度，温度不同时，反应的焓变也会发生变化，在温度变化不大时，可近似地看作焓变不随温度变化而变化。前面讲过，热力学标准态没有对温度作出限定，随着温度不同，可以有无数个标准态，我们通常选择的温度是298K。

书写热化学方程式时应注意以下几点。

（1）应标明各物质的状态，分别用g、l、s表示气体、液体、固体。

（2）注明反应时的温度和压力，在298K和100kPa时，可不必注明。

（3）热化学方程式中的系数表示化学计量数，可以写成分数。但化学计量数不同时，同一反应的摩尔反应热数值不同。如

$$N_2(g) + 3H_2(g) = 2NH_3(g); \quad \Delta_r H_m^\ominus(298K) = -92.2kJ/mol$$

$$2N_2(g) + 6H_2(g) = 2NH_3(g); \quad \Delta_r H_m^\ominus(298K) = -184.4kJ/mol$$

（4）相同条件下，正反应和逆反应的标准摩尔焓变绝对值相等，符号相反。例如

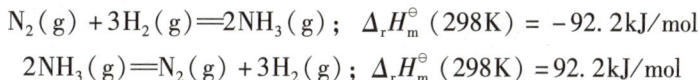

$$N_2(g) + 3H_2(g) = 2NH_3(g); \quad \Delta_r H_m^\ominus(298K) = -92.2kJ/mol$$

$$2NH_3(g) = N_2(g) + 3H_2(g); \quad \Delta_r H_m^\ominus(298K) = 92.2kJ/mol$$

（5）一个化学反应（总反应）若能分成几步完成，则总反应的反应热等于各分步反应热的代数和，这个规律称为盖斯定律。通过盖斯定律，我们就可以设计反应途径，根据已知的化学反应热求得某些反应的摩尔反应热。

例 2 - 4 在 298K、100kPa 时，由石墨生成二氧化碳气体的反应可以通过以下两种途径完成，如图 2 - 4 所示。

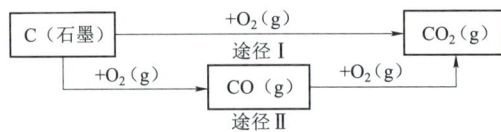

图 2 - 4 石墨生成二氧化碳气体的两条途径

已知：各个反应及其热效应如下。

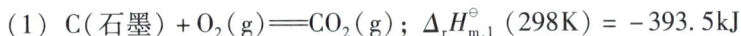

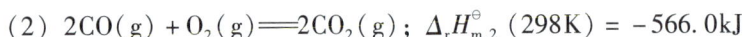

（1）$C(石墨) + O_2(g) = CO_2(g)$；$\Delta_r H_{m,1}^{\ominus}(298K) = -393.5kJ$

（2）$2CO(g) + O_2(g) = 2CO_2(g)$；$\Delta_r H_{m,2}^{\ominus}(298K) = -566.0kJ$

（3）$2C(石墨) + O_2(g) = 2CO(g)$；$\Delta_r H_{m,3}^{\ominus}(298K)$

求：$\Delta_r H_{m,3}^{\ominus}(298K)$

解析： 反应式（2）+ 反应式（3）= 反应式（1）× 2

$$\Delta_r H_{m,2}^{\ominus} + \Delta_r H_{m,3}^{\ominus} = 2\Delta_r H_{m,1}^{\ominus}$$

$$\Delta_r H_{m,3}^{\ominus} = 2\Delta_r H_{m,1}^{\ominus} - \Delta_r H_{m,2}^{\ominus}$$

$$= 2 \times (-393.5) - (-566.0) = -221(kJ/mol)$$

（四）标准摩尔生成焓与反应热

前面讲过，物质的绝对焓值是不知道的，但是不影响对反应过程中的焓变的研究和讨论。化学热力学规定，某温度下，由处于标准状态的各种元素的指定单质生成标准状态的 1mol 某纯物质的热效应，叫作该温度下该物质的标准摩尔生成焓（以下简称标准焓），符号 $\Delta_f H_m^{\ominus}$。同时规定：处于标准状态的各种元素的指定单质的标准摩尔生成焓为 0kJ/mol。例如，在 298K 和 100kPa 时：

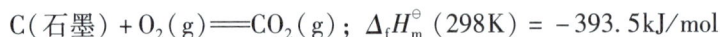

$$C(石墨) + O_2(g) = CO_2(g)；\Delta_f H_m^{\ominus}(298K) = -393.5kJ/mol$$

石墨和 $O_2(g)$ 分别是碳元素和氧元素对应的标准状态的指定单质，其标准焓为 0kJ/mol，反应的焓变可以看作是产物 $CO_2(g)$ 的标准焓与反应物 $C(石墨)$ 和 $O_2(g)$ 标准焓的差值，这个差值就等于 $CO_2(g)$ 的标准焓，写作：$\Delta_f H_m^{\ominus}(CO_2, g, 298K) = -393.5kJ/mol$。可以利用常见物质的标准焓 $\Delta_f H_m^{\ominus}$（见附录）计算许多反应的焓变 $\Delta_r H_m^{\ominus}$。

例如，某一个化学反应：

$$aA + bB = dD + eE$$

$$\Delta_r H_m^{\ominus} = (d\Delta_f H_{m,D}^{\ominus} + e\Delta_f H_{m,E}^{\ominus}) - (a\Delta_f H_{m,A}^{\ominus} + b\Delta_f H_{m,B}^{\ominus})$$

即，化学反应的热效应等于产物的标准焓的总和减去反应物的标准焓的总和。

$$\Delta_r H_m^{\ominus} = \sum (v_i \Delta_f H_{m,i}^{\ominus})_{产物} - \sum (v_i \Delta_f H_{m,i}^{\ominus})_{反应物} \tag{2-6}$$

例 2 - 5 利用标准摩尔生成焓计算下列反应在 298K 下的标准摩尔焓变。

$$CH_4(g) + 2O_2(g) = CO_2(g) + 2H_2O(l)$$

已知：$\Delta_f H_m^{\ominus}(CO_2, g) = -393.5kJ/mol$，$\Delta_f H_m^{\ominus}(CH_4, g) = -74.6kJ/mol$，$\Delta_f H_m^{\ominus}(H_2O, l) = -285.83kJ/mol$，$\Delta_f H_m^{\ominus}(O_2, g) = 0kJ/mol$

求：$\Delta_r H_m^{\ominus}$

解析： $\Delta_r H_m^{\ominus} = \Delta_f H_m^{\ominus}(CO_2, g) + 2\Delta_f H_m^{\ominus}(H_2O, g) - \Delta_f H_m^{\ominus}(CH_4, g) - \Delta_f H_m^{\ominus}(O_2, g)$

$$= [(-393.5) + 2 \times (-285.83)] - [(-74.6)] - 0$$

$$= -890.56(kJ/mol)$$

（五）标准摩尔燃烧焓与反应热

有机物很难由单质直接合成，不能通过实验测定标准摩尔生成焓的途径计算反应的焓变，而是常用标准摩尔燃烧焓计算反应的焓变。

1mol 纯物质在标准状态下完全燃烧时的焓变称为该物质的标准摩尔燃烧焓（以下简称燃烧焓），符号为：$\Delta_c H_m^\ominus$。如果说标准生成焓是以反应起点即各种单质为参照物的相对值，那么标准燃烧焓则是以燃烧终点为参照物的相对值，因此需要对终点进行严格规定。热力学规定，完全燃烧是指生成特定状态的产物。例如，C 元素转化为 $CO_2(g)$，H 元素转化为 $H_2O(l)$，N 元素转化为 $N_2(g)$，S 元素转化为 $SO_2(g)$ 等。氧气和完全燃烧产物的标准摩尔燃烧焓均为 0kJ/mol。我们可以利用常见物质的燃烧焓 $\Delta_c H_m^\ominus$ 计算许多反应的焓变 $\Delta_c H_m^\ominus$。

$$\Delta_r H_m^\ominus = \sum (v_i \Delta_c H_{m,i}^\ominus)_{反应物} - \sum (v_i \Delta_c H_{m,i}^\ominus)_{产物} \tag{2-7}$$

即化学反应的热效应等于反应物的燃烧焓的总和减去产物的燃烧焓的总和。

例 2-6 利用标准摩尔燃烧焓计算下列反应在 298K 下的标准摩尔焓变。

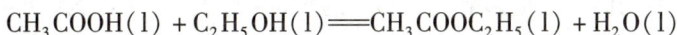

$$CH_3COOH(l) + C_2H_5OH(l) =\!\!=\!\!= CH_3COOC_2H_5(l) + H_2O(l)$$

已知：$\Delta_c H_m^\ominus(CH_3COOH,l) = -874.54\text{kJ/mol}$，$\Delta_c H_m^\ominus(C_2H_5OH,l) = -1366.95\text{kJ/mol}$，

$\Delta_c H_m^\ominus(CH_3COOC_2H_5,l) = -2254.2\text{kJ/mol}$，$\Delta_c H_m^\ominus(H_2O,l) = 0\text{kJ/mol}$

求：$\Delta_r H_m^\ominus$

解析： $\Delta_r H_m^\ominus = \sum (v_i \Delta_c H_{m,i}^\ominus)_{反应物} - \sum (v_i \Delta_c H_{m,i}^\ominus)_{产物}$

$\qquad = [(-874.54) + (-1366.95)] - [(-2254.2) + 0]$

$\qquad = 12.71 (\text{kJ/mol})$

第三节 热力学第二定律

PPT

> **情境导入**

情境： 地球上有大量的海水，其总质量约为 1.4×10^{18} T，如果这些海水的温度降低 0.1K，将要放出的热量为 5.8×10^{23} J，这相当于 1800 万个 100 万千瓦功率的发电厂一年的发电量。

思考： 1. 为什么没有人去研究这种新能源呢？

　　　　2. 制约这种能量转换的是热力学哪条定律？

一、自发过程

自发过程是能够自动发生的过程，在指定条件下，不需要消耗外力而能够自动进行，其反向过程则不能自动进行。自发过程中，体系具有向环境做有用功（除膨胀功之外的电功、机械功、表面功等）的可能性。反之，如果必须向封闭体系做有用功，体系才会发生一个过程，这个过程必然是非自发过程。例如，气体能自动向真空膨胀，不能自动压缩；溶液中的溶质能自动由高浓度扩散至低浓度直至均匀，而从低浓度转移至高浓度区域则需要能量（如生命过程中的主动运输）；水能自动由高山流向平原，由低处流向高处则需要对其做功。

这些事实表明：一切自发过程都有一定的变化方向，不会自动逆向进行，变化发生后，要使体系和环境都恢复到原来的状态而不留下任何影响是不可能的。例如，热量由高温物体自动传递给低温物体，最后温度相同。要想使它们恢复原状，必须从高温的物体吸收热量，令其降低到原来的温度，所吸收的热量完全转化为功，再把功完全以热的形式传递给低温物体，令其升高到原来的温度。但是，热量完全转化为功而不留下影响是不可能的。也就是说，自发过程具有不可逆性，这是自发过程的共同特征。实质上，一切实际过程都是热力学的不可逆过程，这些不可逆过程都是相互关联的，从某一个自发过程的不可逆性可以推断另一个自发过程的不可逆性。

二、热力学第二定律基本形式

对于自发过程而言，水从高山流向平地是由势能差决定的；电流的定向流动是由电势差决定的，热量的传递是由温度差所决定的。热力学第二定律就描述了热力学系统的不可逆过程和自发过程的方向性，它有多种表述方式。克劳修斯指出了热传导的不可逆性："不可能把热从低温物体传到高温物体而不引起其他变化"。开尔文指出了功变热的不可逆性："不可能从单一热源取出热使之完全变为功而不发生其他变化"。这两种说法其实是等效的。所谓第二类永动机是一种能够从单一热源吸热并将所吸收的热全部转化为功而无其他影响的机器。这种机器的原理并不违反热力学第一定律，但永远造不出来。所以开尔文的说法也可以表达为："第二类永动机是不可能造成的"。

知识链接

理想气体的卡诺循环

1824 年，法国工程师卡诺讨论设计了理想气体经过四步可逆过程所构成的循环，称为卡诺循环。这四个步骤是：①等温可逆膨胀过程，吸热 Q_2，气体由 P_1、V_1、T_2 到 P_2、V_2、T_2；②绝热可逆膨胀过程，气体由 P_2、V_2、T_2 到 P_3、V_3、T_1；③等温可逆压缩过程，放热 Q_1，气体由 P_3、V_3、T_1 到 P_4、V_4、T_1；④绝热可逆压缩过程，气体由 P_4、V_4、T_1 到 P_1、V_1、T_2。卡诺循环只在两个热源之间进行，由这个循环构成的热机是理想的可逆热机，热机从高温热源吸收热量 Q_2，将其一部分转变为功 W，另一部分以热 Q_1 的形式传递给低温热源。W/Q_2 之比称为热机效率。由此可以推导得出低温可逆过程的一个重要关系式：$Q_1/T_1 + Q_2/T_2 = 0$，其中 Q/T 称为热温熵。由此关系式可以推导出：任意可逆循环的热温熵的总和等于零，在此循环过程中任取两点 A 和 B，可进一步推导出，从 A 到 B 经过不同的可逆过程，但它们各自的热温熵的和始终相等。克劳修斯据此定义了一个热力学状态函数称为熵（S），体系发生由 A 到 B 的状态变化时，熵的变化用可逆过程中的热温熵来衡量。

三、熵

（一）熵是状态函数

体系的混乱度变大是化学反应自发进行的一种趋势，但混乱度只是对体系状态的一种定性的描述。熵是描述体系混乱度的状态函数，符号为 S，单位为 J/K。体系的混乱度越大则熵越大，体系的混乱度越小则熵越小。体系内粒子的数量、聚集状态、温度等因素改变，其熵值就会改变。对于熵函数应作如下理解。

（1）熵是体系的容量性质，具有加和性，整个体系的熵等于各部分熵的总和。

（2）熵是体系的状态函数，其变化值仅与始态和终态有关，与变化途径无关，可以用可逆过程的热温熵来衡量和判断。例如，体系经过等温过程（T），由状态 A（熵为 S_A）转化为状态 B（熵为 S_B）：

对于可逆过程 　　　　　　　　　　　$\Delta S = S_B - S_A = Q/T$ 　　　　　　　　　　　$(2-8)$

对于不可逆过程 　　　　$\Delta S > Q/T$（Q 为可逆过程中的热效应）

$\Delta S \geqslant Q/T$ 可作为热力学第二定律的表达式和判断过程是否可逆的依据。

> **知识链接**
>
> **绝热可逆过程中的熵变**
>
> 　　体系与环境之间传递热量的过程可以看作是可逆过程，如果体系温度保持不变（373.2K），过程中吸热 40620J，则此过程的熵变为 $\Delta S = Q/T = 40\,620/373.2 = 108.8(\text{J/K})$。

（二）熵增加原理

　　若用状态函数 S 表述化学反应向着混乱度增大的方向进行这一事实，可以认为化学反应趋向于熵值的增加，即趋向于 $\Delta S > 0$。当把系统和环境合起来形成一个"没有环境的系统"，就可以看作是一个孤立系统，在孤立系统内，任何变化不可能导致熵的总值减少，即 $\Delta S \geqslant 0$。如果变化过程是可逆的，则 $\Delta S = 0$；如果变化过程是不可逆的，则 $\Delta S > 0$；总之熵有增无减这个结论被称为熵增加原理。热力学第二定律表明：熵会随着自然的发展越来越大，不像能量是守恒的。

　　孤立体系中自发进行的过程是不可逆过程，熵必然会增大。任何自发过程均是由非平衡态趋向于平衡态，到了平衡态时熵函数达到最大值。因此，自发不可逆过程进行的限度是以熵函数达到最大值为准则的。同一种物质在同一种物理状态下，温度越高，微观状态数越多，物质的熵越大，温度从高热源传递给低热源将引起整个系统的熵增加；温度相同的物质，气态时熵最大，固态时熵最小；功是分子做有序运动的能量传递形式，热是分子做无序运动的能量传递形式，功转化为热是熵增大的过程；分子结构越复杂无序或者构象越多，熵越大；同类物质，分子质量越大则熵越大；互为同素异形体的白磷比红磷的熵要大。

（三）标准熵与摩尔熵变

　　熵是系统内分子运动的无序程度的宏观量度，但是熵的绝对值同样是不可知的，热力学第三定律就是对相对熵的表述：温度 $T = 0K$ 时，任何纯物质完美晶体的熵值为零。从熵值为零的状态出发，使体系变化到终态某温度 T，如果知道这一过程中的热力学数据，原则上可以求出过程的熵变值，也就是该体系在终态时的熵值。在标准压力下，1mol 某纯物质的熵值称为标准摩尔熵，简称标准熵，用符号 $S_m^{\ominus}$ 表示。部分物质在 298K 时的标准熵可从附录中查询。利用反应体系中各物质的标准熵可计算化学反应的摩尔熵变为 $\Delta_r S_m^{\ominus}$。

$$\Delta_r S_m^{\ominus} = \sum (v_i S_{m,i}^{\ominus})_{产物} - (v_i S_{m,i}^{\ominus})_{反应物} \tag{2-9}$$

例 2-7　计算下列反应在 298K 下的标准摩尔熵变：

$$2HCl(g) \Longrightarrow H_2(g) + Cl_2(g)$$

已知：查表得 $S_m^{\ominus}(HCl, g) = 186.7 J/(K \cdot mol)$，$S_m^{\ominus}(H_2, g) = 130.68 J/(K \cdot mol)$，$S_m^{\ominus}(Cl_2, g) = 223.07 J/(K \cdot mol)$

求：$\Delta_r S_m^{\ominus}$

解析： $\Delta_r S_m^{\ominus} = [S_m^{\ominus}(H_2, g) + S_m^{\ominus}(Cl_2, g)] - 2S_m^{\ominus}(HCl, g)$

$$= [130.68 + 223.07] - 2 \times 186.7$$

$$= -19.65 [J/(K \cdot mol)]$$

水溶液体系的标准熵

与纯物质的标准熵不同，水溶液中的物质均是水合物，以水合氢离子的标准摩尔熵等于零为参照，其他许多水合物的熵是小于零的。

四、吉布斯自由能

封闭系统内的反应是否自发，以什么方式进行，显然是化学热力学中的重要问题。只有在综合热力学第一定律、焓和熵等知识的基础上，才能给出回答。通常，自发过程不是仅仅由熵是否增大就可以判断的，而是由吉布斯自由能的变化量来决定。

（一）吉布斯自由能与过程自发性判断

由 $\Delta S \geqslant Q/T$ 可以推导如下。

$$\Delta S - Q/T \geqslant 0$$
$$T \cdot \Delta S - Q \geqslant 0 \tag{2-10}$$

式（2-10）称为热力学第二定律的数学表达式，适用于封闭体系的任意过程。其中，T 为环境的热力学温度；"$>$"表示过程可以自发进行；"$=$"表示达到平衡（可逆）状态。

在等温、等压、不做非体积功的条件下，$Q = \Delta H$，则式（2-10）可变为

$$\Delta H - T \cdot \Delta S \leqslant 0 \tag{2-11}$$
$$(H_2 - H_1) - T(S_2 - S_1) \leqslant 0$$
$$(H_2 - TS_2) - (H_1 - TS_1) \leqslant 0$$

令 $H - TS = G$，则

$$\Delta H - T \cdot \Delta S = G_2 - G_1 = \Delta G \leqslant 0 \tag{2-12}$$

G 称为吉布斯自由能，常用单位有 J 或 kJ。由于 H、T、S 均为状态函数，所以 G 也是状态函数。在标态下，式（2-12）可改写为

$$\Delta G^{\ominus} \leqslant 0 \tag{2-13}$$

利用式（2-13）可以判断过程在标准状态下自发进行的方向："$<$"表示过程自发进行；"$=$"表示达到平衡（可逆）状态；如果 $\Delta G^{\ominus} > 0$，过程不自发。

（二）标准摩尔生成吉布斯自由能

由于 H 和 S 的绝对值不可知，G 的绝对值也不可知，热力学对其相对值作出如下规定：在标准状态和一定温度下，由最稳定单质生成 1mol 某化合物时的吉布斯自由能变称为该化合物在此温度时的标准摩尔生成吉布斯自由能，用符号 $\Delta_f G_m^{\ominus}$ 表示。由定义可知，最稳定单质的 $\Delta_f G_m^{\ominus} = 0kJ/mol$，298K 时部分化合物的 $\Delta_f G_m^{\ominus}$ 见附录。

定义了 $\Delta_f G_m^{\ominus}$，反应的标准摩尔吉布斯自由能变 $\Delta_r G_m^{\ominus}$ 就可以用产物的 $\Delta_f G_m^{\ominus}$ 的总和减去反应物的 $\Delta_f G_m^{\ominus}$ 的总和求得。

$$\Delta_r G_m^{\ominus} = \sum (v_i \Delta_f G_{m,i}^{\ominus})_{产物} - \sum (v_i \Delta_f G_{m,i}^{\ominus})_{反应物} \tag{2-14}$$

例 2-8 计算下列反应在 298K 下的标准摩尔吉布斯自由能变，并判断反应在 298K 和热力学标态下是否自发。

$$Cl_2(g) + 2\,HBr(g) = 2\,HCl(g) + Br_2(l)$$

已知:查表得 $\Delta_f G_m^{\ominus}$ (HBr,g) $= -53.6kJ/mol$, $\Delta_f G_m^{\ominus}$ (HCl,g) $= -95.4kJ/mol$

$$\Delta_f G_m^{\ominus} (Br_2,l) = 0kJ/mol, \Delta_f G_m^{\ominus} (Cl_2,g) = 0kJ/mol$$

求: $\Delta_r G_m^{\ominus}$

解析: $\Delta_r G_m^{\ominus} = [\Delta_f G_m^{\ominus}(Br_2,l) + 2\Delta_f G_m^{\ominus}(HCl,g)] - [\Delta_f G_m^{\ominus}(Cl_2,l) + 2\Delta_f G_m^{\ominus}(HBr,g)]$

$\qquad\qquad = [0 + 2 \times (-95.4)] - [0 + 2 \times (-53.6)]$

$\qquad\qquad = -83.6(kJ/mol)$

由于 $\Delta_r G_m^{\ominus}(298K) < 0$，故反应在298K和热力学标态下可以自发。

（三）吉布斯 – 亥姆霍兹公式

依据式（2 - 12）可推导出其他温度下的标准摩尔吉布斯自由能变的计算公式——吉布斯 – 亥姆霍兹公式。

$$\Delta_r G_m^{\ominus}(T) = \Delta_r H_m^{\ominus}(T) - T\Delta_r S_m^{\ominus}(T) \qquad\qquad (2-15)$$

式中， $\Delta_r G_m^{\ominus}(T)$、$\Delta_r H_m^{\ominus}(T)$、$\Delta_r S_m^{\ominus}(T)$ 分别为温度 T 时化学反应的标准摩尔吉布斯自由能变、标准摩尔焓变和标准摩尔熵变。由于温度对 $\Delta_r H_m^{\ominus}$ 和 $\Delta_r S_m^{\ominus}$ 的影响较小，因此，如果温度变化不大，其他温度下也可以采用298K的参考数据进行计算。

例 2 – 9 已知反应： $CaCO_3(s) \rightleftharpoons CaO(s) + CO_2(g)$，通过计算判断以下问题。

（1）该反应在1000K时的标准摩尔吉布斯自由能变，并判断反应在此条件下是否自发。

（2）该反应能自发进行的最低温度。

已知：查表得298K时

$$\Delta_f H_m^{\ominus}(CaO,s) = -635.1kJ/mol, \Delta_f H_m^{\ominus}(CO_2,g) = -393.51kJ/mol$$

$$\Delta_f H_m^{\ominus}(CaCO_3,s) = -1206.92kJ/mol, S_m^{\ominus}(CaO,s) = 39.7J/(K \cdot mol)$$

$$S_m^{\ominus}(CO_2,g) = 213.74J/(K \cdot mol), S_m^{\ominus}(CaCO_3,s) = 92.9J/(K \cdot mol)$$

求: $\Delta_r G_m^{\ominus}$

解析: （1） $\Delta_r H_m^{\ominus} = \Delta_f H_m^{\ominus}(CaO,s) + \Delta_f H_m^{\ominus}(CO_2,g) - \Delta_f H_m^{\ominus}(CaCO_3,s)$

$\qquad\qquad = -635.1 + (-393.51) - (-1206.92)$

$\qquad\qquad = 178.31(kJ/mol)$

$\qquad \Delta_r S_m^{\ominus} = S_m^{\ominus}(CaO,s) + S_m^{\ominus}(CO_2,g) - S_m^{\ominus}(CaCO_3,s)$

$\qquad\qquad = 39.7 + 213.74 - 92.9$

$\qquad\qquad = 160.54[J/(K \cdot mol)]$

$\qquad \Delta_r G_m^{\ominus}(1000K) = \Delta_r H_m^{\ominus}(298K) - 1000\Delta_r S_m^{\ominus}(298K)$

$\qquad\qquad = 178.31 - 1000 \times 160.54 \times 10^{-3}$

$\qquad\qquad = 17.77(kJ/mol)$

因为： $\Delta_r G_m^{\ominus}(1000K) > 0$，所以过程在1000K时不自发。

（2）若要 $\Delta_r G_m^{\ominus}(1000K) = \Delta_r H_m^{\ominus}(298K) - T\Delta_r S_m^{\ominus}(298K) < 0$

应有 $178.31 \times 1000 - 160.54T < 0$

$T > 1110.68(K)$

所以，温度高于1110.68K时，反应才能自发。

答案解析

目标检测

一、选择题

(一) 单项选择题

1. 热力学能不包括 (   )

    A. 体系中分子的动能　　　　B. 原子核内的能量　　　　C. 分子内电子的动能

    D. 分子间相互作用的势能　　E. 体系整体的动能和势能

2. 体系对环境做功 30kJ，同时向环境放出热量 10kJ，则体系的热力学能变化是 (   )

    A. +40kJ　　　　　　　　　B. +20kJ　　　　　　　　　C. −20kJ

    D. −40kJ　　　　　　　　　E. −10kJ

3. 如果某化学反应的 $\Delta_r G_m^{\ominus}(298\text{K})<0$，则该反应在标准态、298K 时 (   )

    A. 处于平衡态　　　　　　　B. 正向自发　　　　　　　　C. 逆向自发

    D. 不能自发　　　　　　　　E. 正向放热

4. 在恒温、恒压、不做非体积功的任何温度条件下均可自发进行的反应是 (   )

    A. $\Delta_r H_m^{\ominus}<0,\Delta_r S_m^{\ominus}>0$　　　　B. $\Delta_r H_m^{\ominus}>0,\Delta_r S_m^{\ominus}<0$　　　　C. $\Delta_r H_m^{\ominus}<0,\Delta_r S_m^{\ominus}<0$

    D. $\Delta_r H_m^{\ominus}>0,\Delta_r S_m^{\ominus}>0$　　　　E. 假设不成立

5. $CO_2(g)$ 的下列热力学数据中，被规定为零的是 (   )

    A. $\Delta_f G_m^{\ominus}$　　　　　　　　B. $\Delta_f H_m^{\ominus}$　　　　　　　　C. $\Delta_c H_m^{\ominus}$

    D. $U_m^{\ominus}$　　　　　　　　　E. $S_m^{\ominus}$

6. 反应 B → A 和 B → C 的焓变分别为 $\Delta_r H_{m,1}^{\ominus}$ 和 $\Delta_r H_{m,2}^{\ominus}$，则 A → C 的焓变 $\Delta_r H_{m,3}^{\ominus}$ 是 (   )

    A. $\Delta_r H_{m,1}^{\ominus}+\Delta_r H_{m,2}^{\ominus}$　　　　B. $\Delta_r H_{m,2}^{\ominus}-\Delta_r H_{m,1}^{\ominus}$　　　　C. $\Delta_r H_{m,1}^{\ominus}-\Delta_r H_{m,2}^{\ominus}$

    D. $2\Delta_r H_{m,1}^{\ominus}-\Delta_r H_{m,2}^{\ominus}$　　　E. $2\Delta_r H_{m,2}^{\ominus}-\Delta_r H_{m,1}^{\ominus}$

(二) 多项选择题

7. 下列属于体系的强度性质的是 (   )

    A. 压力　　　　　　　　　　B. 热力学能　　　　　　　　C. 温度

    D. 焓　　　　　　　　　　　E. 浓度

8. 下列属于体系的广度性质的是 (   )

    A. 质量　　　　　　　　　　B. 密度　　　　　　　　　　C. 熵

    D. 吉布斯自由能　　　　　　E. 温度

9. 热力学关于 Q 和 W 符号的规定正确的是 (   )

    A. 体系对环境做功时，W 为正

    B. 体系向环境放热时，Q 为负

    C. 环境向体系放热时，Q 为负

    D. 环境对体系做功时，W 为正

    E. 体系从环境中吸热时，Q 为负

10. 体系由状态 1 经两个途径分别到达状态 2，下列等式正确的是 (   )

    A. $\Delta H_1=\Delta H_2$　　　　　　B. $\Delta U_1=\Delta U_2$　　　　　　C. $\Delta S_1=\Delta S_2$

    D. $\Delta G_1=\Delta G_2$　　　　　　E. $Q_1=Q_2$

二、思考题

1. 什么是盖斯定律？简述其应用。

2. 查询附录中关于石墨和金刚石的热力学数据，计算298K时石墨转化为金刚石的反应的标准摩尔焓变 $\Delta_r H_m^\ominus$、标准摩尔熵变 $\Delta_r S_m^\ominus$ 和标准摩尔自由能变 $\Delta_r G_m^\ominus$，通过计算说明在标准状态下该反应能否自发进行。

书网融合……

重点小结　　　　　微课　　　　　习题

第三章 化学反应速率和化学平衡

学习目标

知识目标：通过本章的学习，掌握化学反应速率表示方法及其影响因素，化学平衡常数、化学平衡相关计算及化学平衡影响因素；熟悉化学平衡常数表达式；了解碰撞理论、过渡状态理论。

能力目标：具备运用影响化学反应速率的因素解释生产实践等反应现象的能力。

素质目标：通过本章的学习，培养高尚的药学职业道德，提高"健康中国战略"意识和紧迫感。

情境导入

情境：冰箱是现代家庭中常用的贮藏食物的电器。在日常生活中我们常将食物放入冰箱中，以延长食物腐败的时间。这主要因为温度能够改变化学反应速率，温度降低，延缓了食物腐败的速度。但值得注意的是冰箱只能减缓食物变质腐败的速度和过程，而不是永远不会坏。为了身体健康，建议大家健康饮食、合理用餐，在精准用餐中完成光盘行动。

思考：请问在平时生活中你还有哪些小妙招，能够延缓食物变质？

化学反应速率是研究化学反应的快慢，而化学平衡则是研究化学反应的完全程度，这两方面内容在医药学上极为重要。例如，常规药品通常有保质期，超过保质期的药物其药效会降低，甚至还会产生对人体有害的物质；需要冷处理的药物，必须摆放到指定温度范围内的冰箱中保存；人体内电解质平衡、酸碱平衡、渗透压平衡等都遵循化学平衡的有关理论。认识理解化学反应的规律，可以促进对人类有益的化学反应，抑制对人类有害的化学反应。本章主要介绍化学反应速率和化学平衡的有关知识。

第一节 化学反应速率

PPT

化学反应速率千差万别。例如，原子弹爆炸、酸碱中和反应等进行的很快，而钢铁的生锈、地下石油的形成却很慢，有时即使是同一化学反应，反应条件不同，反应快慢也会有差异。

一、化学反应速率及其表示方法

化学反应速率是指在一定条件下，反应物转变为生成物的速率。通常用单位时间内反应物浓度的减少或产物浓度的增加表示。化学反应速率常用平均速率和瞬时速率表示。

平均速率的数学表达式：

$$\overline{\nu}_i = \left| \frac{\Delta c_i}{\Delta t} \right| \tag{3-1}$$

式中，$\overline{\nu}_i$ 为平均速率，常用单位为 mol/(L·s)、mol/(L·min)、mol/(L·h)；Δc_i 为浓度变化量，常用单位为 mol/L；Δt 为反应时间变化量，常用单位为秒（s）、分（min）和小时（h）。

例 3 - 1 在下列条件下，以 N_2O_5 在四氯化碳溶液中发生分解反应为例，各物质的浓度变化如下，说明反应的表示速率。

已知：

$$2N_2O_5 == 4NO_2 + O_2$$

| 起始浓度（mol/L） | 5.00 | 0 | 0 |
| 200 秒末的浓度（mol/L） | 1.56 | 6.87 | 1.72 |

求：$\bar{\nu}_{N_2O_5}$、$\bar{\nu}_{NO_2}$、$\bar{\nu}_{O_2}$

解析：$\bar{\nu}_{N_2O_5} = \left| \dfrac{\Delta c_{N_2O_5}}{\Delta t} \right| = \left| \dfrac{1.56 - 5.00}{200 - 0} \right| = 1.72 \times 10^{-2} mol/(L \cdot s)$

$$\bar{\nu}_{NO_2} = \left| \dfrac{\Delta c_{NO_2}}{\Delta t} \right| = \left| \dfrac{6.78 - 0}{200 - 0} \right| = 3.44 \times 10^{-2} mol/(L \cdot s)$$

$$\bar{\nu}_{O_2} = \left| \dfrac{\Delta c_{O_2}}{\Delta t} \right| = \left| \dfrac{1.72 - 0}{200 - 0} \right| = 8.60 \times 10^{-3} mol/(L \cdot s)$$

答：该反应的反应速率为 $\bar{\nu}_{N_2O_5} = 1.72 \times 10^{-2} mol/(L \cdot s)$、$\bar{\nu}_{NO_2} = 3.44 \times 10^{-2} mol/(L \cdot s)$、$\bar{\nu}_{O_2} = 8.60 \times 10^{-3} mol/(L \cdot s)$。

计算结果表明，对于同一个化学反应，用不同物质浓度的变化表示该反应速率时数值各不相同，但均代表同一化学反应的反应速率。

对于任意一个化学反应

$$mA + nB == pC + qD$$

各物质的反应速率之间存在下列关系：

$$\frac{1}{m} \bar{\nu}_A = \frac{1}{n} \bar{\nu}_B = \frac{1}{p} \bar{\nu}_C = \frac{1}{q} \bar{\nu}_D$$

因此，表示反应速率时，必须注明是用哪一种物质浓度的变化来表示的。

评价同一个反应在不同条件下的反应速率的大小时，要用同一种物质为参照进行对比。评价不同反应在同一条件下的反应速率的大小时，可以把每个反应中以不同物质表示的反应速率除以方程式中该物质的系数。

反应过程中，绝大部分化学反应不能匀速进行，因此，反应的平均速率并不能说明反应进行的真实情况。而当反应时间（Δt）越小时，反应的平均速率越接近反应的真实速率。

表示化学反应在某一时刻的速率称为瞬时速率，可以用极限的方法来表示。瞬时速率可表示为

$$\nu = \lim_{\Delta t \to 0} \left| \frac{\Delta c}{\Delta t} \right|$$

瞬时速率能够准确的表达化学反应在某一时刻的真实反应速率。

二、化学反应速率理论简介

反应速率理论对于研究反应速率的快慢和影响因素有着至关重要的作用。反应速率理论主要有两种。一是 20 世纪初路易斯（Lewis）在分子运动论的基础上，提出了有效碰撞理论；二是 20 世纪 30 年代艾林和波拉尼等化学家提出了化学反应速率的过渡状态理论。

（一）碰撞理论

反应物分子的相互碰撞是发生化学反应的先决条件。反应物分子必须相互碰撞才有可能发生反应。碰撞的频率越高，反应速率越快。

能发生化学反应的碰撞称为有效碰撞，不能发生化学反应的碰撞称为无效碰撞或弹性碰撞。只有

少数碰撞能发生化学反应,可见碰撞是分子间发生反应的必要条件。能够发生有效碰撞的分子必须满足两个条件。

1. 碰撞时分子具有足够的能量 只有能量高的分子才能克服分子接近时的电子云斥力,导致旧的化学键断裂,新的化学键形成而发生化学反应。

2. 碰撞时具有合适的方向 发生碰撞的分子必须以适宜的方向相互碰撞,才能发生反应,否则即使反应物分子具有足够的能量,也不能发生反应,以下面反应为例。

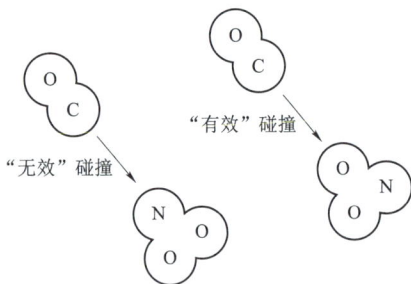

$$NO_2(g) + CO(g) == NO(g) + CO_2(g)$$

只有当 CO 中的碳原子与 NO_2 中的氧原子相碰撞时才能够发生反应,而碳原子与氮原子相碰撞时却不能够发生反应(图 3 - 1)。

通常将这些能量很高且能够发生有效碰撞的分子称为活化分子,其余的为非活化分子。非活化分子只有吸收足够的能量才能转变为活化分子。当温度一定时,活化分子数越多,则单位体积、单位时间内发生有效碰撞的次数就越多,化学反应速率越快。通常将活化能定义为活化分子具有的最低能量与反应物分子的平均能量之差,用 E_a 表示。

图 3 - 1 分子碰撞的不同取向

$$E_a = E^* - E_{平均} \qquad (3-2)$$

一般化学反应的活化能在 $60 \sim 250 kJ/mol$。

碰撞理论比较直观地解释一些简单气体分子的化学反应速率差异原因,但没有从分子内部结构及运动本质揭示活化能的意义,具有一定的局限性。

(二)过渡状态理论

为什么碰撞理论解释不了一些结构比较复杂的反应呢?这主要是因为碰撞理论从宏观上把分子看成了没有内部结构和运动的刚性球。但随着原子结构和分子结构理论的发展,在化学反应中微观结构的变化越来越被人们重视,过渡状态理论就是将反应中涉及的物质微观结构变化与反应速率结合起来。

过渡状态理论认为,化学反应过程不只是通过反应物分子间的简单碰撞就能生成产物,而是要经过一个中间的过渡状态即活化配合物,然后再由中间状态的活化配合物转变成产物。例如

$$NO_2(g) + CO(g) == NO(g) + CO_2(g)$$

反应过程为

$$NO_2(g) + CO(g) \longrightarrow [N\cdots O\cdots C—O] \longrightarrow NO(g) + CO_2(g)$$
反应物　　　　　　活化配合物(过渡状态)　　生成物

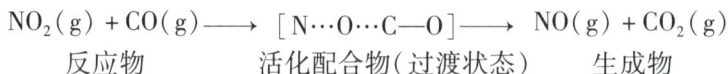

过渡状态中活化配合物的价键处在旧键被减弱,新键正在形成的不稳定状态,所以这个状态下的活化配合物很不稳定,很快分解成产物分子。活化配合物是反应物向生成物转化必须逾越的一个能垒,这个能垒的高低相当于碰撞理论中的活化能(E_a)。反应势能变化如图 3 - 2 所示。

图中横坐标表示反应历程,纵坐标表示势能,$\Delta\varepsilon$ 表示正反应的活化能,$\Delta\varepsilon'$ 表示逆反应的活化能。由此可见,过渡状态理论中,活化能体现了一种能量差,即活化配合物与反应物的能量差。

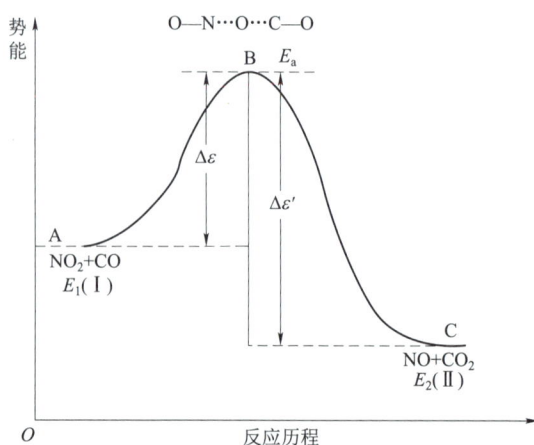

图 3 - 2 反应过程的势能

三、影响化学反应速率的因素

反应速率的快慢首先取决于反应物的本性。除此之外还要受到外界条件的限制，如反应物的浓度、压力、温度及催化剂等。

（一）浓度对反应速率的影响

1. 基元反应和非基元反应　大量的试验事实表明，许多的反应并不是一步就能完成，往往是分步进行的。反应物只经过一步反应就直接转变成生成物的简单反应，叫作基元反应。例如

$$NO_2(g) + CO(g) === NO(g) + CO_2(g)$$

分几步完成的反应叫作非基元反应，也称复杂反应，例如

$$2NO(g) + 2H_2(g) === N_2(g) + 2H_2O(g)$$

这个反应主要分为两步

第一步（慢）　　　　　　　$2NO(g) + H_2(g) === N_2(g) + H_2O_2(g)$

第二步（快）　　　　　　　$H_2O_2(g) + H_2(g) === 2H_2O(g)$

其中的每一步反应为一个基元反应，两步反应和即为总反应。

2. 质量作用定律　质量作用定律定义：一定温度下基元反应的反应速率与各反应物浓度幂指数的乘积成正比，幂指数为反应方程式中的化学计量数。对某一基元反应

$$mA + nB === dD + eE$$

其表达式为

$$\nu = kc_A^m \cdot c_B^n \tag{3-3}$$

式（3-3）称为速率方程，其中，ν 为反应的瞬时速率；c_A、c_B 分别为反应物 A、B 的瞬时浓度；m、n 之和称为反应级数；k 称为反应速率常数。

k 是一个特征常数，它的数值与反应物的本性有关，与反应物的浓度无关，但受温度、溶剂、催化剂等的影响。所以，对于某一反应来说，在不同的温度和催化剂的条件下，其 k 值是不同的。

质量作用定律只适用于基元反应和非基元反应中的每一步基元反应，而对于反应复杂的非基元反应，只有通过试验才能确定其速率方程。例如前面 NO 与 H_2 的反应，根据试验测得，该反应的速率方程为 $\nu = kc_{NO}^2 \cdot c_{H_2}$，而不是 $\nu = kc_{NO}^2 \cdot c_{H_2}^2$。这主要是因为第一步反应进行的比较慢，最终成为影响整个非基元反应快慢的决定性步骤。

写速率方程时应注意以下几点。

（1）稀溶液中有溶剂参加反应时，只有溶质被写入速率方程，溶剂则不需要列入。

（2）如果反应物中有固体或者纯液体，其浓度可作常数 1 处理，不被列入速率方程。

例如基元反应

$$C(s) + O_2(g) === CO_2(g)$$

根据质量作用定律其速率方程为

$$\nu = kc_{O_2}$$

压强对化学反应速率的影响本质上与浓度对化学反应速率的影响相同。压强只对有气体参加的化学反应的反应速率有影响。

（二）温度对反应速率的影响

温度对反应速率的影响起着至关重要的作用，升高温度能够加快反应的进行，降低温度又会减慢反应的进行。例如氢气和氧气化合生成水，常温下反应速率极小，甚至几年都观察不到水的生成，但如果温度升高到 873K 时，反应瞬间完成，甚至爆炸。大量试验结果表明，温度每升高 10℃，反应速

率增加到原来的 2 ~ 4 倍。

知识链接

范特霍夫规则

1884 年荷兰科学家范特霍夫根据实验结果总结出了一个经验规则：在其他条件不变的情况下，温度每升高 $10℃$，多数化学反应的反应速率增加到原来的 2 ~ 4 倍，即：$\dfrac{k_{T+10K}}{k_T} \approx 2 \sim 4$。

虽然这个规则并不准确，但可以用它进行粗略估算。

在浓度一定时，升高反应体系的温度能够加快反应速率，主要有两方面的原因：一方面，由于升高温度，分子的运动速率加快，从而使分子间的有效碰撞次数增多；另一方面，温度升高使一部分普通反应物分子获得能量而变成了活化分子，增大了反应体系的活化分子百分数，增加分子间的有效碰撞次数，加快反应速率。

温度对反应速率的影响，实质是温度对速率常数的影响。1889 年阿仑尼乌斯从大量实验中总结出，反应速率常数与温度之间存在的定量关系式为

$$k = Ae^{-\frac{E_a}{RT}} \qquad\qquad (3-4)$$

也可以表示为

$$\ln k = -\frac{E_a}{RT} + \ln A \qquad\qquad (3-5)$$

式中，k 为反应速率常数；E_a 为反应的活化能；R 为摩尔气体常数，$8.314J/(K \cdot mol)$；T 为热力学温度，K；A 为常数，称为指前因子或频率因子；e 为自然对数的底。用阿仑尼乌斯公式讨论速率与温度的变化时，在温度变化范围不大时，可以认为 E_a 和指前因子 A 均不随温度的变化。

知识链接

中国编钟——世界第八大奇迹

1978 年，在湖北随州曾侯乙墓中发现了编钟。全套编钟共有 65 件，是中国迄今发现的数量最多、保存最好、音律最全、气势最宏伟的一套编钟。它代表了中国古代时期的铸造艺术的最高成就，改写了世界音乐史，被中外专家、学者誉为古代世界的"第八大奇迹"。烘干和水浸都能减缓木材发生化学反应的速率，起到保存或储藏的目的。正是由于编钟在完全水浸的条件下被发现，才让我们看到了完美的它。

（三）催化剂对反应速率的影响

1. 催化剂　在反应体系中能够改变化学反应速率，但本身的质量、组成和化学性质在反应前后都保持不变的物质。能够加快反应速率的催化剂叫作正催化剂。例如，氯酸钾加热制取氧气时加入二氧化锰作为正催化剂。能够减慢反应速率的催化剂叫作负催化剂。例如，为了防止亚硫酸盐在空气中的氧化，通常加甘油作为反应负催化剂。一般情况下，人们所说的催化剂指的都是正催化剂。

催化剂能够加快反应速率的主要原因，是由于催化剂与反应物之间形成了一种势能较低的活化配合物，改变了反应的历程，降低了反应的活化能，使更多的反应物分子转变成活化分子，增加了有效碰撞次数，从而导致反应速率加快。催化剂具有以下特点。

（1）催化剂只改变化学反应速率，不改变反应方向和限度。

（2）催化剂可以同等程度的加快正、逆反应速率。

（3）催化剂具有选择性。某种催化剂只对某一反应或某一类反应起催化作用。

（4）催化剂具有高效性。催化剂在反应过程中的用量一般很少，但是能很大幅度地提高反应速率。

2. 酶　由生物或微生物产生的一种具有催化能力的特殊蛋白质，是机体内催化各种代谢反应最主要的催化剂。

酶除了具有一般催化剂特点外，还具有以下特征。

（1）极高专一性　一种酶只对一种（或一类）物质起催化作用。如乳酸脱氢酶只对（－）- 乳酸脱氢生成丙酮起催化作用，而对（＋）- 乳酸却没有任何的催化作用。

（2）极高催化效率　同一化学反应，酶催化反应速率比非酶催化反应速率高 $10^6 \sim 10^7$ 倍。

（3）酶催化反应　一般要求反应条件比较温和，如一定的 pH 范围、温度范围内才能发挥催化作用。

生命离不开酶。如蛋白质在体外需要用强酸或强碱，煮沸很长时间后才能水解。但蛋白质在人的消化道中在胃蛋白酶的作用下却能被迅速水解消化。酶可以作为药物应用于临床。如胃蛋白酶可以用于消化；链激酶可以预防治疗脑血栓、心肌梗死等疾病。

第二节　化学平衡

PPT

在一个化学反应中，不仅要关注化学反应速率，还要关心化学反应进行的程度，即在给定的条件下，有多少反应物转化为生成物，化学反应最终应该达到怎样的状态，这就涉及化学平衡问题。

一、可逆反应与化学平衡

在化学反应中分为可逆反应和不可逆反应两种。不可逆反应是指在一定条件下反应物几乎完全转化为产物的反应。但只有极少数的反应能够向着一个方向进行到底。例如

$$2KClO_3 \xrightarrow{MnO_2} 2KCl + 3O_2$$

在实际的反应中，大多数的反应都是可逆的。在一定条件下，反应既能按方程式正反应方向进行，同时又能向逆反应方向进行，这样的反应叫作可逆反应。在书写方程式时用可逆号"$\rightleftharpoons$"代替等号"＝"，表示反应的可逆性。例如

$$H_2(g) + I_2(g) \rightleftharpoons 2HI(g)$$

在可逆反应中，通常把从左向右进行的反应称为正反应，从右向左进行的反应称为逆反应。一定条件下，可逆反应的正、逆反应速率相等时，反应物和生成物的浓度不再随时间变化而改变的状态称为化学平衡状态简称化学平衡，如图 3 - 3 所示。

化学平衡状态具有以下特征。

1. 化学平衡是动态的平衡。反应处于平衡状态时，正、逆反应速率相等，反应仍在进行。

2. 化学平衡是可逆反应进行的最大限度。可逆反应达到平衡后，外界反应条件不变，反应体系中各物质的浓度保持不变。

3. 化学平衡是相对的、有条件的。当外界条件改变时，正、逆反应速率不再相等，原来的平衡被破坏，直到建立新的动态平衡。

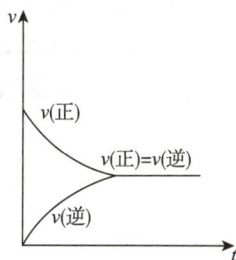

图 3 - 3　可逆反应与化学平衡

二、化学平衡常数

（一）化学平衡常数表达式

在一定条件下，可逆反应的正反应速率和逆反应速率相等时，反应体系达到平衡状态。此时生成物浓度幂的乘积与反应物浓度幂的乘积的比值可以用一个常数 K 来表示。例如，对于任何一个可逆反应

$$aA + bB \rightleftharpoons dD + eE$$

在一定条件下，反应达到平衡状态时，各物质浓度间有如下关系。

$$K = \frac{c_D^d c_E^e}{c_A^a c_B^b} \tag{3-6}$$

平衡常数 K 主要有两种表示形式，即 K_c 称为浓度平衡常数，K_p 称为压力平衡常数。

例如，对于溶液中的任意可逆反应

$$aA + bB \rightleftharpoons dD + eE$$

一定条件下达到平衡状态时则有

$$K_c = \frac{[D]^d [E]^e}{[A]^a [B]^b} \tag{3-7}$$

式中，$[A]$、$[B]$、$[D]$、$[E]$ 分别代表物质 A、B、D、E 的平衡浓度，单位为 mol/L。

对于气相中的任意可逆反应

$$aA(g) + bB(g) \rightleftharpoons dD(g) + eE(g)$$

一定条件下达到平衡状态时，由于温度一定时，气体的压力与浓度成正比，所以可以用平衡时气体的压力代替浓度。则有

$$K_p = \frac{p_D^d p_E^e}{p_A^a p_B^b} \text{或} \ K_c = \frac{[D]^d [E]^e}{[A]^a [B]^b} \tag{3-8}$$

式中，p_A、p_B、p_D、p_E 分别代表平衡状态时各物质的压力。

浓度平衡常数和压力平衡常数都是实验测定的，可以将它们统称为实验平衡常数或经验平衡常数。实验平衡常数有单位，它的单位取决于化学计量方程式中生成物和反应物的单位以及相应的化学计量数。在使用的时候通常只给出数值，不标单位。

（二）书写化学平衡常数表达式的规则 🅔 微课

书写和应用化学平衡常数表达式时，应注意以下几点。

1. 平衡常数表达式中各物质的浓度或压力都是可逆反应在一定条件下达到平衡时的浓度或压力。

2. 平衡常数表达式必须与反应方程式相符合。即使是反应物和生成物都相同的化学反应，方程式的写法不同（反应系数不同），平衡常数的表达式不同，平衡常数数值也不同。例如

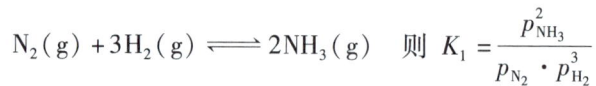

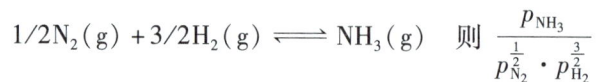

$$N_2(g) + 3H_2(g) \rightleftharpoons 2NH_3(g) \quad \text{则} \ K_1 = \frac{p_{NH_3}^2}{p_{N_2} \cdot p_{H_2}^3}$$

$$1/2N_2(g) + 3/2H_2(g) \rightleftharpoons NH_3(g) \quad \text{则} \ \frac{p_{NH_3}}{p_{N_2}^{\frac{1}{2}} \cdot p_{H_2}^{\frac{3}{2}}}$$

由于书写方法的不同 K_1 和 K_2 也不同，但两者之间存在一定的关系

$$K_1 = (K_2)^2$$

所以在求平衡常数时，必须选对相应的方程式。

例 3 – 2 在 1000K 时反应 $2SO_2(g) + O_2(g) \Longrightarrow 2SO_3(g)$，各物质的平衡分压为：$P_{SO_2} = 27.7kPa$，$P_{O_2} = 40.7kPa$，$P_{SO_3} = 32.9kPa$，试计算该温度下的平衡常数。

已知：$P_{SO_2} = 27.7kPa$，$P_{O_2} = 40.7kPa$，$P_{SO_3} = 32.9kPa$

求：K_p

解析：$2SO_2(g) + O_2(g) \Longrightarrow 2SO_3(g)$ 平衡常数表达式为

$$K_p = \frac{P_{SO_3}^2}{P_{SO_2}^2 \cdot P_{O_2}}$$

将 1000K 时的平衡分压代入上式得

$$K_p = \frac{32.9^2}{27.7^2 \times 40.7} = 0.035$$

答：该温度下的平衡常数为 $K_p = 0.035$。

3. 反应体系中的纯固体、纯液体，均不写入平衡常数表达式。例如

$$CaCO_3(s) \Longrightarrow CaO(s) + CO_2(g)$$

$$K_p = p_{CO_2}$$

4. 在稀溶液中进行的反应，若反应有水参加，水不写入平衡常数表达式。例如

$$NaAc + H_2O \Longrightarrow NaOH + HAc$$

$$K_c = \frac{[NaOH][HAc]}{[NaAc]}$$

但是，非水溶液中水作为反应物或生成物要写入。例如

$$H_2O(g) + CO(g) \Longrightarrow CO_2(g) + H_2(g)$$

$$K_p = \frac{p_{CO_2} \cdot p_{H_2}}{p_{H_2O} \cdot p_{CO}}$$

（三）平衡常数的意义

1. 平衡常数是可逆反应的特征常数。对于给定的化学反应，其值仅随温度而变化，而与反应物的起始浓度及反应途径无关，只要温度一定，平衡常数是定值。

2. 平衡常数是衡量化学反应进行完全程度的常数。对同类反应，平衡常数值越大，反应进行越完全；平衡常数值越小，反应越不完全。

3. 在实际生产中人们常用平衡转化率（简称转化率）来衡量在一定条件下化学反应的完全程度。反应物的转化率是指反应物转化为生成物的量占该反应物起始总量的百分率，用 α 表示。

$$\alpha = \frac{反应物已转化为生成物的量}{反应物起始总量} \times 100\%$$

三、影响化学平衡移动的因素

化学平衡是一种有条件的动态平衡。当外界条件改变，可逆反应由一种平衡状态向另一种平衡状态转变的过程，称为化学平衡的移动。

在某温度下，将任意状态下产物和反应物的相对浓度或相对分压的幂指数的乘积之比定义为反应商，用 Q 表示。假设在一定温度下，某可逆反应 $aA + bB \Longrightarrow dD + eE$，反应商为

$$Q = \frac{c_D^d c_E^e}{c_A^a c_B^b} \qquad (3-9)$$

反应商中的浓度和分压为任一时刻的数值。平衡常数中的浓度和分压代表平衡状态时的数值，在一定温度下为常数。通过比较 Q 和 K 的大小可以判断反应进行的方向。

（1）当 $Q < K$ 时，此时生成物的浓度小于平衡浓度或反应物的浓度大于平衡浓度，$\nu_{正} > \nu_{逆}$，可逆反应向正反应方向进行，直到 $\nu_{正} = \nu_{逆}$，反应达到平衡状态。

（2）当 $Q > K$ 时，此时生成物的浓度大于平衡浓度或反应物的浓度小于平衡浓度，$\nu_{正} < \nu_{逆}$，可逆反应向逆反应方向进行，直到 $\nu_{正} = \nu_{逆}$，反应达到平衡状态。

（3）当 $Q = K$ 时，此时反应达到平衡状态，该条件下反应进行到最大限度。

（一）浓度对化学平衡的影响

在一定温度下，对于可逆反应 $aA + bB \rightleftharpoons dD + eE$ 达到平衡状态时，增加反应物 A 或 B 的浓度或者减少生成物 D 或 E 的浓度时，正反应速率大于逆反应速率（图 3-4），此时平衡状态将被破坏，反应向着正反应方向移动。随着反应的不断发生，生成物 D 和 E 的浓度不断增加，反应物 A 和 B 的浓度不断减少。此时，正反应速率不断减小，逆反应速率不断增加，当正、逆反应速率再次相等时，可逆反应又达到一次新的平衡。如果减小反应物 A 或 B 的浓度或者增加生成物 D 或 E 的浓度时，正反应速率小于逆反应速率，此时平衡状态将被破坏，反应向着逆反应方向移动。所

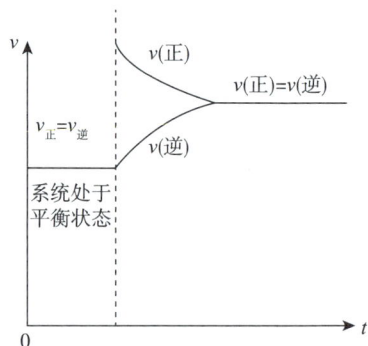

图 3-4　改变浓度对平衡的影响

以，在平衡体系中，增大（或减小）其中某物质的浓度，平衡就向减小（或增大）该物质浓度的方向移动。

浓度对化学平衡的影响在工业生产中得到了很好的利用。例如煅烧石灰石制造生石灰的反应为

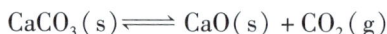

$$CaCO_3(s) \rightleftharpoons CaO(s) + CO_2(g)$$

为提高碳酸钙的产率，将二氧化碳不断的从窑炉中排除，能够使碳酸钙完全的分解。

知识链接

不可小觑的关节炎

关节炎是一种常见的发病率很高的疾病，一旦发病将很难治愈，严重影响人们的健康。那么关节炎到底是怎么形成的？得了关节炎又应该注意哪些呢？诱发关节炎的主要病因是患者体内的尿酸不能正常排出体外，从而在关节滑液中形成尿酸钠晶体，其主要的化学机制如下。

$$HUr(尿酸) + H_2O \rightleftharpoons Ur^- + H_3O^+$$

$$Ur^- + Na^+ \rightleftharpoons NaUr(固体)$$

从以上反应可以看出只有减少体内尿酸的摄入，才能避免关节炎的发病概率。关节炎患者体内尿酸积聚的原因有：患者体内嘌呤物质和核酸物质分解的尿酸过多；患者对含嘌呤的食物如动物的内脏、海鲜类食物、豆类制品等摄入过多；患者肾脏排泄的功能降低，结果使体内尿酸积聚。所以在日常生活中，要合理、适量地安排饮食，才能拥有健康的好身体。

（二）压强对化学平衡的影响

压强的变化对液体和固态反应的平衡影响很小，但对有气体参加的反应影响则较大。在一定温度下，若可逆反应 $aA + bB \rightleftharpoons dD + eE$ 在密闭容器中达到平衡时，如果将系统的总压力变为原来的 i 倍，则此时各组分气体的分压也增大至原来的 i 倍，则反应商为

$$Q_P = \frac{(iP_D)^d (iP_E)^e}{(iP_A)^a (iP_B)^b} = \frac{P_D^d P_E^e}{P_A^a P_B^b} i^{(d+e)-(a+b)} = K_P i^{(d+e)-(a+b)} \tag{3-10}$$

1. 当 $a + b = d + e$ 时，即反应物分子系数和等于生成物分子的系数和，不管是增大压强还是减小

压强，$Q_P = K_P$，平衡不移动。例如

$$H_2(g) + I_2(g) \rightleftharpoons 2HI(g)$$

2. 当 $a + b > d + e$ 时，即反应物分子系数和大于生成物分子的系数和，增大压强，$Q_P < K_P$，平衡向右移动。例如

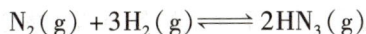

$$N_2(g) + 3H_2(g) \rightleftharpoons 2HN_3(g)$$

3. 当 $a + b < d + e$ 时，即反应物分子系数和小于生成物分子的系数和，增大压强，$Q_P > K_P$，平衡向左移动。例如

$$N_2O_4(g) \rightleftharpoons 2NO_2(g)$$

由上述讨论的结果，得出以下结论。

（1）在其他条件不变的情况下，压强只对有气体参加且反应前后气体分子总数有变化的反应平衡系统有影响。

（2）在一定温度下，增大反应体系的压强，平衡向气体分子总数减少的方向移动；减小压强，平衡向气体分子总数增加的方向移动。

值得注意的是，在一定温度下，若将与反应无关的惰性气体（如氮气、水蒸气等）引入一个平衡体系中，它对反应体系的影响有以下两种情况。

（1）若系统的体积不变，加入惰性气体，系统的总压增加，但各组分的分压并无改变，此时的 $Q = K^\ominus$，平衡不移动。

（2）若系统的总压不变，加入惰性气体，为保持系统的总压不变，则系统体积增大，各组分的分压减小，$Q \neq K^\ominus$，平衡向气体分子总数增大方向移动。

（三）温度对化学平衡的影响

温度对化学平衡的影响与浓度、压力对化学平衡的影响有着本质的区别。在一定温度下，浓度或压力发生改变，使反应体系的平衡发生移动，但平衡常数没有发生变化。而温度变化时，主要是改变了反应体系的平衡常数，导致平衡的移动。

根据化学反应等温方程式和吉布斯-赫姆霍兹公式可推出温度与可逆反应化学平衡常数之间的关系为

$$\ln \frac{K_2^\ominus}{K_1^\ominus} = -\frac{\Delta_r H_m^\ominus}{R}\left(\frac{1}{T_2} - \frac{1}{T_1}\right) \text{ 或 } \ln \frac{K_2^\ominus}{K_1^\ominus} = \frac{\Delta_r H_m^\ominus}{R}\left(\frac{T_2 - T_1}{T_1 T_2}\right) \tag{3-11}$$

$K_1^\ominus$ 为温度 T_1 时的平衡常数；$K_2^\ominus$ 为温度 T_2 时的平衡常数；当温度不变时可以把 $\Delta_r H_m^\ominus$ 看作常数。

对于吸热反应，$\Delta_r H_m^\ominus > 0$，升高温度，$T_2 > T_1$，则 $K_2^\ominus > K_1^\ominus$，此时平衡向正反应方向（右）移动。

对于放热反应，$\Delta_r H_m^\ominus < 0$，升高温度，$T_2 > T_1$，则 $K_2^\ominus < K_1^\ominus$，此时平衡向逆反应方向（左）移动。

由此得出结论：在其他条件不变时，升高温度，化学平衡向吸热反应方向移动；降低温度，化学平衡向放热反应方向移动。

法国化学家 Le Chatelier 将浓度、压力和温度对化学平衡影响加以总结，概括成一条普遍的规律：任何已经达到平衡的体系，如果改变平衡体系的一个条件，如浓度、压力或温度，平衡就会向减弱这个改变的方向移动，这一规律称为 Le Chatelier 原理。但应注意，此原理只适用于已经达到平衡的反应体系，而不适用于非平衡体系。

知识链接

生物体中的稳态和内稳态

在生物体内进行的一系列消化、吸收、分解等复杂而有规律化学反应，这些复杂的反应是在系统与环境之间既有物质交换，又有能量交换的开放系统（敞开系统）中进行的，并保证了生物机体正常运作。

例如在一个敞开体系中，A 在高温下变成 B，即 $A \Longrightarrow B$

此时向加热的体系内不断地输入 A，A 有一部分变成 B，含 A 和 B 的混合物以恒定的比例从出口不断流出，但原未达到平衡。像这种具有恒定输入输出远离平衡的开放体系所达到的状态，称为稳态。在人体中，几乎所有参与正常生命代谢的物质浓度都维持在一定的范围内。例如，对于一个敞开体系，细胞可以从周围吸取钙离子，同时会把多余的钙离子释放到周围去，来保证身体内钙离子的浓度在 1×10^{-5} mol/L 左右。像这种由细胞内有关化学反应决定并受整个生物体影响的稳态，叫作内稳态。稳态是由化学机制决定，内稳态有生物因素参与。

目标检测

答案解析

一、选择题

（一）单项选择题

1. 在一定条件下，将 3mol/L 的 H_2 和 1mol/L 的 N_2 充入密闭容器中，4 秒后测得 N_2 为 0.6mol/L，以 mol/（L·s）为单位表示的反应速率，则 ν（NH_3）是（ ）

   A. 0.1   B. 0.2   C. 0.3

   D. 0.4   E. 0.5

2. 下列因素与速率常数无关的是（ ）

   A. 反应物本性   B. 温度   C. 催化剂

   D. 反应物结构   E. 浓度和压强（气体）

3. 已知下列反应平衡常数（ ）

$$S(s) + H_2(s) \Longrightarrow H_2S(g) \qquad K_1^{\ominus}$$
$$S(s) + O_2(s) \Longrightarrow SO_2(g) \qquad K_2^{\ominus}$$

则反应 $SO_2(g) + H_2(g) \Longrightarrow O_2(g) + H_2S(g)$ 的平衡常数为

   A. $K_1^{\ominus} + K_2^{\ominus}$ B. $K_1^{\ominus} - K_2^{\ominus}$ C. $K_1^{\ominus} \cdot K_2^{\ominus}$

   D. $K_1^{\ominus} / K_2^{\ominus}$ E. $K_2^{\ominus} / K_1^{\ominus}$

4. 某反应在一定条件下的转化率为 53%，若加入催化剂，则反应的转化率为（ ）

   A. 大于 53%   B. 小于 53%   C. 不变

   D. 大于 60%   E. 小于 60%

5. 气体反应 $A(g) + B(g) \Longrightarrow C(g)$ 在密闭容器中建立化学平衡，若温度不变，体积缩小 2/3，则平衡常数 $K^{\ominus}$ 为原来的（ ）

   A. 3 倍   B. 9 倍   C. 不变

   D. 2/3 倍   E. 2 倍

6. $A(g) + B(g) \Longrightarrow C(g)$ 为基元反应，该反应的级数是（　　）

  A. 一   B. 二   C. 三

  D. 四   E. 五

（二）多项选择题

7. 不能引发反应的碰撞称为（　　）

  A. 无效碰撞   B. 有效碰撞   C. 弹性碰撞

  D. 分子碰撞   E. 以上皆是

8. 下列措施中能增加反应物分子中活化分子百分数的是（　　）

  A. 增加压强   B. 增加浓度   C. 降低温度

  D. 升高温度   E. 使用催化剂

9. 下列关于催化剂的说法，正确的是（　　）

  A. 催化剂能够改变化学反应速率

  B. 催化剂在化学反应前后，化学性质和质量都不变

  C. 任何反应都需要催化剂

  D. 催化剂只能加快正反应速率，与逆反应速率无关

  E. 催化剂具有选择性和高效性

10. 影响化学平衡移动的因素有（　　）

  A. 浓度   B. 压强   C. 温度

  D. 催化剂   E. 以上皆是

二、计算题

1. 在 5L 密闭容器中发生反应 $4NH_3 + 5O_2 \Longrightarrow 4NO + 6H_2O$，30 秒后 NO 的物质的量增加了 0.3mol，则 NH_3 的平均反应速率为多少？

2. $AgNO_3$ 和 $Fe(NO_3)$ 两种溶液发生下列反应：

$$Fe^{2+} + Ag^+ \Longrightarrow Fe^{3+} + Ag$$

在 25℃ 时，将 $AgNO_3$ 和 $Fe(NO_3)$ 两种溶液混合，开始时溶液中的 Ag^+ 和 Fe^{2+} 浓度都为 0.1mol/L，达到平衡时 Ag^+ 转化率为 19.4%。（1）求平衡时 Fe^{2+}、Ag^+ 和 Fe^{3+} 各离子的浓度；（2）该温度下的平衡常数。

书网融合……

| 重点小结 | 微课 | 习题 |

第四章 酸碱平衡

学习目标

知识目标：通过本章的学习，掌握酸碱质子理论、水的质子自递平衡、一元弱酸弱碱的质子传递平衡、缓冲溶液的组成；熟悉酸碱电离理论、一元弱酸弱碱溶液的 pH 计算、同离子效应对酸碱平衡的影响、缓冲作用原理及缓冲溶液 pH 计算；了解多元弱酸弱碱和两性物质的质子传递平衡、盐效应对解离平衡的影响、缓冲容量、缓冲范围、缓冲溶液的配制及应用。

能力目标：具备运用酸碱质子理论理解酸碱反应实质、能判断一般电解质溶液的酸碱性、会近似计算一元弱酸、弱碱溶液的 pH 的能力；能应用缓冲作用原理认识生理现象的能力。

素质目标：通过本章的学习，培养运用唯物主义观点解决实际问题的能力，培养认真、刻苦的学习习惯和诚实严谨的科学态度，培养精诚团结的合作意识、饱满的职业情感和社会责任感。

情境导入

情境：人体体液如血浆、胃液、泪水和尿液等都含有许多电解质离子，如 Na^+、K^+、Mg^{2+}、Ca^{2+}、Cl^-、HCO_3^-、CO_3^{2-}、HPO_4^{2-}、$H_2PO_4^-$、SO_4^{2-} 等，它们在体液中的存在状态及其含量，关系到体液的渗透平衡、水盐代谢及酸碱度等。

思考：1. 什么是酸？什么是碱？

2. 酸碱反应的实质是什么？酸碱反应理论有哪些？

酸碱反应是人们日常生活中常见的非常重要的一类反应。很多药物的生产、分析检验以及药理作用等，均与酸碱性有重要关系。酸碱理论是化学理论知识的重要组成部分，研究酸碱理论能更好地揭示酸碱反应的本质。本章在复习酸碱解离理论的基础上，以酸碱质子理论为中心讨论酸碱平衡问题，酸碱电子理论作为自学内容。

第一节 酸碱理论

PPT

酸碱理论是阐明何为酸碱，以及什么是酸碱反应的理论。人们对酸碱的认识经历了一个由浅入深、由低级到高级的认识过程。最初的直观认识是有酸味，能使蓝色石蕊试纸变红的物质叫作酸；有涩味、滑腻感，能使红色石蕊试纸变蓝的物质叫作碱。17 世纪英国化学家波义耳（Robert Boyle）最早提出酸碱的概念，在其理论基础上，酸碱的概念不断更新、逐渐完善，其中最重要的有酸碱解离理论、酸碱质子理论与酸碱电子理论。

一、酸碱解离理论

酸碱解离理论是 1887 年由瑞典化学家阿伦尼乌斯（Arrhenius）提出的。该理论认为：在水中解离出的阳离子全部是 H^+ 的化合物是酸，解离出的阴离子全部是 OH^- 的化合物是碱，酸碱解离理论从物质的化学组成上成功地揭示了酸碱的本质。酸碱中和反应的实质是 H^+ 和 OH^- 作用生成 H_2O。

　　酸碱解离理论把酸和碱只限于水溶液，又把碱限定为氢氧化物，但无法解释结构中不含有 H^+、OH^- 的物质，如 NH_4Cl 显酸性，$NaHCO_3$ 呈碱性；也不能解释氨水的碱性。在非水溶液中的适用性也受到了挑战，如 HCl 和 NH_3 在气相或苯中生成 NH_4Cl，溶剂自身的解离和在液氨中进行的反应，$2H_2O \rightleftharpoons OH^- + H_3O^+$；$2NH_3 \rightleftharpoons NH_4^+ + NH_2^-$。液氨中进行的中和反应，也无法用酸碱解离理论讨论，因为根本找不到符合定义的酸和碱。

　　1923 年丹麦化学家布朗斯特（Brösted）和英国化学家汤马士·马丁·劳瑞（Lowry）各自独立提出的一种酸碱理论——酸碱质子理论（布朗斯特 - 劳瑞酸碱理论），扩大了酸和碱的范围，更新了酸和碱的含义。

二、酸碱质子理论

　　1. 质子酸碱的概念　酸碱质子理论认为：能给出质子（H^+）的分子或离子是酸（质子的给体）。如 HCl、CH_3COOH、H_2O、NH_4^+、H_3O^+、HSO_4^- 等。能与质子（H^+）结合的分子或离子是碱（质子的受体）。如 Cl^-、CH_3COO^-、OH^-、NH_3、H_2O、SO_4^{2-} 等。酸和碱既可以是分子，也可以是离子。

　　酸碱质子理论强调酸与碱之间的相互依赖关系。酸给出质子生成对应的碱，而碱与质子结合生成对应的酸。例如，HCl 能给出质子（H^+）是质子酸，剩余的部分 Cl^- 就是质子碱；质子碱 Cl^- 与质子（H^+）结合生成对应的 HCl 质子酸。

$$HCl \longrightarrow H^+ + Cl^-$$
$$CH_3COOH \rightleftharpoons H^+ + CH_3COO^-$$
$$H_2O \rightleftharpoons H^+ + OH^-$$
$$NH_4^+ \rightleftharpoons H^+ + NH_3$$
$$H_3O^+ \rightleftharpoons H^+ + H_2O$$
$$HSO_4^- \rightleftharpoons H^+ + SO_4^{2-}$$
$$H_3PO_4 \rightleftharpoons H^+ + H_2PO_4^-$$
$$H_2PO_4^- \rightleftharpoons H^+ + HPO_4^{2-}$$
$$HPO_4^{2-} \rightleftharpoons H^+ + PO_4^{3-}$$
$$[Al(H_2O)_6]^{3+} \rightleftharpoons H^+ + [Al(OH)(H_2O)_5]^{2+}$$

可用通式表示
$$酸 \rightleftharpoons H^+ + 碱 \tag{4-1}$$

　　酸碱质子理论认为，酸与碱之间的这种相互对应关系称为共轭关系，把仅相差一个质子（H^+）的一对酸和碱称为共轭酸碱对。

　　式（4-1）中，酸给出质子后生成的碱为这种酸的共轭碱；碱接受质子后所生成的酸为这种碱的共轭酸。酸越强，它的共轭碱越弱；酸越弱，它的共轭碱越强。共轭酸总是比其共轭碱多一个质子。

　　有些物质既可以给出质子，也能够接受质子，这些物质称为两性物质，如 H_2O、HSO_4^- 和 HPO_4^{2-} 等都是两性物质。

　　2. 酸碱反应的实质　根据酸碱质子理论，酸碱反应的实质就是两个共轭酸碱对之间的质子传递反应。例如

$$\overset{\displaystyle H^+}{\overbrace{HCl(g) + \quad NH_3(g)}} \rightleftharpoons NH_4^+ + Cl^-$$

在水溶液、液氨溶液及气相中，氯化氢和氨气之间的反应实质相同，即 HCl 是酸，放出质子给 NH_3，转变为它的共轭碱 Cl^-，NH_3 是碱，接受质子后，转变为它的共轭酸 NH_4^+。强碱夺取了强酸释放的质子，转化为较弱的共轭碱和共轭酸。

酸与碱反应的实质可表示为

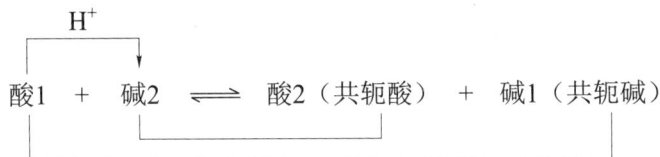

$$酸1 + 碱2 \rightleftharpoons 酸2（共轭酸） + 碱1（共轭碱）$$

上式可看作是由给出质子的半反应和接受质子的半反应组成的。如

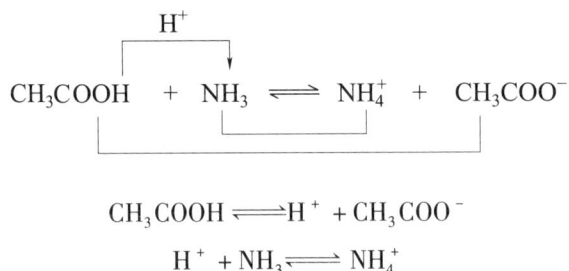

$$CH_3COOH + NH_3 \rightleftharpoons NH_4^+ + CH_3COO^-$$

$$CH_3COOH \rightleftharpoons H^+ + CH_3COO^-$$
$$H^+ + NH_3 \rightleftharpoons NH_4^+$$

按照酸碱质子理论，酸碱解离理论中的解离作用、中和反应和水解反应等都可以看作是质子传递的酸碱反应。

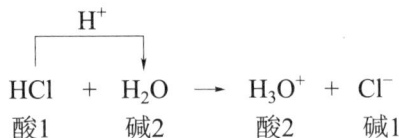

$$HCl + H_2O \rightarrow H_3O^+ + Cl^-$$
$$酸1 \quad 碱2 \quad 酸2 \quad 碱1$$

（1）解离作用　酸碱质子理论认为，在水溶液中酸解离时放出质子给水，生成水合氢离子并产生共轭碱。强酸给出质子的能力很强，其共轭碱极弱，几乎不能结合质子，因此强酸与水分子之间的质子传递反应进行得十分完全。

弱酸给出质子的能力较弱，其共轭碱则较强。因此，弱酸与水分子的质子传递过程，为可逆反应。

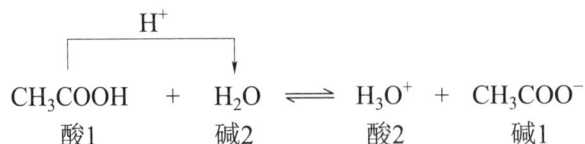

$$CH_3COOH + H_2O \rightleftharpoons H_3O^+ + CH_3COO^-$$
$$酸1 \quad\quad 碱2 \quad\quad 酸2 \quad\quad 碱1$$

氨和水反应时，水给出质子，由于水是弱酸，因此反应也不能进行完全，是一个可逆反应。

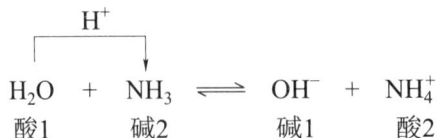

$$H_2O + NH_3 \rightleftharpoons OH^- + NH_4^+$$
$$酸1 \quad 碱2 \quad 碱1 \quad 酸2$$

可见，在酸的解离过程中，水接受质子，是一个碱；而在氨的解离过程中，水放出质子，又是一个酸，所以水是两性物质。在水中自偶解离过程中，也体现了酸、碱的共轭关系。

$$\overset{\displaystyle H^+}{H_2O \;+\; H_2O \;\rightleftharpoons\; H_3O^+ \;+\; OH^-}$$
$$\text{酸1} \qquad\quad \text{碱2} \qquad\qquad \text{酸2} \qquad \text{碱1}$$

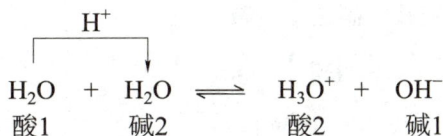

（2）中和反应 解离理论中的酸碱中和反应也是质子的传递过程。

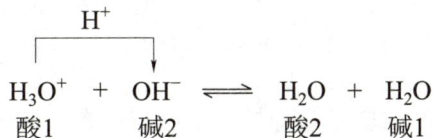

$$\overset{\displaystyle H^+}{H_3O^+ \;+\; OH^- \;\rightleftharpoons\; H_2O \;+\; H_2O}$$
$$\text{酸1} \qquad\quad \text{碱2} \qquad\qquad \text{酸2} \qquad \text{碱1}$$

（3）水解反应 解离理论中的水解反应相当于质子理论中水与离子酸、碱的质子传递反应。

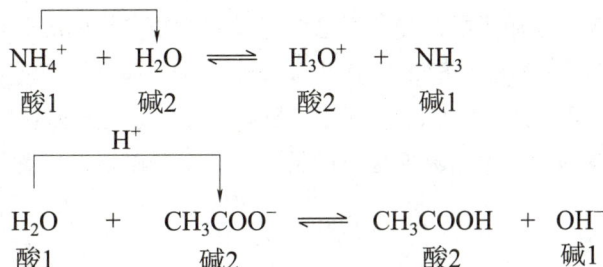

$$\overset{\displaystyle H^+}{NH_4^+ \;+\; H_2O \;\rightleftharpoons\; H_3O^+ \;+\; NH_3}$$
$$\text{酸1} \qquad\quad \text{碱2} \qquad\qquad \text{酸2} \qquad \text{碱1}$$

$$\overset{\displaystyle H^+}{H_2O \;+\; CH_3COO^- \;\rightleftharpoons\; CH_3COOH \;+\; OH^-}$$
$$\text{酸1} \qquad\quad \text{碱2} \qquad\qquad \text{酸2} \qquad \text{碱1}$$

可见，质子理论中的酸碱反应，实质就是两个共轭酸碱对之间的质子传递反应。酸碱中和反应也不一定生成水，且不再有盐的概念。

3. 酸碱的强弱 从平衡观点看，如果酸给出质子的能力强，则与其作用的碱就更易结合质子，从而显示出更强的碱性。同样如果碱结合质子的能力强，则与其作用的酸就更易给出质子，必然显示出更强的酸性。不难推理，酸碱中和反应是强酸与强碱作用生成弱酸与弱碱的过程。

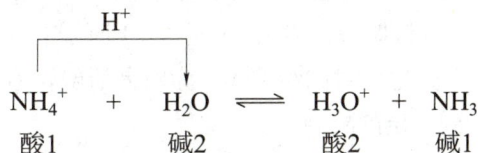

$$\overset{\displaystyle H^+}{NH_4^+ \;+\; H_2O \;\rightleftharpoons\; H_3O^+ \;+\; NH_3}$$
$$\text{酸1} \qquad\quad \text{碱2} \qquad\qquad \text{酸2} \qquad \text{碱1}$$

在上述反应中，NH_4^+ 给出质子是酸，H_2O 接受质子是碱；NH_4^+ 把质子传递给 H_2O 后变成共轭碱 NH_3，H_2O 接受质子后变成共轭酸 H_3O^+；NH_4^+ 给出质子的能力比 H_3O^+ 强，即酸1 > 酸2；H_2O 接受质子的能力比 NH_3 强，即碱2 > 碱1。由于酸碱中和反应是强酸与强碱反应生成弱酸与弱碱，即上述反应从左向右自发进行，质子传递的方向由 NH_4^+ 传递给 H_2O，而不是由 H_3O^+ 传递给 NH_3。

对于共轭酸碱对来说，酸越强，给出质子的能力越强，它的共轭碱接受质子的能力越弱，共轭碱就越弱；酸越弱，它的共轭碱就越强。例如

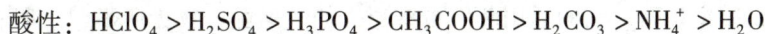

酸性：$HClO_4 > H_2SO_4 > H_3PO_4 > CH_3COOH > H_2CO_3 > NH_4^+ > H_2O$

碱性：$ClO_4^- < HSO_4^- < H_2PO_4^- < CH_3COO^- < HCO_3^- < NH_3 < OH^-$

一种物质酸碱性的强弱不仅取决于酸碱本身释放质子和接受质子的能力，同时也与反应对象或溶剂的性质有关，同一物质在不同的溶剂中，由于溶剂接受或给出质子的能力不同而显示不同的酸碱性。因此要比较各种酸碱的强弱，必须固定溶剂。例如，CH_3COOH 在水和乙二胺两种不同的溶剂中，由于乙二胺比水接受质子的能力更强，所以 CH_3COOH 在乙二胺中表现出较强的酸性，而在水中却是一种常见的弱酸。又如 NH_3 在水中为弱碱，而在冰醋酸中表现出强碱性。

按照酸碱质子理论，酸与碱的强弱不但是相对的，而且在一定条件下又可以相互转化。例如，硝

酸是人们公认的强酸，然而在纯硫酸中硝酸却是碱。

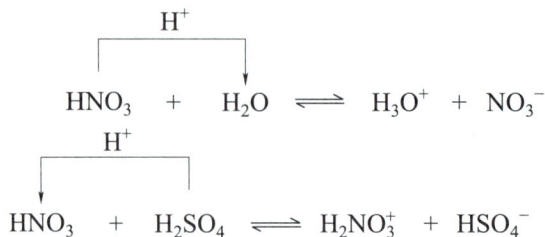

$$\overset{\text{H}^+}{\overbrace{\qquad\qquad}}$$
$$HNO_3 \quad + \quad H_2O \rightleftharpoons H_3O^+ + NO_3^-$$
$$\overset{\text{H}^+}{\underbrace{\qquad\qquad}}$$
$$HNO_3 \quad + \quad H_2SO_4 \rightleftharpoons H_2NO_3^+ + HSO_4^-$$

4. 酸碱质子理论的优缺点 酸碱质子理论扩大了酸碱的含义和酸碱反应的范围，更好地解释了酸碱反应，摆脱了酸碱反应必须在水中才能进行的局限性，解决了一些非水溶剂或气体间的酸碱反应，并把水溶液中进行的某些离子反应系统地归纳为质子传递的酸碱反应。

由于质子理论的基本观点是质子的授受，无法解释没有质子参加的酸碱反应，如 CaO 与 SO_3 反应生成 $CaSO_4$，在这个反应中 SO_3 显然是酸，但它并未释放质子；CaO 显然是碱，但它并未接受质子。又如 BF_3、$AlCl_3$、$SnCl_4$ 都可以与碱发生反应，但酸碱质子理论无法解释它们是酸。这一不足在质子酸碱概念提出的同年，由美国化学家路易斯提出的另一个广义酸碱概念所弥补。

三、酸碱电子理论

酸碱电子理论，也称广义酸碱理论、路易斯酸碱理论，是 1923 年美国物理化学家路易斯提出的一种酸碱理论。

1. 路易斯酸碱的概念 酸碱电子理论认为，酸是能作为电子对接受体的原子、分子、离子或原子团；碱是能作为电子对给予体的原子、分子、离子或原子团。这种理论是目前概括最广的酸碱理论。碱中给出电子的原子至少有一对孤对电子（未成键的电子对），而酸中接受电子的原子至少有一个空轨道（外层未填充电子的轨道），以便接受碱给予的电子对。这种由路易斯定义的酸和碱叫作路易斯酸和路易斯碱。例如，BF_3 是路易斯酸，因为 BF_3 中的 B 原子有一个空轨道，是电子对接受体。NH_3 中的 N 原子有一对孤对电子，是电子对的给予体，为路易斯碱。但是，由于酸碱电子理论概括的酸碱范围太宽，使其实用价值受到一定的限制。

2. 酸碱反应的实质 酸碱电子理论认为酸碱反应的实质是配位键的形成，并生成酸碱配合物，发生电子对的转移，而不是质子的转移。碱提供电子对，酸以空轨道接受电子对形成配位键。例如

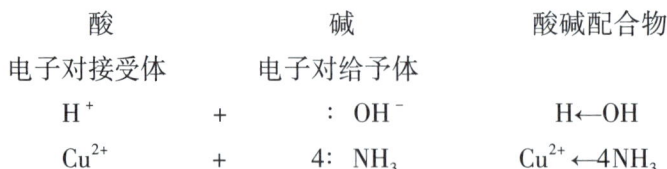

	酸		碱		酸碱配合物
	电子对接受体		电子对给予体		
	H^+	+	$:OH^-$		$H{\leftarrow}OH$
	Cu^{2+}	+	$4:NH_3$		$Cu^{2+}{\leftarrow}4NH_3$

3. 酸碱电子理论的优缺点 路易斯提出的酸碱电子理论很好地解释了一些不能释放出质子的物质也是酸，一些没有接受质子的物质也是碱；它的适用范围更广泛，使酸碱配合物无所不包。所有的金属离子都是酸，与金属离子结合的不管是阴离子还是中性离子都是碱。盐类（如 $MgCl_2$）、金属氧化物（如 CaO）及多数无机化合物都是酸碱配合物。有机化合物也是如此。例如，乙醇（CH_3CH_2OH）可以看作是 $CH_3CH_2^+$（酸）和 OH^-（碱）以配位键结合而成的酸碱配合物 CH_3CH_2OH。但是由于路易斯酸碱电子理论对酸碱的认识过于笼统，酸碱的特征不明显，也难以比较酸碱的相对强弱，使其实用价值受到一定的限制。因此，目前被人们广泛使用的是酸碱解离理论和酸碱质子理论。

第二节　弱电解质的质子传递平衡

PPT

水是重要的溶剂，是生命之源。由于许多化学反应和生物的生理现象都是在水溶液中进行，因此掌握水的质子传递非常重要。

一、水的质子自递平衡

水属于两性物质，在纯水或稀溶液中，水分子之间能发生质子的传递，一个水分子能从另一个水分子中得到质子形成水合氢离子，而失去质子的水分子则转化为 OH^-。这类发生在同种溶剂分子之间的质子传递作用称为质子自递反应，水的质子自递反应可表示如下。

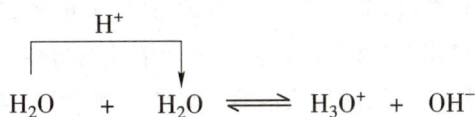

$$\overset{\displaystyle H^+}{\overbrace{H_2O \quad + \quad H_2O}} \rightleftharpoons H_3O^+ + OH^-$$

简写为

$$H_2O \rightleftharpoons H^+ + OH^-$$

其解离平衡常数为

$$K_i = \frac{c(H^+)c(OH^-)}{c(H_2O)}$$

$$K_w = K_i c(H_2O) = c(H^+)c(OH^-) \tag{4-2}$$

式中，K_w 称为水的离子积常数，简称水的离子积。

用精密电导仪测得 295K 时，1L 纯水中只有 10^{-7} mol 水分子解离。所以 295K 时，纯水中 $c(H^+) = c(OH^-) = 1.0 \times 10^{-7}$ mol/L，代入式（4-2）得

$$K_w = c(H^+)c(OH^-) = 1.0 \times 10^{-14}$$

它表明在一定温度下，任何物质的水溶液中 $c(H^+)$ 与 $c(OH^-)$ 的乘积为常数。因解离是吸热过程，温度升高，K_w 增大。水的离子积与温度的关系见表 4-1。

表 4-1　不同温度时水的解离常数

T（K）	273	283	293	295	323	373
K_w	1.13×10^{-15}	2.29×10^{-15}	6.81×10^{-15}	1.00×10^{-14}	5.5×10^{-14}	5.5×10^{-13}

任何物质的水溶液不论是酸性、碱性或中性，都同时含有 H^+ 和 OH^-，溶液中 H^+ 或 OH^- 浓度的大小反映了溶液的酸碱性强弱。若溶液中，H^+ 的浓度在 $10^{-1} \sim 10^{-14}$ mol/L，通常用 H^+ 浓度的负对数（或 OH^- 浓度的负对数）来表示溶液的酸碱性。

$$pH = -\lg c(H^+)$$

$$或 \ pOH = -\lg c(OH^-)$$

可以推出，pH 与 $c(H^+)$ 成反比；pH 越小，$c(H^+)$ 越大，溶液的酸性越强。若 $c(H^+)$ 改变 10 倍，则 pH 改变 1 个单位；$c(H^+)$ 增加 10^n 倍，则 pH 减小 n 个单位。

295K 时，$K_w = c(H^+)c(OH^-) = 1.0 \times 10^{-14}$，两边同时取负对数，即

$$-\lg K_w = -\lg c(H^+) - \lg c(OH^-) = -\lg 1.0 \times 10^{-14}$$

即

$$pK_w = pH + pOH = 14 \tag{4-3}$$

pH 是用来表示水溶液酸碱性的一种标度。在常温下，溶液的酸碱性、pH 与水溶液中 H^+ 和 OH^- 有如下关系。

中性溶液　pH = 7 = pOH　　　　　$c(H^+) = 1.0 \times 10^{-7}$ mol/L $= c(OH^-)$

酸性溶液　pH < 7 < pOH　　　　　$c(H^+) > 1.0 \times 10^{-7}$ mol/L $> c(OH^-)$

碱性溶液　pH > 7 > pOH　　　　　$c(H^+) < 1.0 \times 10^{-7}$ mol/L $< c(OH^-)$

$c(H^+)$、$c(OH^-)$、pH、pOH 与溶液酸碱性之间的关系见表 4 – 2。

表 4 – 2　$c(H^+)$、$c(OH^-)$、pH、pOH 与溶液酸碱性之间的关系

	酸性逐渐增强						中性			碱性逐渐增强				
$c(H^+)$	10	10^{-1}	10^{-2}	10^{-3}	10^{-4}	10^{-5}	10^{-6}	10^{-7}	10^{-8}	10^{-9}	10^{-10}	10^{-11}	10^{-12}	10^{-13}	10^{-14}
pH	0	1	2	3	4	5	6	7	8	9	10	11	12	13	14
$c(OH^-)$	10^{-14}	10^{-13}	10^{-12}	10^{-11}	10^{-10}	10^{-9}	10^{-8}	10^{-7}	10^{-6}	10^{-5}	10^{-4}	10^{-3}	10^{-2}	10^{-1}	10
pOH	14	13	12	11	10	9	8	7	6	5	4	3	2	1	0

pH 或 pOH 只适用于 $c(H^+)$ 或 $c(OH^-)$ 低于 0.1mol/L 的稀水溶液，适用范围一般在 1 ~ 14。当溶液的 $c(H^+) > 0.1$ mol/L，直接用 H^+ 物质的量浓度表示溶液的酸性。

例 4 – 1　将 pH = 2.0 和 pH = 3.0 的两种酸性溶液等体积混合，求混合液的 pH。

已知：溶液 1 的 pH = 2.0，溶液 2 的 pH = 3.0

求：混合液的 pH

解析：当 pH = 2.0 时，溶液中的氢离子浓度为

$$c_1(H^+) = 1.0 \times 10^{-2} \text{ mol/L}$$

当 pH = 3.0 时，溶液中的氢离子浓度为

$$c_2(H^+) = 1.0 \times 10^{-3} \text{ mol/L}$$

因此，混合后溶液的氢离子浓度为

$$c(H^+) = \frac{c_1(H^+)V + c_2(H^+)V}{2V}$$

$$= \frac{1.0 \times 10^{-2}V + 1.0 \times 10^{-3}V}{2V}$$

$$= 5.5 \times 10^{-3} \text{ (mol/L)}$$

$$pH = -\lg c(H^+) = -\lg 5.5 \times 10^{-3} = 3 - \lg 5.5 = 2.8$$

答：混合液的 pH 为 2.8。

人体内各部分体液都具有一定的 pH（表 4 – 3），进而保证了人体的正常生理活动。

表 4 – 3　正常人体各体液的 pH

体液	pH
血液、脑脊液	7.35 ~ 7.45
泪液	7.4
唾液	6.35 ~ 6.85
乳汁	6.9 ~ 8.0
成年人的胃液	0.9 ~ 1.5
婴儿的胃液	5.0
胰液	7.5 ~ 8.0
小肠液	7.5
大肠液	8.3 ~ 8.4
尿液	4.8 ~ 7.5

测定溶液 pH 的方法很多，使用各种型号的酸度计可以准确地测出溶液的 pH，粗略测定还可以使

用酸碱指示剂或 pH 试纸。

二、一元弱酸（弱碱）的质子传递平衡

一元弱酸（弱碱）是弱电解质，在水溶液中只有部分解离，大部分以分子形式存在于溶液中，少部分与水发生质子转移反应。只给出一个质子的弱酸称为一元弱酸，能给出两个质子的为二元弱酸，能给出多个质子的弱酸为多元弱酸；只能接受一个质子的弱碱为一元弱碱，能接受多个质子的弱碱为多元弱碱。

（一）一元弱酸（弱碱）的解离平衡

用 HA 表示一元弱酸，在其水溶液中存在以下质子转移平衡。

$$HA + H_2O \rightleftharpoons H_3O^+ + A^-$$

简写为

$$HA \rightleftharpoons H^+ + A^-$$

在一定的条件下，当弱酸分子解离成离子的速率和离子重新结合成弱酸分子的速率相等时，弱电解质所处的状态称为电解质的解离平衡状态，简称解离平衡。

1. 解离平衡常数 一定温度下，弱电解质达到解离平衡时的状态符合化学平衡原理。一元弱酸 HA 的平衡常数表达式为

$$K_i = \frac{c(H^+)c(A^-)}{c(HA)} \tag{4-4}$$

式中，$c(H^+)$、$c(A^-)$、$c(HA)$ 分别表示平衡浓度；K_i 为解离平衡常数，简称解离常数。一般情况下，弱酸的解离平衡常数用 K_a 表示，弱碱的解离平衡常数用 K_b 表示。

在解离平衡状态下，未解离的分子浓度和已解离出来的各离子浓度不再改变，已解离的各离子浓度幂次方乘积与未解离的分子浓度的幂次方乘积比值是常数，称为解离平衡常数，简称解离常数。

例如，一元弱酸 CH_3COOH 在水溶液中存在以下质子转移平衡。

$$CH_3COOH + H_2O \rightleftharpoons H_3O^+ + CH_3COO^-$$

简写为

$$CH_3COOH \rightleftharpoons H^+ + CH_3COOH^-$$

CH_3COOH 的解离平衡常数表达式为

$$K_a = \frac{c(H^+)c(CH_3COO^-)}{c(CH_3COOH)}$$

298K 时，CH_3COOH 的解离平衡常数的数值 $K_a = 1.75 \times 10^{-5}$。

不同强度的弱酸其 K_a 大小不同，K_a 越大，表示弱酸解离的程度越大，解离出的 H^+ 浓度也越大，即酸性越强。反之，K_a 越小，酸性也越弱。

同理，一元弱碱 NH_3 在水溶液中存在以下质子转移平衡。

$$NH_3 + H_2O \rightleftharpoons NH_4^+ + OH^-$$

一元弱碱的解离平衡常数表达式为

$$K_b = \frac{c(NH_4^+)c(OH^-)}{c(NH_3)}$$

K_b 越大，表示弱碱的碱性越强。K_b 越小，碱性也越弱。在 298K 时，氨水的解离平衡常数 $K_b = 1.75 \times 10^{-6}$。其他弱酸、弱碱的解离平衡常数 K_a、K_b 见书后附录。

运用解离平衡常数的注意事项：与化学平衡常数一样，解离平衡常数的 SI 单位为 1，即无量纲；解离平衡常数与温度有关，而与弱电解质溶液中各种物质的浓度无关；因解离平衡受温度的影响不大，常温时一般使用 298K 时的解离平衡常数。

2. 共轭酸碱对的解离平衡常数之间的关系　一元弱酸 HA 的共轭碱 A⁻ 在水中的质子传递平衡为

$$A^- + H_2O \rightleftharpoons HA + OH^-$$

其共轭碱的解离常数表达式为

$$K_b = \frac{c(HA)c(OH^-)}{c(A^-)} \tag{4-5}$$

一元弱酸及其共轭碱的解离常数的乘积，即式（4-4）与式（4-5）相乘得

$$K_a K_b = \frac{c(H^+)c(A^-)}{c(HA)} \frac{c(HA)c(OH^-)}{c(A^-)} \tag{4-6}$$

$$= K_w$$

将式（4-6）两边同时取负对数：$pK_a + pK_b = pK_w$ 　　　　　　　　　　　　　　　(4-7)

298K 时，$pK_a + pK_b = pK_w = 14$。

按照酸碱质子理论，任何一对共轭酸碱 K_a 和 K_b 成反比，酸越弱，其共轭碱越强；碱越弱，其共轭酸越强。

例 4-2　已知 298K 时，NH_3 的 $K_b = 1.76 \times 10^{-5}$，计算 NH_3 的共轭酸 NH_4^+ 的 K_a 及 pK_a。

已知：$K_b = 1.76 \times 10^{-5}$

求：K_a 及 pK_a。

解析：NH_4^+ 是 NH_3 的共轭酸，根据式（4-6）$K_a K_b = K_w$

$$K_a = K_w / K_b = 1.0 \times 10^{-14} / 1.76 \times 10^{-5} = 5.68 \times 10^{-10}$$

$$pK_a = -\lg K_a = -\lg 5.68 \times 10^{-10} = 9.25$$

答：NH_4^+ 的 K_a 为 5.68×10^{-10}，pK_a 为 9.25。

3. 一元弱酸（弱碱）溶液酸碱度的近似计算　CH_3COOH、HCN 等是一元弱酸。NH_3、CH_3COO^-、CN^- 等是一元弱碱。

（1）一元弱酸溶液酸碱度的近似计算　设一元弱酸 HA 溶液的总浓度为 c，此溶液中的质子传递平衡为

$$HA \quad + \quad H_2O \rightleftharpoons H_3O^+ + A^-$$

开始浓度　　　　　　　c　　　　　　　　　　0　　　0

平衡浓度　　　　　$c - c_{H_3O^+}$　　　　　　　$c_{H_3O^+}$　　c_{A^-}

一元弱酸 HA 的解离常数 $K_a = \dfrac{c(H_3O^+) c(A^-)}{c(HA)}$

因为 $c(H_3O^+) = c(A^-)$，代入上式得

$$K_a = \frac{c^2(H_3O^+)}{c - c(H_3O^+)} \tag{4-8}$$

通常情况下，当 $K_a \cdot c \geqslant 20 K_w$ 时，可忽略溶液中 H_2O 的质子自递平衡。

当 $c/K_a \geqslant 500$ 时，由于弱酸的解离度很小，则 $c - c(H_3O^+) \approx c$，代入式（4-8）得计算 $c_{H_3O^+}$ 的最简公式为

$$c_{H_3O^+} = \sqrt{K_a \cdot c} \tag{4-9}$$

（2）一元弱碱溶液酸碱度的近似计算

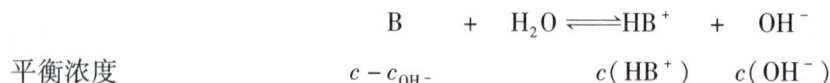

$$B \quad + \quad H_2O \rightleftharpoons HB^+ \quad + \quad OH^-$$

平衡浓度　　　　　$c - c_{OH^-}$　　　　　　　$c(HB^+)$　　$c(OH^-)$

同理，当 $cK_b \geqslant 20 K_w$，且 $c/K_b \geqslant 500$ 时，一元弱碱溶液的近似计算公式为

$$c(OH^-) = \sqrt{K_b c} \qquad (4-10)$$

弱酸的解离常数可以借助 pH 计测定溶液的 pH 来确定。已知弱电解质的解离常数，可以计算出一定浓度弱电解质的平衡混合物组成。

例 4-3 计算 298K 时，0.10mol/L NH_4Cl 溶液中 Cl^-、NH_4^+、H^+、NH_3 和 OH^- 的浓度及溶液的 pH。

已知：$K_b(NH_3) = 1.76 \times 10^{-5}$，$c = 0.10mol/L$

求：溶液中 Cl^-、NH_4^+、H^+、NH_3 和 OH^- 的浓度及溶液的 pH。

解析： 在溶液中 NH_4Cl 完全解离为 NH_4^+ 和 Cl^-，Cl^- 不与水发生反应。

$$NH_4Cl = NH_4^+ + Cl^-$$

$$c(NH_4Cl) = c(NH_4^+) = c(Cl^-) = 0.10mol/L$$

另外，NH_4^+ 与水发生酸碱反应，溶液按一元弱酸处理。

$$NH_4^+ + H_2O \rightleftharpoons H_3O^+ + NH_3$$

平衡时浓度 $\qquad c(NH_4Cl) - c(H_3O^+) \qquad c(H_3O^+) = c(NH_3)$

NH_4^+ 与 NH_3 是一对共轭酸碱对，$K_a(NH_4^+) \cdot K_b(NH_3) = K_w$

已知 $K_w = 1.0 \times 10^{-14}$，$K_b(NH_3) = 1.76 \times 10^{-5}$

$$K_a(NH_4^+) = K_w / K_b(NH_3) = 1.0 \times 10^{-14} / 1.76 \times 10^{-5} = 5.68 \times 10^{-10}$$

因为 $cK_a = 5.68 \times 10^{-11} > 20K_w$，$c/K_a = 1.76 \times 10^8 > 500$，可用近似公式（4-9）计算得

$$c(H^+) = \sqrt{K_a c} = \sqrt{5.68 \times 10^{-10} \times 0.10} = 7.54 \times 10^{-6}(mol/L)$$

$$c_{NH_3} \approx c(H^+) = 7.54 \times 10^{-6}(mol/L)$$

$$c(NH_4^+) = c(NH_4Cl) - c(H^+) = 0.10 - 7.54 \times 10^{-6} \approx 0.10(mol/L)$$

$$c(OH^-) = K_w / c(H^+) = 1.33 \times 10^{-9}(mol/L)$$

$$pH = -\lg c(H^+) = 5.12$$

答： 溶液中 Cl^-、H^+、NH_3、NH_4^+ 和 OH^- 的浓度分别为 0.10mol/L、7.54×10^{-6} mol/L、0.10mol/L、1.33×10^{-9} mol/L；溶液的 pH 为 5.12。

（二）弱电解质的解离度

弱电解质解离程度的大小，也可以用解离度来表示。

1. 解离度的定义 在一定的温度下，当弱电解质在溶液中达到解离平衡时，溶液中已解离的电解质分子数占电解质分子总数（已解离和未解离的）的百分数称为解离度，用符号 α 表示。

$$\alpha = \frac{\text{已解离的电解质分子数}}{\text{电解质分子总数}} \times 100\% \qquad (4-11)$$

例如，298K 时 0.1mol/L 的醋酸溶液中每 10 000 个醋酸分子中有 132 个分子解离成离子。

$$\alpha = \frac{132}{10\,000} \times 100\% = 1.32\%$$

从表 4-4 和表 4-5 可以看出，相同浓度的各种弱电解质，它们的解离度的大小不同，解离度越小，说明电解质越弱。因此解离度可以定量地表示弱电解质的相对强弱。室温下，在 0.10mol/L 溶液中，解离度小于 5% 的电解质称为弱电解质。同一弱电解质的溶液，浓度越稀，解离度越大。

表4-4　常见弱电解质的解离度（298K，0.10mol/L）

电解质	化学式	解离度（%）	电解质	化学式	解离度（%）
醋酸	CH_3COOH	1.32	碳酸	H_2CO_3	0.17
氨水	$NH_3 \cdot H_2O$	1.33	甲酸	$HCOOH$	4.24
氢硫酸	H_2S	0.07	氢氰酸	HCN	0.01
苯酚	C_6H_5OH	0.003	硼酸	H_3BO_3	0.01

表4-5　不同浓度醋酸的解离度（298K）

溶液浓度（mol/L）	0.20	0.10	0.02	0.01
解离度（%）	0.93	1.34	2.96	12.4

2. 影响解离度大小的因素

（1）电解质的性质　即电解质的分子结构决定了电解质在溶剂中是否容易解离的本性。

（2）溶剂的性质　同一种电解质在不同溶剂中的解离度是不同的。例如，氯化氢在水中的解离度很大，但在苯中几乎不解离。这是因为苯分子没有极性的缘故。

（3）溶液的浓度　弱电解质的解离度随溶液浓度的减小而增大。这是因为溶液的浓度越小，单位体积中离子数越少，则离子重新结合成分子的机会就越少，因而解离度就越大。

（4）温度　这是因为解离过程要吸热，升高温度平衡向吸热反应的方向移动，有利于电解质的解离，但温度对解离度的影响不大。

（5）同离子效应　当溶液中含有与弱电解质相同的某一种离子时，则弱电解质的解离度将变小。例如，在醋酸溶液中加入醋酸钠，即可使醋酸的解离度变小。

3. 解离度与解离常数的关系

在温度和浓度相同的情况下，解离度大的酸，K_a 大，其 pH 小，酸性较强；解离度小的酸，K_a 小，其 pH 大，酸性较弱。

根据化学平衡原理，可以推导出一元弱酸的解离度与解离常数、浓度之间的定量关系。

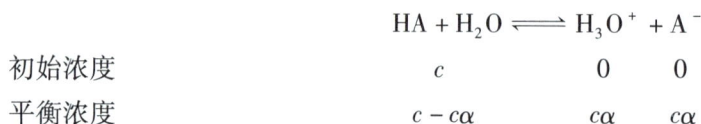

$$HA + H_2O \rightleftharpoons H_3O^+ + A^-$$

初始浓度 $\quad\quad\quad c \quad\quad\quad 0 \quad\quad 0$

平衡浓度 $\quad\quad\quad c - c\alpha \quad\quad c\alpha \quad\quad c\alpha$

依据式（4-8），得 $\quad\quad K_a = \dfrac{(c\alpha)^2}{c(1-\alpha)} = \dfrac{c\alpha^2}{1-\alpha}$

当 $cK_a \geqslant 20K_w$，$c/K_a \geqslant 500$ 时，α 很小，$1-\alpha \approx 1$，上式可近似计算为

$$K_a = c\alpha^2 \tag{4-12}$$

$$或 \alpha = \sqrt{\frac{K_a}{c}}$$

同理，一元弱碱的解离度与解离常数之间的定量关系是

$$\alpha = \sqrt{\frac{K_b}{c}} \tag{4-13}$$

例4-4　已知298K时，CH_3COOH 的解离常数为 1.75×10^{-5}，求0.10mol/L CH_3COOH 溶液中 H^+ 浓度、pH 和 CH_3COOH 解离度。

已知：$K_a = 1.75 \times 10^{-5}$，$c(CH_3COOH) = 0.10$mol/L

求：$c(H^+)$、pH 和 α

解析：因为 $K_a \cdot c = 1.75 \times 10^{-5} \times 0.10 > 20K_w$

$$\frac{c}{K_a} = 5.71 \times 10^4 > 500$$

所以可用近似公式计算

$$c(\text{H}^+) = \sqrt{K_a c} = \sqrt{1.75 \times 10^{-5} \times 0.1} = 1.32 \times 10^{-3} (\text{mol/L})$$

$$\text{pH} = -\lg c(\text{H}^+) = -\lg 1.32 \times 10^{-3} = 2.88$$

根据式（4-12），得

$$\alpha = \sqrt{\frac{K_a}{c}} = 1.33 \times 10^{-2} = 1.33\%$$

答：溶液中 H^+ 的浓度为 $1.32 \times 10^{-3}\,\text{mol/L}$，溶液的 pH 为 2.88，$\text{CH}_3\text{COOH}$ 解离度为 1.33%。

三、多元弱酸（弱碱）的质子传递平衡

多元弱酸、弱碱能给出或接受多个质子且它们的解离是分级进行的。平衡时每一级都有一个对应的解离平衡常数。

例如，二元弱酸 H_2CO_3 溶液存在以下质子转移平衡。

第一级：$\text{H}_2\text{CO}_3 + \text{H}_2\text{O} \Longleftrightarrow \text{H}_3\text{O}^+ + \text{HCO}_3^-$

$$K_{a_1} = \frac{c(\text{HCO}_3^-)c(\text{H}_3\text{O}^+)}{c(\text{H}_2\text{CO}_3)} = 4.3 \times 10^{-7}$$

第二级：$\text{HCO}_3^- + \text{H}_2\text{O} \Longleftrightarrow \text{H}_3\text{O}^+ + \text{CO}_3^{2-}$

$$K_{a_2} = \frac{c(\text{CO}_3^{2-})c(\text{H}_3\text{O}^+)}{c(\text{HCO}_3^-)} = 5.6 \times 10^{-11} \qquad (4-14)$$

由于 $K_{a_1} \gg K_{a_2}$，溶液中的 H^+ 主要来自 H_2CO_3 的第一级解离，所以 $c(\text{H}^+)$ 可以按一元弱酸进行近似处理。即

$$c(\text{H}^+) = \sqrt{K_{a_1} c}$$

因 $c(\text{H}^+) \approx c(\text{HCO}_3^-)$，代入式（4-14）得，$c(\text{CO}_3^{2-}) \approx K_{a_2}$。

磷酸的解离要分三级，有 K_{a_1}、K_{a_2}、K_{a_3} 三个解离常数，且 $K_{a_1} \gg K_{a_2} \gg K_{a_3}$。这说明多元弱酸分级解离是依次变难。

根据多元弱酸的浓度和各级解离常数，可以计算出溶液中各种离子的浓度。

例 4-5 已知 298K 时，$K_{a_1}(\text{H}_2\text{S}) = 9.1 \times 10^{-8}$，$K_{a_2}(\text{H}_2\text{S}) = 1.1 \times 10^{-12}$。计算 $0.01\,\text{mol/L}\,\text{H}_2\text{S}$ 溶液中 H^+、HS^-、S^{2-}、OH^- 的浓度和 pH。

已知：$K_{a_1}(\text{H}_2\text{S}) = 9.1 \times 10^{-8}$，$K_{a_2}(\text{H}_2\text{S}) = 1.1 \times 10^{-12}$，$c(\text{H}_2\text{S}) = 0.01\,\text{mol/L}$

求：$c(\text{H}^+)$、$c(\text{HS}^-)$、$c(\text{S}^{2-})$、$c(\text{OH}^-)$ 和 pH

解析：第一级： $\text{H}_2\text{S} + \text{H}_2\text{O} \Longleftrightarrow \text{H}_3\text{O}^+ + \text{HS}^-$

第二级： $\text{HS}^- + \text{H}_2\text{O} \Longleftrightarrow \text{H}_3\text{O}^+ + \text{S}^{2-}$

因为 $K_{a_1} \gg K_{a_2}$，所以溶液中的 H^+ 主要来自于 H_2S 的第一步解离；

且 $cK_{a_1} = 9.1 \times 10^{-9} > 20K_w$，$c/K_{a_1} = 1.1 \times 10^7 > 500$

则：$c(\text{H}^+) = \sqrt{K_{a_1} c}$

$$= \sqrt{9.1 \times 10^{-8} \times 0.01} = 3.0 \times 10^{-5} \ (\text{mol/L})$$

$$c(\text{HS}^-) = c(\text{H}^+) = 3.0 \times 10^{-5} \ (\text{mol/L})$$

$$c(\text{S}^{2-}) \approx K_{a_2} = 1.1 \times 10^{-12} \ (\text{mol/L})$$

$$c(\text{OH}^-) = K_w/c(\text{H}^+) = 1.0 \times 10^{-14}/3.0 \times 10^{-5} = 3.3 \times 10^{-10} \ (\text{mol/L})$$

$$\text{pH} = -\lg c(\text{H}^+) = 4.5$$

答：溶液中 $c(H^+)$、$c(HS^-)$、$c(S^{2-})$、$c(OH^-)$ 分别是 3.0×10^{-5} mol/L、3.0×10^{-5} mol/L、1.1×10^{-12} mol/L、3.3×10^{-10} mol/L，pH 为 4.5。

多元弱酸的解离是分级进行的，一般 $K_{a_1} \gg K_{a_2} \gg K_{a_3}$，溶液中的 H^+ 主要来自于多元弱酸的第一级解离，计算 $c(H^+)$ 或 pH 时可作一元弱酸处理，只考虑第一级解离。对于二元弱酸，当 $K_{a_1} \gg K_{a_2}$ 时，酸根离子浓度近似等于 K_{a_2}，而与二元弱酸的初始浓度关系不大。

四、两性物质的质子传递平衡

HCO_3^-、$H_2PO_4^-$、HPO_4^{2-} 等阴离子水溶液的酸碱性取决于酸式解离常数与碱式解离常数的相对大小。例如，在 NaH_2PO_4 溶液中存在以下两个质子传递平衡。

$$H_2PO_4^- + H_2O \rightleftharpoons H_3O^+ + HPO_4^{2-} （酸式解离）$$
$$K_{a_2}(H_3PO_4) = 6.2 \times 10^{-8}$$

$$H_2PO_4^- + H_2O \rightleftharpoons H_3PO_4 + OH^- （碱式解离）$$
$$K_{b_3}(PO_4^{3-}) = 1.3 \times 10^{-12}$$

由于 $K_{a_2}(H_3PO_4) > K_{b_3}(PO_4^{3-})$，所以 NaH_2PO_4 溶液显酸性。

又如，NH_4Ac 在水溶液中解离为弱酸 NH_4^+ 和弱碱 Ac^-，$K_a(NH_4^+) = 5.71 \times 10^{-10}$，而 $K_b(Ac^-) = 5.68 \times 10^{-10}$；由于 $K_a(NH_4^+) \approx K_b(Ac^-)$，所以，$NH_4Ac$ 水溶液呈中性。

第三节 酸碱平衡的移动

PPT

一、同离子效应

离子浓度的改变，对弱酸（弱碱）解离程度的影响极为显著。例如，298K 时在 1L 0.1mol/L CH_3COOH 溶液中加入 0.1 mol CH_3COONa 时，解离度可从 1.32% 下降至 0.0176%。在 CH_3COOH 溶液中加入一些 CH_3COONa，由于 CH_3COONa 是强电解质，在水溶液中完全解离为 Na^+ 和 CH_3COO^-，溶液中 CH_3COO^- 浓度增大，使 $CH_3COOH \rightleftharpoons H^+ + CH_3COO^-$ 解离平衡向左移动，从而降低了 CH_3COOH 的解离度和溶液中的 H^+ 浓度。

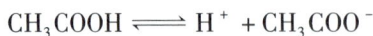
$$CH_3COOH \rightleftharpoons H^+ + CH_3COO^-$$
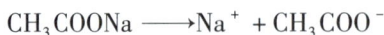
$$CH_3COONa \longrightarrow Na^+ + CH_3COO^-$$

当建立新的平衡时，溶液中 H^+ 浓度减小，致使溶液的酸性减弱。

同理，如果在氨水中加入 NH_4Cl，由于 NH_4^+ 浓度增大，使氨水的解离平衡向左移动，结果氨的解离度降低，溶液的碱性减弱。

$$NH_3 \cdot H_2O \rightleftharpoons NH_4^+ + OH^-$$
$$NH_4Cl \longrightarrow NH_4^+ + Cl^-$$

二、盐效应

当在弱电解质溶液中加入与弱电解质不含相同离子的强电解质盐类时，使弱电解质的解离度增大的现象，称为盐效应（或静电效应）。例如，在 1L 0.1mol/L CH_3COOH 溶液中加入 0.1mol NaCl 后，使 0.1mol/L CH_3COOH 的解离度从 1.32% 增大至 1.70%。

盐效应的产生，是由于强电解质的加入，使溶液中离子间的相互牵制作用增强，离子结合成分子的机会减少，达到平衡时，弱电解质的解离度比未加入强电解质时稍有增大。

实际上，产生同离子效应的同时，必然伴随有盐效应，但盐效应比同离子效应小得多。当加入的强电解质浓度不大时，其产生的盐效应可以忽略不计。

第四节　缓冲溶液

PPT

很多药物的制备和分析测定条件等，都与控制溶液的酸碱性有重要关系；有一些化学反应一定要在适宜而稳定的 pH 条件下才能正常进行，然而有些反应由于有 H^+ 或 OH^- 的生成或消耗，溶液的 pH 会随反应的进行而发生变化，从而影响反应的正常进行。在这种情况下，为维持反应的正常进行就需要借助缓冲溶液来稳定溶液酸碱度，起到缓冲作用。

▶ 情境导入

情境：人体的血液 pH 范围是很窄的，健康人的正常范围是 7.35 ~ 7.45。若有 0.1 的改变，有可能发生酸中毒或碱中毒；若 pH 小于 6.8 或大于 7.8，就会导致死亡。人们的身体每天都有着各种变化，比如饮食的改变、新陈代谢的改变等，可是却很少有人轻易的出现酸中毒或者碱中毒。

思考：是什么维持了血液的 pH 正常范围呢？

为说明缓冲溶液和缓冲作用，我们来分析下面实验数据（表 4 – 6）。

表 4 – 6　实验数据

溶液（0.10mol/L）	原溶液 pH	加 0.010mol HCl 后溶液 pH	|ΔpH|	加 0.010mol NaOH 后溶液 pH	|ΔpH|
CH_3COOH 1L	2.88	2.00	0.88	3.80	0.92
$CH_3COOH – CH_3COONa$ 等体积混合液 1L	4.75	4.66	0.09	4.84	0.09
NaCl 1L	7.00	2.00	5.00	12.00	5.00

从表 4 – 6 中的数据中可见，在纯水中加入少量的强酸或强碱会引起纯水 pH 的显著变化，这说明纯水不具有抵抗少量强酸或强碱而保持 pH 相对稳定的性能。但是，如果在含有 CH_3COOH 和 CH_3COONa 的混合溶液中加入少量 HCl 或 NaOH 溶液，溶液的 pH 几乎不发生变化。这说明 CH_3COOH 和 CH_3COONa 的混合溶液具有抵抗少量强酸或强碱而保持溶液 pH 相对稳定的性能。因此就把 CH_3COOH 与 CH_3COONa 组成的混合溶液称为缓冲溶液，它具有缓冲作用。

如果向溶液中加少量的强酸、强碱或将溶液适度稀释，而使溶液的 pH 基本保持不变的作用叫作缓冲作用，具有缓冲作用的溶液称为缓冲溶液。

一、缓冲溶液的组成 🅔 微课

缓冲溶液必须同时含有两种物质。一种是能够抵制外加少量 H^+ 的物质（抗酸成分）；另一种是能够抵制外加少量 OH^- 的物质（抗碱成分）。这两种成分之间的内在关系是互为共轭酸碱对，又称为缓冲对或缓冲系，二者之间存在酸碱平衡，其中共轭酸为抗碱成分，共轭碱为抗酸成分。常见缓冲对的组成及对应的酸碱平衡见表 4 – 7。

表 4 – 7　常见缓冲对的组成及对应的酸碱平衡反应式

缓冲对（缓冲系）	共轭酸 （抗碱成分）	共轭碱 （抗酸成分）	酸碱平衡反应式
$CH_3COOH – CH_3COONa$	CH_3COOH	CH_3COONa	$CH_3COOH + H_2O \rightleftharpoons CH_3COO^- + H_3O^+$
$NH_4Cl – NH_3$	NH_4^+	NH_3	$NH_4^+ + H_2O \rightleftharpoons NH_3 + H_3O^+$
$H_2CO_3 – NaHCO_3$	H_2CO_3	HCO_3^-	$H_2CO_3 + H_2O \rightleftharpoons HCO_3^- + H_3O^+$
$NaHCO_3 – Na_2CO_3$	HCO_3^-	CO_3^{2-}	$HCO_3^- + H_2O \rightleftharpoons CO_3^{2-} + H_3O^+$
$H_3PO_4 – NaH_2PO_4$	H_3PO_4	$H_2PO_4^-$	$H_3PO_4 + H_2O \rightleftharpoons H_2PO_4^- + H_3O^+$
$NaH_2PO_4 – Na_2HPO_4$	$H_2PO_4^-$	HPO_4^{2-}	$H_2PO_4^- + H_2O \rightleftharpoons HPO_4^{2-} + H_3O^+$
$Na_2HPO_4 – Na_3PO_4$	HPO_4^{2-}	PO_4^{3-}	$HPO_4^{2-} + H_2O \rightleftharpoons PO_4^{3-} + H_3O^+$

知识链接

血液中的缓冲对

人体血液的 pH 之所以能维持在一定范围内，是由于血液中存在着多种缓冲对的缓冲作用以及肺、肾的作用。血液中的缓冲对主要如下。

血浆：$\dfrac{NaHCO_3}{H_2CO_3}$（或写成 $\dfrac{NaHCO_3}{CO_2（溶解）}$），$\dfrac{Na - 血浆蛋白}{H - 血浆蛋白}$，$\dfrac{Na_2HPO_4}{NaH_2PO_4}$

血细胞：$\dfrac{KHCO_3}{H_2CO_3}$（或写成 $\dfrac{KHCO_3}{CO_2（溶解）}$），$\dfrac{K - 血红蛋白}{H - 血红蛋白}$，$\dfrac{K - 氧合血红蛋白}{H - 氧合血红蛋白}$，$\dfrac{K_2HPO_4}{KH_2PO_4}$

在这些缓冲对中，碳酸氢盐缓冲对在血液中浓度最高，缓冲能力最大，维持血液正常 pH 的作用也最大。

二、缓冲溶液的缓冲作用机制

现以 $CH_3COOH – CH_3COONa$ 缓冲溶液为例来说明缓冲作用的机制。CH_3COOH 是弱酸，在溶液中的解离度很小，它解离出的 H^+ 和 CH_3COO^- 的浓度很低，主要以 CH_3COOH 分子形式存在。同时，CH_3COONa 是强电解质，在水溶液中完全解离为 Na^+ 和 CH_3COO^-，解离方程式如下。

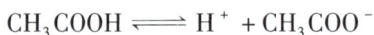

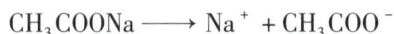

$$CH_3COOH \rightleftharpoons H^+ + CH_3COO^-$$

$$CH_3COONa \longrightarrow Na^+ + CH_3COO^-$$

由于同离子效应，加入 CH_3COONa 后使 CH_3COOH 解离平衡向左移动，使 CH_3COOH 的解离度变小，CH_3COOH 的浓度增大，H^+ 浓度变小。所以缓冲溶液中 Na^+、CH_3COO^- 和 CH_3COOH 的浓度都比较大，而 H^+ 浓度相对来说很小。CH_3COOH 和 CH_3COO^- 是共轭酸碱对，在水溶液中存在着质子传递平衡。

$$H_2O + CH_3COOH \rightleftharpoons H_3O^+ + CH_3COO^-$$

根据

$$K_a = \frac{c(H_3O^+)c(CH_3COO^-)}{c(CH_3COOH)}$$

可得

$$c(H_3O^+) = K_a \frac{c(CH_3COOH)}{c(CH_3COO^-)}$$

上式说明缓冲溶液中的 H^+ 浓度主要取决于 $\dfrac{c(CH_3COOH)}{c(CH_3COO^-)}$。

当向溶液中加入少量强酸后，由强酸解离出来的 H^+ 与溶液中大量存在的 CH_3COO^- 结合为

CH_3COOH，使 CH_3COOH 的解离平衡向左移动。建立新的平衡后，$c(CH_3COO^-)$ 略有减少，$c(CH_3COOH)$ 略有增加，而 $\dfrac{c(CH_3COOH)}{c(CH_3COO^-)}$ 变化很小，即外加的酸被 CH_3COO^- 抵消，绝大部分转变成弱酸 CH_3COOH，CH_3COO^- 是抗酸成分，故溶液中 $c(H^+)$ 基本不变。

当向溶液中加入少量强碱后，由强碱解离出来的 OH^- 与溶液中大量存在的 CH_3COOH 解离出的 H^+ 结合生成 H_2O，使 CH_3COOH 的解离平衡向右移动。建立新的平衡后，CH_3COO^- 略有增加，$c(CH_3COOH)$ 略有减少，而 $\dfrac{c(CH_3COOH)}{c(CH_3COO^-)}$ 变化很小，即外加的碱被 CH_3COOH 抵消，绝大部分转变成弱电解质 H_2O，CH_3COOH 是抗碱成分，故溶液中 $c(H^+)$ 也基本不变。

当适度稀释缓冲溶液后，$c(CH_3COOH)$ 与 $c(CH_3COO^-)$ 同步减小，但 $\dfrac{c(CH_3COOH)}{c(CH_3COO^-)}$ 不变，所以溶液中 $c(H^+)$ 或 pH 保持不变。即稀释后溶液的 pH 变化不大，但缓冲对的浓度变小，会影响到缓冲容量及性质。如果过度稀释会使弱酸的解离度增大、盐的水解作用增强，溶液 pH 也会随之发生明显的改变。

在其他的缓冲溶液中，也同样存在共轭酸碱对之间的质子传递平衡。例如

$$H_2PO_4^- + H_2O \Longleftrightarrow H_3O^+ + HPO_4^{2-}$$

$$NH_3 + H_2O \Longleftrightarrow NH_4^+ + OH^-$$

总之，由于缓冲溶液中含有足量的共轭酸碱对，又存在共轭酸碱对之间的质子传递平衡，因此，能够抵抗外加的少量强酸、强碱或适当稀释，使溶液的 pH 基本保持不变。

知识链接

人体正常 pH 的维持

血液中浓度最大，缓冲能力最强的缓冲对是由 $H_2CO_3 - HCO_3^-$ 共轭酸碱对组成，存在如下平衡：

$$H_2CO_3 \Longleftrightarrow HCO_3^- + H^+$$

当体系 H^+ 的浓度增加时，平衡向左移动，生成更多的碳酸。碳酸不稳定，分解成二氧化碳和水。

$$H_2CO_3 \Longleftrightarrow CO_2\uparrow + H_2O$$

生成的二氧化碳通过血液由肺部呼出，体系 pH 的变化很小，能及时调节人体酸碱平衡。正常人体内，$c(HCO_3^-)$ 与 $c(H_2CO_3)$ 的比值为 20：1 时，血液的 pH 为 7.40。若血液的 pH 低于 7.35，则发生酸中毒，高于 7.45 则发生碱中毒。当肺部换气不足或换气过速、高烧以及严重呕吐等就会引起体液酸碱失去平衡，从而导致各类疾病。当 H^+ 增加时，血液中大量存在的抗酸成分 HCO_3^- 与 H^+ 结合，维持 $c(HCO_3^-)$ 与 $c(H_2CO_3)$ 的比值不发生明显改变；当 OH^- 增加时，H_2CO_3 与 OH^- 生成 H_2O，保障 $c(HCO_3^-)$ 与 $c(H_2CO_3)$ 的比值也不发生明显改变；此外，肺和肾脏的调节作用及血液中的其他缓冲对共同维持血液正常 pH。

三、缓冲溶液 pH 的计算

每一种缓冲溶液都有一定的 pH，其大小取决于组成缓冲溶液共轭酸碱对（$HB - B^-$）的性质和浓度。共轭酸碱对间的质子传递平衡可用通式表示为

$$HB + H_2O \Longleftrightarrow H_3O^+ + B^-$$

共轭酸的解离常数为

$$K_a = \frac{c(H_3O^+)c(B^-)}{c(HB)}$$

即
$$c(H_3O^+) = K_a \frac{c(HB)}{c(B^-)} \qquad (4-15)$$

两边取负对数, 则
$$pH = pK_a + \lg \frac{c(B^-)}{c(HB)} \qquad (4-16)$$

式 (4-16) 是缓冲溶液 pH 计算公式, 又称为亨德森 – 哈塞尔巴赫方程式。它表明缓冲溶液的 pH 取决于共轭酸的解离常数 (pK_a) 和平衡时共轭碱浓度与共轭酸浓度的比值 $\left[\frac{c(B^-)}{c(HB)}\right]$, 该比值称为缓冲比。

在缓冲溶液中, 由于共轭酸 (HB) 为弱酸, 解离度很小, 加上共轭碱 (B^-) 的同离子效应, 使其解离度更小, 所以式 (4-16) 中平衡时 $c(HB)$ 和 $c(B^-)$ 近似等于所配制缓冲溶液的共轭酸和共轭碱的初始浓度 $c(HB)$、$c(B^-)$。即

$$pH = pK_a + \lg \frac{c \ (共轭碱)}{c \ (共轭酸)} \qquad (4-17)$$

因 $c(HB) = n(HB)/V$, $c(B^-) = n(B^-)/V$, 带入式 (4-17), 得

$$pH = pK_a + \lg \frac{n(B^-)}{n(HB)} \qquad (4-18)$$

式 (4-17) 和式 (4-18) 是计算缓冲溶液 pH 的两个近似公式。

pK_a 数值的大小取决于组成缓冲对物质的本性, 不同的缓冲对具有不同的 pK_a; 当组成缓冲溶液的缓冲对确定以后 (即 pK_a 一定), 缓冲溶液的 pH 将随着缓冲比的改变而改变。当 $c(B^-) = c(HB)$ 时, $pH = pK_a$。当对缓冲溶液进行有限稀释时, 共轭碱与共轭酸的浓度以相同比例稀释, $c(B^-)/c(HB)$ 的比值不变, 即缓冲比不变, 故 pH 也基本不变。因此缓冲溶液的 pH 几乎不因稀释而改变。

例 4-6 已知 CH_3COOH 的 $pK_a = 4.75$, 用 $0.10mol/L$ CH_3COOH 溶液 $0.20mol/L$ CH_3COONa 溶液等体积混合配成 1L 缓冲溶液, 求此缓冲溶液的 pH, 并计算在此缓冲溶液中加入 $0.005mol$ HCl、$0.005mol$ NaOH 后, 该缓冲溶液的 pH 变化。

已知: $pK_a = 4.75$, $c_{配前}(CH_3COOH) = 0.10mol/L$, $c_{配前}$ (CH_3COONa) $= 0.20mol/L$, $V = 1L$

求: 原缓冲溶液的 pH, 加入 HCl 后缓冲溶液的 pH, 加入 NaOH 后缓冲溶液 pH。

解析: (1) 原缓冲溶液的 pH 由于 CH_3COOH 溶液和 CH_3COONa 溶液是等体积混合, 所以在缓冲溶液中, CH_3COOH 和 CH_3COONa 的浓度均为它们原浓度的 1/2, 即

$$c(CH_3COOH) = \frac{0.10}{2} = 0.05(mol/L)$$

$$c(CH_3COO^-) = \frac{0.20}{2} = 0.10(mol/L)$$

代入式 (4-17), 得

$$pH = 4.75 + \lg \frac{0.10}{0.05} = 4.75 + 0.30 = 5.05$$

(2) 加入 HCl 后缓冲溶液的 pH 加入 HCl 后, 加入的 H^+ 与溶液中的 CH_3COO^- 结合生成 CH_3COOH, 故 CH_3COOH 的量增多, 同时 CH_3COO^- 的量减少, 所以

$$c(CH_3COOH) = \frac{0.05 + 0.005}{1} = 0.055(mol/L)$$

$$c(CH_3COO^-) = \frac{0.10 - 0.005}{1} = 0.095(mol/L)$$

代入式 (4-16), 得

$$pH = 4.75 + \lg\frac{0.095}{0.055} = 4.75 + 0.24 = 4.99$$

缓冲溶液的 pH 由原来的 5.05 减至 4.99，仅下降了 0.06 pH 单位。

（3）加入 NaOH 后缓冲溶液的 pH 加入 NaOH 后，缓冲溶液中 CH_3COO^- 增多，CH_3COOH 减少，所以

$$c(CH_3COOH) = \frac{0.05 - 0.005}{1} = 0.045(mol/L)$$

$$c(CH_3COO^-) = \frac{0.10 - 0.005}{1} = 0.105(mol/L)$$

代入式（4-16），得

$$pH = 4.75 + \lg\frac{0.105 - 0.045}{1} = 4.75 + 0.37 = 5.12$$

缓冲溶液的 pH 由原来的 5.05 增至 5.12，仅升高了 0.07 pH 单位。

答：原缓冲溶液的 pH 为 5.05，加入 HCl 后缓冲溶液的 pH 为 4.99，仅降低了 0.06pH 单位；加入 NaOH 后缓冲溶液 pH 为 5.12，仅升高了 0.07pH 单位，即缓冲溶液的 pH 基本保持不变。

四、缓冲容量与缓冲范围

（一）缓冲容量

缓冲溶液只能抵抗少量强酸或强碱而保持溶液的 pH 基本不变。如果加入的酸碱量过大，使缓冲溶液中的抗酸成分或抗碱成分消耗将尽时，缓冲溶液会失去缓冲能力，所以每种缓冲溶液均具有一定且有限的缓冲能力。缓冲溶液的缓冲能力大小常用缓冲容量表示。

1. 缓冲容量的定义 使缓冲溶液的 pH 改变 1 个单位，所需的一元强酸或一元强碱的物质的量（mol 或 mmol），称为缓冲容量，用符号 β 表示。即

$$\beta = \frac{n}{|\Delta pH|}$$

因此，在缓冲溶液中加入一定量的强酸或强碱时，如果 pH 变化愈小，则其缓冲容量就愈大。

2. 影响缓冲容量的主要因素

（1）缓冲溶液的总浓度 当缓冲比一定时，缓冲溶液的总浓度愈大，溶液中抗酸成分和抗碱成分愈多，缓冲能力就愈大。当缓冲溶液在一定范围内稀释时，由于总浓度减小，缓冲容量也会减小。

（2）缓冲比 当缓冲溶液的总浓度一定时，若 $c(共轭碱)/c(共轭酸) = 1$，则缓冲容量最大。此时，溶液的 $pH = pK_a$。若 $c(共轭碱)$ 和 $c(共轭酸)$ 不相等，则缓冲容量减小，$c(共轭碱)$ 与 $c(共轭酸)$ 相差愈大，缓冲比离 1 愈远，pH 偏离 pK_a 愈远，缓冲容量愈小。

（二）缓冲范围

实验和计算表明，当 $c(共轭碱)/c(共轭酸)$ 在 1/10 和 10/1 之间时，即缓冲溶液的 pH 在 $pK_a - 1$ 和 $pK_a + 1$ 之间时，其具有较大的缓冲能力。当缓冲比或 pH 在上述范围之外时，溶液的缓冲能力很小或者说已失去缓冲作用。因此，在化学上把具有缓冲作用的 pH 范围，即 $pH = pK_a \pm 1$ 称为缓冲溶液的缓冲范围。由于不同缓冲对的共轭酸的 pK_a 不同，所以各缓冲对都有特定的缓冲范围。表 4-8 列出的是几种常用缓冲溶液中共轭酸的 pK_a 及缓冲对的缓冲范围。

表 4 – 8　几种常用缓冲溶液中弱酸的 pK_a 及缓冲对的缓冲范围

缓冲溶液的组成	pK_a	缓冲范围
$CH_3COOH – CH_3COONa$	4.75	3.7 ~ 5.7
$H_3PO_4 – NaH_2PO_4$	2.16（pK_{a_1}）	1.2 ~ 3.2
$KH_2PO_4 – K_2HPO_4$	7.2（pK_{a_2}）	5.8 ~ 8.0
$Na_2HPO_4 – Na_3PO_4$	12.7（pK_{a_3}）	11.7 ~ 13.6
$H_2CO_3 – NaHCO_3$	6.4（pK_{a_1}）	5.35 ~ 7.35
$NaHCO_3 – Na_2CO_3$	10.3（pK_{a_2}）	9.2 ~ 11.0
$NH_4Cl – NH_3$	9.25（pK_a）	8.2 ~ 10.3

五、缓冲溶液的配制

在实际工作中，经常要配制一定 pH 的缓冲溶液。配制时一般按下列原则和步骤进行。

（1）选择适当的缓冲对　为使缓冲溶液具有较大的缓冲容量，所选缓冲系共轭酸的 pK_a 与所需 pH 尽可能相等或接近，偏离的数值不应超过缓冲溶液的缓冲范围。例如，配制 pH 为 7.0 的缓冲溶液，可选择 $KH_2PO_4 – K_2HPO_4$ 缓冲对，因为 H_3PO_4 的 pK_{a_2} 是 7.2。选用药用缓冲对时，需考虑是否与主药发生配伍禁忌，缓冲系应无毒。如硼酸 – 硼酸盐缓冲系有一定毒性，不能用作口服和注射用药液的缓冲溶液。

（2）缓冲溶液要有一定的总浓度　为了使缓冲溶液具有足够大的缓冲容量，应保证在缓冲溶液中含有足量的抗酸成分和抗碱成分。若总浓度太低，缓冲容量过小；在实际应用中，总浓度太高，也不必要。一般在 0.05 ~ 0.20mol/L 较为适宜。

（3）为了使缓冲溶液具有较大的缓冲容量，应尽量使缓冲比接近于 1。

实际工作中，常常使用相同浓度的共轭酸、碱溶液配制。在这种情况下，设缓冲溶液的总体积为 V（总），共轭酸的体积为 V（共轭酸）、共轭碱的体积为 V（共轭碱），混合前共轭酸、碱的浓度均为 c，则

$$c(HB) = \frac{cV（共轭酸）}{V（总）} \qquad c(B^-) = \frac{cV（共轭碱）}{V（总）}$$

代入式（4 – 17），得

$$pH = pK_a + \lg \frac{V（共轭碱）}{V（共轭酸）} \tag{4 – 19}$$

利用此式，只需按共轭酸、碱溶液的体积比值配制缓冲溶液。

例 4 – 7　用 0.10mol/L CH_3COOH 和 0.10mol/L CH_3COONa 配制 pH = 4.95 的缓冲溶液 100ml，计算所需两溶液的体积。

已知：c（共轭酸）= c（共轭碱）= 0.10mol/L，pK_a = 4.75，pH = 4.95

$$V（共轭酸）+ V（共轭碱）= 100ml$$

求：V（共轭酸），V（共轭碱）

解析：c（共轭酸）= c（共轭碱）= 0.10mol/L

缓冲溶液 pH 计算可用式（4 – 19），将已知条件代入，得

$$4.95 = 4.75 + \lg \frac{V（共轭碱）}{100 - V（共轭酸）}$$

$$1.58 = \frac{V(共轭碱)}{100 - V(共轭酸)}$$

$$V(共轭碱) = 61.2(ml)$$

$$V(共轭酸) = 100 - 61.2 = 38.8(ml)$$

答： 取 0.10mol/L CH$_3$COOH 溶液 38.8ml 与 0.10mol/L CH$_3$COONa 溶液 61.2ml，混合可得 pH = 4.95 的缓冲溶液 100ml。

实际应用中，常常不需要计算，而是按照缓冲溶液的经验配方进行配制。经验配制方法可以在化学手册或《中国药典》中查阅。

另外，在配制一定 pH 的弱酸及其共轭碱的缓冲溶液时，也常采用在一定量的弱酸溶液中加入一定量的强碱，中和部分弱酸（即生成弱酸的共轭碱）的方法，以得到所需要的缓冲溶液。用这种方法配制缓冲溶液时，必须明确两个问题。

一是弱酸的物质的量必须多于强碱的物质的量，这样反应后才能得到缓冲对。

二是反应时被中和的弱酸的物质的量等于强碱的物质的量，也等于生成的共轭碱的物质的量，这样剩余的弱酸与生成的共轭碱可以组成缓冲对。

例 4-8 若配制 pH = 5.0 的缓冲溶液，计算在 50ml 0.10mol/L CH$_3$COOH 溶液中加入 0.10mol/L 的 NaOH 溶液多少毫升？

已知：pH = 5.0，c(CH$_3$COOH) = 0.10mol/L，V(CH$_3$COOH) = 50ml，pK_a = 4.75，c(NaOH) = 0.10mol/L

求：V(NaOH)

解析： 设需加入的 NaOH 溶液为 x ml，则加入 NaOH 的物质的量为 0.10x mmol。

$$CH_3COOH \quad + \quad NaOH == CH_3COONa + H_2O$$

溶液中各组分的物质的量（mmol）0.10×50 - 0.10x　　0.10x　　0.10x

将已知条件代入式（4-18），得

$$5.00 = 4.75 + \lg\frac{0.10x}{0.10\times50 - 0.1x}$$

$$0.25 = \lg\frac{x}{50 - x}$$

$$\frac{x}{50 - x} = 1.78$$

$$x = 32(ml)$$

答： 在 50ml 0.10mol/L CH$_3$COOH 溶液中加入 32ml 0.10mol/L NaOH 溶液，可得到 pH = 5.00 的缓冲溶液。

由于所用的缓冲溶液 pH 计算公式是近似的，因此所配制缓冲溶液的 pH 与实测值有差别，还需用 pH 计测定。必要时，用加入强酸或强碱的方法，对所配缓冲溶液的 pH 进行校正。

目标检测

答案解析

一、选择题

（一）单项选择题

1. 共轭酸碱对中 K_a 与 K_b 的关系是（　　）

A. $K_a/K_b = K_w$　　　　B. $K_a K_b = K_w$　　　　C. $K_a K_b = 1$

    D. $K_a / K_b = 1$ E. $pK_a / pK_b = 14$

2. pH 值为 3 的水溶液，其 $c(H^+)$ 为（ ） mol/L

    A. 10^{-3} B. 10^{-4} C. 10^{-11}

    D. 10^{-7} E. 3

3. NH_3 的共轭酸是（ ）

    A. NH_4^+ B. NH_2^- C. N_2

    D. HCl   E. NO_3^-

4. 缓冲溶液抗酸碱的能力可用（ ）来衡量

    A. 总浓度   B. 缓冲范围   C. 缓冲比

    D. 缓冲溶液 pH   E. 缓冲容量

5. 酸中毒的病人是指人体血液的 pH（ ）

    A. 大于 7.35   B. 等于 7.35   C. 小于 7.35

    D. 小于 7.45   E. 大于 7.45

6. 已知 $pK_a(CH_3COOH) = 4.75$，$pK_a(H_2PO_4^-) = 7.21$，$pK_a(HCO_3^-) = 10.25$，$pK_a(NH_4^+) = 9.25$，$pK_a(H_2CO_3) = 6.37$，欲配制 pH = 5 的溶液应选择的缓冲对是（ ）

    A. $NH_3 - NH_4Cl$ B. $NaH_2PO_4 - Na_2HPO_4$ C. $NaHCO_3 - Na_2CO_3$

    D. $CH_3COOH - CH_3COONa$ E. $H_2CO_3 - NaHCO_3$

（二）多项选择题

7. 根据酸碱质子理论，在水溶液中既可作酸亦可作碱的物质是（ ）

    A. Na_2CO_3 B. CH_3COONa C. Na_2HPO_4

    D. H_2O E. CH_3COOH

8. 下列物质能构成缓冲对的是（ ）

    A. $CH_3COOH - CH_3COONa$ B. $NH_3 - NH_4Cl$ C. $HCO_3^- - CO_3^{2-}$

    D. $H_2CO_3 - CO_3^{2-}$ E. $H_3PO_4 - NaH_2PO_4$

9. 与弱电解质的解离常数有关的因素是（ ）

    A. 溶液体积   B. 溶剂   C. 弱电解质本性

    D. 溶液温度   E. 溶液浓度

10. 属于质子酸是（ ）

    A. NH_4^+ B. Cl^- C. HCl

    D. H_3O^+ E. CH_3COOH

二、计算题：

1. 已知 $pK_a(HAc) = 4.75$，将 0.20mol/L HAc 溶液 20.0ml 与 0.20mol/L NaAc 溶液 10.0ml 混合，计算混合溶液的 pH 为多少？（lg2 = 0.30，lg3 = 0.48，lg5 = 0.70，lg7 = 0.85）

2. 室温时 NH_3 的 $K_b = 1.76 \times 10^{-5}$，计算 0.7mol/L 的 NH_4Cl 溶液的 pH。（lg2 = 0.30，lg3 = 0.48，lg5 = 0.70，lg7 = 0.85）

书网融合……

重点小结   微课   习题

第五章 沉淀溶解平衡

学习目标

知识目标：通过本章的学习，掌握溶度积规则，应用溶度积规则判断沉淀生成、溶解、分步沉淀及沉淀的转化；熟悉溶度积的定义，溶度积与溶解度的相互换算；了解同离子效应和盐效应对难溶电解质沉淀溶解平衡的影响。

能力目标：具备运用溶度积知识对溶液中沉淀的生成、溶解、转化进行理论分析；运用溶度积规则判断沉淀溶解平衡的移动及有关计算的能力。

素质目标：通过本章的学习，认识其中蕴涵的透过现象看本质的辩证唯物主义原理，树立辩证唯物主义世界观。能够体会到化学对于提高生活质量、促进社会发展的作用，激发学习化学的热情。

情境导入

情境1：闻名于世的桂林溶洞、北京石花、娄底梅山龙宫都是自然界创造出来的杰作，石灰石岩层在经历了数万年的岁月侵蚀之后，会形成各种奇形异状的溶洞。

情境2：2022年世界卫生组织（WHO）发布了《全球口腔健康状况报告：争取到2030年实现全民口腔健康覆盖》（简称报告）。报告指出，全球近一半的人患有口腔疾病，这成为影响人类300多种疾病中最普遍的健康问题之一。龋病、牙周疾病、牙齿脱落和口腔癌是常见的口腔疾病。其中，未经治疗的龋齿最为常见，据估计会影响到25亿人。

思考：1. 溶洞是如何形成的？

2. 结合生活常识，什么原因可能会引起龋齿？防蛀牙膏的防蛀原理是什么？

水溶液中的酸碱平衡是均相反应，除此之外，另一类重要的离子反应是难溶电解质在水中的溶解，即在含有固体难溶电解质的饱和溶液中，存在着电解质与由它解离产生的离子之间的平衡——沉淀溶解平衡，这是一种多相离子平衡。沉淀溶解平衡在社会生产生活中具有重要价值，例如，为什么硫酸钡可以做钡餐；肾结石怎样预防；含氟牙膏为什么可以有效预防龋齿；如何除去水垢等。在实际工作中经常利用沉淀溶解平衡理论进行药物的制备、分离、净化及定性、定量分析。本章重点讨论难溶电解质的沉淀溶解平衡，以及利用此理论判断沉淀生成、溶解、分步沉淀及沉淀的转化。

第一节 溶度积原理

PPT

溶解性是物质的重要性质之一，常用溶解度来定量标明物质的溶解性。不同电解质的溶解度往往有很大的差异，习惯将其划分为可溶、微溶和难溶等不同等级。如果在100g水中能溶解1g以上的溶质，这种溶质被称为可溶的；物质的溶解度小于0.1g/100g H_2O 时，称为难溶；溶解度介于可溶与难溶之间，称为微溶。在《中国药典》中所用的微溶、极微溶解、几乎不溶或不溶即为通常所说的难溶物。绝对不溶解的物质是不存在的，难溶强电解质在水中溶解度虽然很小，但溶解的部分是完全解离的，溶液中不存在未解离的强电解质分子。如 $BaSO_4$、$AgCl$ 等是常见的难溶电解质。《中国药典》中溶解度名词术语及说明见表5-1。

表 5 – 1　《中国药典》中溶解度名词术语及说明

项目	说明
极易溶解	系指溶质 1g（ml）能在溶剂不到 1ml 中溶解
易溶	系指溶质 1g（ml）能在溶剂 1 ~ 不到 10ml 中溶解
溶解	系指溶质 1g（ml）能在溶剂 10 ~ 不到 30ml 中溶解
略溶	系指溶质 1g（ml）能在溶剂 30 ~ 不到 100ml 中溶解
微溶	系指溶质 1g（ml）能在溶剂 100 ~ 不到 1000ml 中溶解
极微溶解	系指溶质 1g（ml）能在溶剂 1000 ~ 不到 10 000ml 中溶解
几乎不溶或不溶	系指溶质 1g（ml）在溶剂 10 000ml 中不能完全溶解

一、沉淀溶解平衡

在一定温度下，将难溶强电解质晶体放入水中时，就发生沉淀和溶解两个过程。以硫酸钡为例，$BaSO_4(s)$ 是由 Ba^{2+} 和 SO_4^{2-} 组成的晶体，将其放入水中，在水分子的作用下，部分 Ba^{2+} 和 SO_4^{2-} 会离开 $BaSO_4$ 固体表面，形成自由移动的 $Ba^{2+}(aq)$ 和 $SO_4^{2-}(aq)$ 离子，这个过程称为溶解。同时，随着 $Ba^{2+}(aq)$ 和 $SO_4^{2-}(aq)$ 浓度不断增多，溶液中不断运动的 $Ba^{2+}(aq)$ 和 $SO_4^{2-}(aq)$ 在接近固体 $BaSO_4$ 表面时，受到固体 $BaSO_4$ 表面上 Ba^{2+} 和 SO_4^{2-} 的吸引，其中一些 $Ba^{2+}(aq)$ 和 $SO_4^{2-}(aq)$ 会重新回到固体表面生成 $BaSO_4$，这个过程称为沉淀。

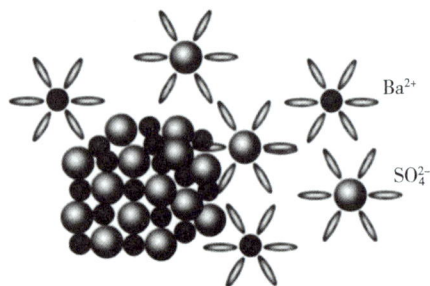

图 5 – 1　溶解与沉淀过程

溶解开始时，溶液中 $Ba^{2+}(aq)$ 和 $SO_4^{2-}(aq)$ 浓度极小，$BaSO_4$ 的溶解速率大于沉淀速率，这时溶液是未饱和状态；随着溶解继续，$Ba^{2+}(aq)$ 和 $SO_4^{2-}(aq)$ 浓度逐渐增大，生成固体 $BaSO_4$ 的速率逐渐加快，即沉淀的速率增大。在一定条件下，当溶解和沉淀速率相等时，便建立了一种动态的多相离子平衡，这时溶液是饱和溶液，溶液中的离子浓度不再改变。在 $BaSO_4$ 饱和溶液中存在着下列平衡。

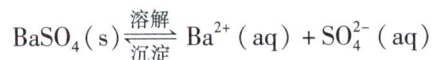

$$BaSO_4(s) \underset{\text{沉淀}}{\overset{\text{溶解}}{\rightleftharpoons}} Ba^{2+}(aq) + SO_4^{2-}(aq)$$

这种难溶电解质在饱和溶液中溶解与沉淀的平衡，称为沉淀溶解平衡。沉淀溶解平衡是固 – 液两相之间的复杂平衡，化学平衡原理仍适用。

二、溶度积常数

沉淀溶解平衡与解离平衡一样，也有自己的平衡常数。如

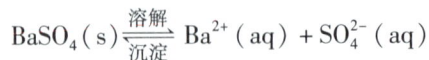

$$BaSO_4(s) \underset{\text{沉淀}}{\overset{\text{溶解}}{\rightleftharpoons}} Ba^{2+}(aq) + SO_4^{2-}(aq)$$

根据化学平衡原理

$$K = \frac{c(Ba^{2+})c(SO_4^{2-})}{c(BaSO_4)}$$

纯的固态物质浓度做 1 处理，可得到

$$K = c(Ba^{2+})c(SO_4^{2-}) = K_{sp}$$

式中，c 表示离子平衡浓度；K_{sp} 表示沉淀溶解平衡常数，称为溶度积常数，简称溶度积，它表示在一定温度下，难溶电解质的饱和溶液中，各离子浓度幂的乘积为一常数。它反映了难溶电解质在水中的溶解能力。

对于一般难溶电解质，其沉淀溶解平衡表示为

$$A_mB_n(s) \rightleftharpoons mA^{n+}(aq) + nB^{m-}(aq)$$

$$K_{sp}(A_mB_n) = c(A^{n+})^m c(B^{m-})^n \qquad (5-1)$$

说明

（1）K_{sp} 一般不需要写单位。

（2）K_{sp} 和其他平衡常数一样，取决于难溶电解质的本性，并随着温度的升高而增大，而与离子的浓度无关。一般常用的是 298.15K 的溶度积数据，一些常见难溶电解质的溶度积见附录五。

（3）在一定温度下，K_{sp} 的大小可以反映物质的溶解能力和生成沉淀的难易。

三、溶度积和溶解度的关系

一般情况下，溶度积和溶解度都可以用来表示难溶电解质的溶解性。两者既有联系，又有区别。它们之间的区别在于，溶度积是未溶解的固相与溶液中相应离子达到平衡时的离子浓度幂的乘积，只与温度有关；溶解度不仅与温度有关，还与溶液的组成、pH 等有关。从相互联系考虑，它们之间可以相互换算，即可以从溶解度求溶度积，也可以从溶度积求溶解度。在换算时必须注意所用的浓度单位。溶解度常表示为单位体积饱和溶液中物质的质量，也可表示为单位体积饱和溶液中的物质的量。而溶度积计算中，离子浓度只能以 mol/L 为单位。因此，在换算时，浓度单位必须采用 mol/L。本章先讨论两者间的相互换算。某些类型的难溶电解质的溶解度 s 与溶度积的换算关系如下。

1. AB 型

$$AB(s) \rightleftharpoons A^+(aq) + B^-(aq)$$

平衡时浓度（mol/L）　　　　　s　　　　s

根据式（5-1）得：$K_{sp} = c(A^+)c(B^-) = s^2$，即

$$s = \sqrt{K_{sp}} \qquad (5-2)$$

2. A₂B 型或 AB₂ 型

$$A_2B(s) \rightleftharpoons 2A^+(aq) + B^-(aq)$$

平衡时浓度（mol/L）　　　　　$2s$　　　　s

根据式（5-1）得 $K_{sp} = c(A^+)^2 c(B^-) = 4s^3$，即

$$s = \sqrt[3]{\frac{K_{sp}}{4}} \qquad (5-3)$$

同理可推导出 AB₂ 型难溶电解质（如 CaF₂ 等），其溶度积与溶解度的关系式与式（5-3）相同。

例 5-1　测得 BaSO₄ 在 298K 时的溶解度为 1.04×10^{-5} mol/L，计算 BaSO₄ 的溶度积。

已知：$s(BaSO_4) = 1.04 \times 10^{-5}$ mol/L

求：$K_{sp}(BaSO_4)$

解析：BaSO₄ 为 AB 型化合物，依据式（5-2），溶解度和溶度积的关系为：$s = \sqrt{K_{sp}}$

推导得：$K_{sp}(BaSO_4) = s^2 = 1.08 \times 10^{-10}$

答：BaSO₄ 的溶度积为 1.08×10^{-10}

例 5-2　AgCl 在 298K 时的溶度积为 1.77×10^{-10}，计算 AgCl 的溶解度。

已知：$K_{sp}(AgCl) = 1.77 \times 10^{-10}$

求：$s(AgCl)$

解析：AgCl 为 AB 型化合物，依据式（5-2），溶解度和溶度积的关系为

$$s = \sqrt{K_{sp}} = \sqrt{1.77 \times 10^{-10}} = 1.33 \times 10^{-5} \, \text{mol/L}$$

答：AgCl 的溶解度为 $1.33 \times 10^{-5} \, \text{mol/L}$。

例 5 – 3 已知 298K 时，Ag_2CrO_4 的 $K_{sp} = 1.12 \times 10^{-12}$，计算 Ag_2CrO_4 的溶解度。

已知：$K_{sp}(Ag_2CrO_4) = 1.12 \times 10^{-12}$

求：$s(Ag_2CrO_4)$

解析：Ag_2CrO_4 为 A_2B 型化合物，依据式（5 – 3），溶解度和溶度积的关系为

$$s = \sqrt[3]{\frac{K_{sp}}{4}}$$

推导得：$Ag_2CrO_4 = \sqrt[3]{\dfrac{1.12 \times 10^{-12}}{4}} = 6.54 \times 10^{-5} \, \text{mol/L}$

答：Ag_2CrO_4 的溶解度为 $6.54 \times 10^{-5} \, \text{mol/L}$。

要注意的是，虽然溶解度和溶度积都可表示难溶电解质在水中溶解能力的大小，但不能认为溶解度大的难溶电解质，其溶度积就大。要根据难溶电解质的组成类型来比较，对于相同类型的难溶电解质，相同温度下，其溶解度越大，溶度积越大。对于不同类型的难溶电解质，应通过计算来比较。例如，Ag_2CrO_4 溶度积小于 AgCl，但溶解度却大于 AgCl（见例 5 – 2 和例 5 – 3）。

四、溶度积规则 <kbd>e</kbd> 微课

根据溶度积规则，可以判断在一定条件下，难溶电解质沉淀生成、溶解反应进行的方向。

1. 离子积（Q） 在一定温度下，某一难溶电解质溶液在任意状态时，各离子浓度幂的乘积称为离子积，用 Q 表示。

$$A_mB_n(s) \rightleftharpoons mA^{n+}(aq) + nB^{m-}(aq)$$

$$Q(A_mB_n) = c^m(A^{n+}) \, c^n(B^{m-})$$

注意：Q 与 K_{sp} 的表达式相似，但两者的意义不同。K_{sp} 表示在一定温度下，难溶电解质在水中达到沉淀溶解平衡时的离子浓度幂的乘积。而 Q 是指在任意状态下各离子浓度幂的乘积，数值不定。K_{sp} 只是 Q 的一个特例。

2. 溶度积规则 对于某一难溶电解质溶液，溶度积 K_{sp} 与离子积 Q 之间可能出现下面三种情况。

（1）$Q = K_{sp}$，溶液是饱和溶液，溶液中离子与沉淀之间处于平衡状态。

（2）$Q > K_{sp}$，溶液是过饱和溶液，反应向生成沉淀的方向进行，有沉淀析出。

（3）$Q < K_{sp}$，溶液是不饱和溶液，无沉淀析出；若溶液中还有难溶电解质晶体存在，则会继续溶解。

这就是溶度积规则，经常用它来判断沉淀的生成和溶解。一般认为，在定性分析中，溶液中某离子浓度小到 $1.0 \times 10^{-5} \, \text{mol/L}$ 时，可认为已沉淀完全。

第二节　沉淀的生成和溶解

<kbd>PPT</kbd>

难溶电解质的溶解平衡也是动态平衡，同样可以通过改变条件使平衡移动——溶液中的离子转化为沉淀，或沉淀转化为溶液中的离子。

一、沉淀的生成

在涉及无机制备、提纯工艺的生产、科研、废水处理等领域中，常利用生成沉淀来达到分离或除

去某些离子的目的。例如，除去溶液中 Cu^{2+}、Hg^{2+}，可以用 NaS、H_2S 等作沉淀剂，使它们生成难溶的 CuS、HgS 沉淀除去。除此以外，还可以利用调节 pH 法，如工业原料 NH_4Cl 中含杂质 $FeCl_3$，使其溶解于水，再加入氨水调节 pH 至 $7 \sim 8$，可使 Fe^{3+} 生成 $Fe(OH)_3$ 沉淀而除去。

根据溶度积规则，当溶液中 $Q > K_{sp}$ 时，将有沉淀生成。

例 5 - 4 将 0.001mol/L NaCl 和 0.001mol/L $AgNO_3$ 溶液等体积混合，能否析出 AgCl 沉淀？若将上述 NaCl 和 $AgNO_3$ 溶液稀释 100 倍后再混合，是否有 AgCl 沉淀生成？$[K_{sp}(AgCl) = 1.77 \times 10^{-10}]$

解析： 等体积混合后，体积变为原来两倍，溶液浓度变为原来的一半。

$$c(Ag^+) = 5.0 \times 10^{-4}(mol/L)；c(Cl^-) = 5.0 \times 10^{-4}(mol/L)$$
$$Q_1 = c(Ag^+)c(Cl^-) = 2.5 \times 10^{-7} > K_{sp}(AgCl)$$

因为 $Q_1 > K_{sp}(AgCl)$，所以有 AgCl 沉淀析出。

答： 有 AgCl 沉淀析出。

稀释 100 倍后再混合

$$c(Ag^+) = 5.0 \times 10^{-6}(mol/L)；c(Cl^-) = 5.0 \times 10^{-6}(mol/L)$$
$$Q_2 = c(Ag^+)c(Cl^-) = 2.5 \times 10^{-11} < K_{sp}(AgCl)$$

因为 $Q_1 < K_{sp}(AgCl)$，所以稀释 100 倍后再混合，没有析出 AgCl 沉淀。

答： 稀释 100 倍后再混合没有 AgCl 沉淀析出。

（一）同离子效应

如果在难溶电解质的饱和溶液中，加入易溶的强电解质，则难溶电解质的溶解度与纯水中的溶解度可能不相同。易溶电解质的存在对难溶电解质溶解度的影响是多方面的。这里主要讨论影响溶解度的两种不同效应——同离子效应和盐效应。

在难溶电解质的饱和溶液中，加入具有相同离子的可溶性强电解质，溶液中难溶电解质与可溶性强电解质共有的离子浓度显著增大，按照平衡移动原理，平衡将向生成沉淀的方向移动。其结果是难溶电解质的溶解度减小。这种因加入含有相同离子的强电解质而使难溶电解质的溶解度减小的现象称为同离子效应。

例 5 - 5 计算 298K 时 AgCl 在 0.1mol/L NaCl 溶液中的溶解度为多少？

解析：

$$AgCl(s) \rightleftharpoons Ag^+(aq) + Cl^-(aq)$$

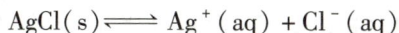

起始浓度（mol/L）　　　　　　　 0　　　　 0.1

平衡时浓度（mol/L）　　　　　　 s　　　 $0.1 + s \approx 0.1$

$$K_{sp} = c(Ag^+)c(Cl^-) = 0.1 \times s = 1.77 \times 10^{-10}$$

推导得 $s = 1.77 \times 10^{-9}(mol/L)$

答： AgCl 在 0.1mol/L NaCl 溶液中的溶解度是 1.77×10^{-9} mol/L。

由例题 5 - 2 可知在 298K 时 AgCl 的溶解度为 1.33×10^{-5} mol/L，加入 NaCl 使得 AgCl 的溶解度降低为 1.77×10^{-9} mol/L。由此可见，同离子效应的作用非常明显。

同离子效应在分析鉴定和分离提纯中应用十分广泛，在实际应用中，并不是沉淀剂越多沉淀越完全，当加入沉淀剂过多时，不仅会产生同离子效应，还会因为其他副反应的发生，反而使溶解度增大。例如，AgCl 沉淀中加入过量的 HCl，可以生成配离子 $(AgCl_2)^-$，使 AgCl 溶解度增大，甚至溶解。一般沉淀剂的用量以过量 $20\% \sim 50\%$ 为宜。

（二）盐效应

在难溶电解质的溶液中，加入易溶强电解质，在有些情况下，难溶电解质的溶解度比在纯水中的溶解度大，这种影响叫作盐效应。

例如，AgCl 在 KNO₃ 溶液中的溶解度比其在纯水中的溶解度大，并且 KNO₃ 浓度越大，AgCl 溶解度越大（表 5-2）。这是由于加入易溶强电解质后，溶液中各种离子总浓度增大，增强了离子间的静电作用，Ag^+ 和 Cl^- 受到较强的牵制作用，在单位时间内与沉淀表面碰撞次数减少，沉淀过程变慢，难溶电解质的溶解过程暂时超过了沉淀过程，平衡向溶解的方向移动；当建立起新的平衡时，难溶电解质的溶解度就增大了。

表 5-2　AgCl 在 KNO₃ 溶液中的溶解度（25℃）

$c(KNO_3)$（mol/L）	0.00	0.00100	0.00500	0.0100
$s(AgCl)$（10^{-1}mol/L）	1.278	1.325	1.385	1.427

不但加入不具有相同离子的电解质能产生盐效应，加入具有相同离子的电解质，在产生同离子效应的同时，也能产生盐效应。例如，硫酸铅在硫酸钠溶液中的溶解度变化（表 5-3），Na₂SO₄ 的浓度从 0 增加到 0.04mol/L 时，PbSO₄ 溶解度逐渐变小，同离子效应起主导作用；当 Na₂SO₄ 的浓度为 0.04mol/L 时，PbSO₄ 溶解度最小；当 Na₂SO₄ 的浓度大于 0.04mol/L 时，PbSO₄ 溶解度逐渐增大，盐效应起主导作用。加入含相同离子的强电解质时，有盐效应的同时也有同离子效应，而后者的影响比前者大，当没有特别指出要考虑盐效应的影响时，在计算中可以忽略它。

表 5-3　PbSO₄ 在 Na₂SO₄ 溶液中的溶解度

$c(Na_2SO_4)$（mol/L）	0	0.001	0.01	0.02	0.04	0.100	0.200
$s(PbSO_4)$（mmol/L）	0.15	0.024	0.016	0.014	0.013	0.016	0.023

这种因加入易溶强电解质而使难溶电解质溶解度增大的效应，叫作盐效应。产生盐效应的并不只限于加入盐类，如果加入的强电解质是强酸或强碱，在不发生其他化学反应的前提下，所加入的强酸或强碱同样能使溶液中各种离子总浓度增大，也能使难溶电解质的溶解度增大，这也叫作盐效应。

> **知识链接**
>
> **钡餐的制备**
>
> 由于 X 线不能透过钡原子，因此临床上可用钡盐作 X 光造影剂诊断肠胃道疾病。然而 Ba^{2+} 对人体有毒害，所以可溶性钡盐不能用作造影剂。在钡盐中能够作为诊断肠胃道疾病的 X 光造影剂就只有 BaSO₄，它既难溶于水，也难溶于酸。钡餐的制备是以 BaCl₂ 和 Na₂SO₄ 为原料，在适当的稀 BaCl₂ 热溶液中，缓慢加入 Na₂SO₄，当沉淀析出后，将沉淀和溶液放置一段时间，使沉淀的颗粒变大，过滤得纯净的硫酸钡晶体，然后加适当的分散剂及矫味剂制成干的混悬剂。使用时，临时加水调制成适当浓度的混悬剂口服或灌肠。

二、沉淀的溶解

在实际工作中，常常会遇到需要使难溶物质溶解的问题。根据溶度积规则，若能使 $Q < K_{sp}$ 则沉淀物发生溶解。通过生成弱电解质的方法、氧化还原的方法以及生成配合物的方法可以使有关离子浓度变小，从而达到使 $Q < K_{sp}$ 的目的。

1. 生成弱电解质（如水、弱酸、弱碱等）使沉淀溶解

（1）生成弱酸或弱碱　例如，Mg(OH)₂ 溶解在氯化铵溶液中。

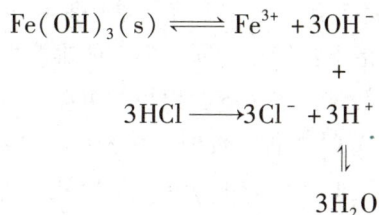

NH_4^+ 与 OH^- 结合生成弱电解质 $NH_3 \cdot H_2O$，OH^- 浓度降低，使 $Q < K_{sp}$，引起沉淀溶解。

（2）生成水　例如，$Fe(OH)_3$ 可溶于 HCl。

$$Fe(OH)_3(s) \rightleftharpoons Fe^{3+} + 3OH^-$$
$$+$$
$$3HCl \longrightarrow 3Cl^- + 3H^+$$
$$\Updownarrow$$
$$3H_2O$$

加入 HCl 后生成 H_2O，$c(OH^-)$ 降低，使 $Q < K_{sp}$，沉淀溶解。只要加入足量的 HCl，$Fe(OH)_3$ 就会全部溶解。

2. 通过氧化还原反应使某些沉淀溶解　如 CuS、PbS 等不溶于盐酸的沉淀，可以通过加入硝酸这样的氧化剂，使某一离子发生氧化还原反应而降低其浓度，从而使沉淀溶解（表5-4）。例如，CuS（$K_{sp} = 6.3 \times 10^{-36}$）可溶于 HNO_3，反应如下。

$$3CuS(s) + 2NO_3^- + 8H^+ \rightarrow 3Cu^{2+} + 3S\downarrow + 2NO\uparrow + 4H_2O$$

即 S^{2-} 被 HNO_3 氧化为单质硫，使 S^{2-} 的浓度降低，导致 CuS 沉淀溶解。

表5-4　部分难溶金属硫化物在酸中的溶解性

金属硫化物	醋酸	稀盐酸	浓盐酸	硝酸	王水
MnS	溶				
ZnS、FeS	不溶	溶			
CdS	不溶	不溶	溶		
PbS	不溶	不溶	溶	溶	
CuS、Ag₂S	不溶	不溶	不溶	溶	
HgS	不溶	不溶	不溶	不溶	溶

3. 生成配合物使沉淀溶解　向沉淀体系中，加入适当配合剂，使溶液中的某些离子生成稳定的配合物，减小其浓度，从而使其溶解。例如氯化银沉淀可溶于氨水。

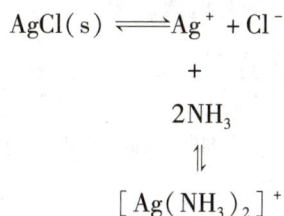

$$AgCl(s) \rightleftharpoons Ag^+ + Cl^-$$
$$+$$
$$2NH_3$$
$$\Updownarrow$$
$$[Ag(NH_3)_2]^+$$

由于 NH_3 与 Ag^+ 形成配位离子，降低了 Ag^+ 浓度，使氯化银沉淀溶解。

三、分步沉淀

如果一种溶液中同时含有 I^- 和 Cl^-，慢慢滴入 $AgNO_3$ 溶液，开始只有 AgI 沉淀析出；当加入的 $AgNO_3$ 到一定量时才有 AgCl 沉淀析出。这种在混合溶液中加入一种试剂，使不同离子按先后次序析出沉淀的现象叫分步沉淀。

AgI 沉淀先生成是因为 $K_{sp}(AgI)$ 小于 $K_{sp}(AgCl)$。例如：溶液中 I^- 和 Cl^- 的浓度为 0.010mol/L，则开始生成 AgI 和 AgCl 沉淀时所需 Ag^+ 的浓度分别为

$$c(Ag^+) = \frac{K_{sp}(AgI)}{c(I^-)} = \frac{8.52 \times 10^{-17}}{0.010} = 8.52 \times 10^{-15} \text{mol/L}$$

$$c(Ag^+) = \frac{K_{sp}(AgCl)}{c(Cl^-)} = \frac{1.77 \times 10^{-10}}{0.010} = 1.77 \times 10^{-8} \text{mol/L}$$

可知沉淀 I^- 所需要 Ag^+ 浓度要小的多，所以 AgI 先沉淀。继续滴加 $AgNO_3$，当 $c(Ag^+) = 1.77 \times 10^{-8}$mol/L 时，AgCl 沉淀才开始析出。总之，在溶液中某种沉淀对应的离子积先达到或超过其溶度积时，就先析出这种沉淀。必须指出：只有对同一类型的难溶电解质，且被沉淀离子浓度相同或相近的情况下，逐滴慢慢加入沉淀试剂时，才使溶度积小的沉淀先析出，溶度积大的沉淀后析出。

当系统中同时析出 AgI 和 AgCl 两种沉淀时，溶液中的 Ag^+ 浓度同时满足两个多相离子平衡，即

$$c(Ag^+) \cdot c(Cl^-) = K_{sp}(AgCl) = 1.77 \times 10^{-10}$$

$$c(Ag^+) \cdot c(I^-) = K_{sp}(AgI) = 8.52 \times 10^{-17}$$

两式相除，得

$$\frac{c(Cl^-)}{c(I^-)} = 2.0 \times 10^6$$

如果溶液中 $c(Cl^-) > 2.0 \times 10^6 c(I^-)$，向其中滴加 $AgNO_3$ 溶液时，则要先生成 AgCl 沉淀。因此适当改变被沉淀离子的浓度，可以使分步沉淀的顺序发生变化。在实际工作中，常利用分步沉淀原理控制条件，来分析或分离溶液中共存的离子。

例 5 – 6 银量法测定溶液中 Cl^- 的含量时，以 K_2CrO_4 为指示剂，在某被测溶液中 Cl^- 浓度约为 0.010mol/L，CrO_4^{2-} 浓度约为 5.0×10^{-3}mol/L，当用 0.010mol/L $AgNO_3$ 标准溶液进行测定时，哪种沉淀先析出？当第二种沉淀从溶液中析出时，第一种离子是否已沉淀完全？

已知：$K_{sp}(AgCl) = 1.77 \times 10^{-10}$；$K_{sp}(Ag_2CrO_4) = 1.12 \times 10^{-12}$

解析： 滴定过程中可能发生如下反应。

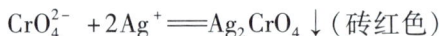

$$CrO_4^{2-} + 2Ag^+ \Longrightarrow Ag_2CrO_4 \downarrow （砖红色）$$

$$Cl^- + Ag^+ \Longrightarrow AgCl \downarrow （白色）$$

假设滴定终点时，溶液体积将增大一倍，Cl^- 和 CrO_4^{2-} 浓度减半，则 AgCl 开始沉淀时，需要 Ag^+ 的最低浓度为

$$c_1(Ag^+) = \frac{K_{sp}(AgCl)}{c(Cl^-)} = \frac{1.77 \times 10^{-10}}{0.005} = 3.5 \times 10^{-8} （mol/L）$$

生成 Ag_2CrO_4 沉淀时，需要 Ag^+ 的最低浓度为

$$c_2(Ag^+) = \sqrt{\frac{K_{sp}(Ag_2CrO_4)}{c(CrO_4^{2-})}} = \sqrt{\frac{1.12 \times 10^{-12}}{2.5 \times 10^{-3}}} = 2.1 \times 10^{-5} （mol/L）$$

$c_1(Ag^+) \ll c_2(Ag^+)$，混合溶液中加入 $AgNO_3$ 时，先达到 AgCl 的溶度积，故 AgCl 首先沉淀出来，Ag_2CrO_4 沉淀后析出。

当 Ag_2CrO_4 沉淀开始析出时，此时溶液中 $c(Ag^+)$ 为 2.1×10^{-5}mol/L，这时 Cl^- 的浓度为

$$c(Cl^-) = \frac{K_{sp}(AgCl)}{c(Ag^+)} = \frac{1.77 \times 10^{-10}}{2.1 \times 10^{-5}} = 8.4 \times 10^{-6} （mol/L）$$

$c(Cl^-) \leq 10^{-5}$mol/L，说明 Cl^- 已经沉淀完全。

答： AgCl 沉淀首先析出，当第二种沉淀从溶液中析出时，第一种离子已被沉淀完全。

铬酸钾指示剂法

利用生成难溶性银盐的沉淀滴定法称为银量法，铬酸钾指示剂法就是银量法中的一种。铬酸钾指示剂法是根据分步沉淀原理，在近中性或弱碱性溶液中用铬酸钾为指示剂，硝酸银为滴定液，以出现砖红色沉淀指示滴定终点来直接测定氯化物或溴化物的方法。该方法是由莫尔（Mohr）于 1856 年提出的，故又称莫尔法。

四、沉淀的转化

在盛有白色 $BaCO_3$ 粉末的试管中滴加浅黄色 K_2CrO_4 溶液并搅拌，沉降后观察到溶液变为无色，沉淀变为浅黄色。白色 $BaCO_3$ 沉淀转化为淡黄色的 $BaCrO_4$ 沉淀。这种由一种沉淀转化为另一种沉淀的过程叫作沉淀的转化。

已知 $K_{sp}(BaCrO_4) = 1.17 \times 10^{-10}$；$K_{sp}(BaCO_3) = 2.58 \times 10^{-9}$

在 $BaCO_3$ 的饱和溶液中，加入 K_2CrO_4 溶液，由于 $K_{sp}(BaCrO_4)$ 小于 $K_{sp}(BaCO_3)$，CrO_4^{2-} 和 Ba^{2+} 生成 $BaCrO_4$ 沉淀，使溶液中 Ba^{2+} 浓度降低，这时对于 $BaCO_3$ 沉淀来说溶液是未饱和的，$BaCO_3$ 就逐渐溶解，只要加入的 K_2CrO_4 量足够，$BaCrO_4$ 就不断析出，直到 $BaCO_3$ 完全转化为 $BaCrO_4$ 为止。此过程可表示为

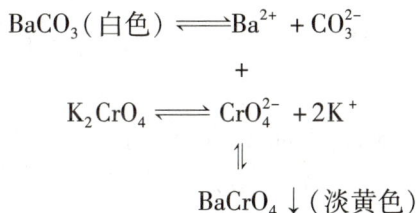

$$BaCO_3(白色) \rightleftharpoons Ba^{2+} + CO_3^{2-}$$
$$+$$
$$K_2CrO_4 \rightleftharpoons CrO_4^{2-} + 2K^+$$
$$\Updownarrow$$
$$BaCrO_4 \downarrow (淡黄色)$$

同种类型的难溶电解质，沉淀转化的方向是溶解度较大的难溶电解质容易转化为溶解度较小的难溶电解质，K_{sp} 相差越大，转化反应就越完全；反之，溶解度小的沉淀转化为溶解度较大的沉淀，往往比较困难，但在一定条件下也是能够实现的。

如果两种沉淀的 K_{sp} 值比较接近，相差倍数不大，由一种溶解度较小的沉淀物转化为溶解度较大的沉淀物，还是有可能的，也是有意义的。例如

$$K_{sp}(BaCrO_4) = c(Ba^{2+})c(CrO_4^{2-}) = 1.17 \times 10^{-10}$$
$$K_{sp}(BaCO_3) = c(Ba^{2+})c(CO_3^{2-}) = 2.58 \times 10^{-9}$$

两式相除得 $\qquad \dfrac{c(CrO_4^{2-})}{c(CO_3^{2-})} = 0.045$

这说明只要能保持 $c(CrO_4^{2-}) > 0.045c(CO_3^{2-})$，$BaCO_3$ 就会转变为 $BaCrO_4$；反过来，只有保持 $c(CO_3^{2-}) > c(CrO_4^{2-})$ 的 22 倍时，才能使 $BaCrO_4$ 转化为 $BaCO_3$。

总之，沉淀－溶解平衡和其他化学平衡一样，是一个动态平衡，平衡的存在是有条件的，只要改变条件，沉淀和溶解两个过程可以相互转化。

氟化物防治龋齿的化学原理

龋齿可能是由口腔细菌在糖代谢过程中释放出来的有机酸穿透牙釉质表面使牙齿的矿物质——羟（基）磷灰石 $[Ca_5(PO)_3OH]$ 溶解造成的。由于细菌在牙齿表面形成一层黏附膜——齿斑（或称菌

斑），这些有机酸能够长时间地跟牙齿表面密切接触，使羟（基）磷灰石溶解。

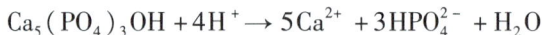

$$Ca_5(PO_4)_3OH + 4H^+ \rightarrow 5Ca^{2+} + 3HPO_4^{2-} + H_2O$$

水、食物和牙膏里的氟离子会跟羟（基）磷灰石发生沉淀的转化生成氟磷灰石。

$$Ca_5(PO_4)_3OH + F^- \rightarrow Ca_5(PO_4)_3F + OH^-$$

研究证实氟磷灰石比羟磷灰石更能抵抗酸的侵蚀，从而起到保护牙齿的作用，此外，氟离子还能抑制口腔细菌产酸。含氟牙膏已经使全世界千百万人减少龋齿，使人们的牙齿更健康。

目标检测

答案解析

一、选择题

（一）单项选择题

1. 根据溶度积规则，判断沉淀生成的必要条件是（　　）

    A. $Q > K_{sp}$ B. $Q < K_{sp}$

    C. 加入弱电解质   D. 加入与难溶电解质具有相同离子的盐

    E. 加入强电解质

2. Ag_2CrO_4 的溶度积 K_{sp} 表达式正确的是（　　）

    A. $K_{sp} = c(Ag^+)c(CrO_4^{2-})$ B. $K_{sp} = c(2Ag^+)c(CrO_4^{2-})$

    C. $K_{sp} = c(Ag^+)2c(CrO_4^{2-})$ D. $K_{sp} = c(2Ag^+)^2c(CrO_4^{2-})$

    E. $K_{sp} = c(Ag^+)c(2CrO_4^{2-})$

3. AB 型沉淀的溶解度为 $1.0 \times 10^{-8} mol/L$，其 K_{sp} 为（　　）

    A. 1.0×10^{-8} B. 1.0×10^{-16} C. 2.0×10^{-8}

    D. 2.0×10^{-16} E. 4.0×10^{-16}

4. A_2B 型沉淀的溶解度为 $1.0 \times 10^{-8} mol/L$，其 K_{sp} 为（　　）

    A. 1.0×10^{-8} B. 4.0×10^{-8} C. 4.0×10^{-24}

    D. 1.0×10^{-24} E. 2.0×10^{-20}

5. 在 AgBr 沉淀溶解平衡体系中，加入 $AgNO_3$ 溶液后，溶液中的沉淀（　　）

    A. 减少   B. 增加   C. 数量不变

    D. Cl^- 浓度增加   E. 无法确定

6. 相同温度下，在 AgCl 的饱和溶液中，当 $c(Ag^+)$ 分别为 $0.1mol/L$ 和 $0.01mol/L$ 的溶度积 K_{sp}（　　）

    A. 相同   B. 不同   C. Ag^+ 浓度大的 K_{sp} 大

    D. Ag^+ 浓度小的 K_{sp} 大   E. 无法确定

（二）多项选择题

7. 下列对沉淀溶解平衡的描述，不正确的是（　　）

    A. 反应开始时，溶液中各离子浓度相等

    B. 沉淀溶解达到平衡时，沉淀的速率和溶解的速率相等

    C. 沉淀溶解达到平衡时，溶液中溶质的离子浓度相等，且保持不变

    D. 沉淀溶解达到平衡时，如果再加入难溶性的该沉淀物，将促进溶解

    E. 在 AgCl 沉淀溶解平衡体系中，加入 $AgNO_3$ 溶液后，溶液中的沉淀增加

8. 下列说法正确的是 （ ）

    A. 同一类型的沉淀，溶度积常数大者，溶解度也大

    B. 由于 $AgCl$ 水溶液导电性很弱，所以它是弱电解质

    C. 难溶电解质溶度积常数为饱和溶液中各离子浓度幂的乘积

    D. 难溶电解质的溶度积常数与温度有关

    E. 两种难溶电解质，K_{sp} 小的那一种，它的溶解度一定小

9. 下列关于溶度积规则说法，正确的是 （ ）

    A. $Q > K_{sp}$，过饱和溶液，析出沉淀

    B. $Q = K_{sp}$，饱和溶液，动态平衡，既无沉淀析出，又无沉淀溶解

    C. $Q < K_{sp}$，不饱和溶液，无沉淀析出

    D. 运用此规则可以判断化学反应中沉淀生成或溶解的可能性

    E. K_{sp} 仅是 Q 的一个特例，而 Q 的数值不定，随溶液中离子浓度的改变而变化

10. 关于盐效应和同离子效应，下列说法不正确的是 （ ）

    A. 盐效应和同离子效应都使沉淀溶解度增大

    B. 盐效应和同离子效应都使沉淀溶解度减小

    C. 盐效应使沉淀溶解度增大，同离子效应使沉淀溶解度减小

    D. 盐效应使沉淀溶解度减小，同离子效应使沉淀溶解度增大

    E. 以上都不对

二、思考题

1. 将等体积的 $4 \times 10^{-3} mol/L$ $AgNO_3$ 和 $4 \times 10^{-3} mol/L$ K_2CrO_4 混合，能否析出 Ag_2CrO_4 沉淀？原因是什么？ $\left[已知 K_{sp}(Ag_2CrO_4) = 1.12 \times 10^{-12} \right]$

2. 锅炉水垢的主要成分为 $CaCO_3$、$CaSO_4$、$Mg(OH)_2$，在处理水垢时，通常先加入饱和 Na_2CO_3 溶液浸泡，然后再向处理后的水垢中加入 NH_4Cl 溶液，请思考：

    （1）加入饱和 Na_2CO_3 溶液后，水垢的成分发生了什么变化？说明理由。

    （2）加 NH_4Cl 溶液的作用是什么？请描述所发生的变化。

书网融合……

        重点小结   微课   习题

第六章 氧化还原反应和电极电势

学习目标

知识目标：通过本章的学习，掌握氧化数、氧化还原半反应、氧化还原反应的配平；熟悉原电池的组成、原电池的符号、电极电势及影响因素；了解电极电势的应用。

能力目标：具备运用电极电势的大小比较氧化性和还原性的相对强弱；运用氧化数法和离子 – 电子半反应法配平氧化还原反应方程式的能力。

素质目标：通过本章的学习，培养逻辑思维能力和分析问题的能力，树立严谨求实的态度和科学的探索精神。

情境导入

情境：新能源汽车替代燃油车是保护环境的重要措施之一。动力电池是新能源汽车的关键部分，电池的能量密度和衰减周期是制约新能源汽车发展的瓶颈。我国动力电池的研究已经走在了全球前列，形成了涵盖基础材料、电芯单体、电池系统、制造装备的完整产业链。我国研发的三元锂电池、磷酸铁锂电池的系统能量密度均处于国际领先水平。

思考：1. 动力电池的工作原理是什么？
2. 请举例说明电池还有哪些用途？

氧化还原反应是非常重要且很常见的一类化学反应。在生物学中，植物的光合作用、呼吸作用是典型的氧化还原反应。人和动物的呼吸，把葡萄糖氧化为二氧化碳和水。通过呼吸把贮藏在食物分子内的能量，转变为存在于三磷酸腺苷（ATP）中高能磷酸键的化学能，这种化学能再为人和动物进行机械运动、维持体温、合成代谢、细胞的主动运输等提供所需要的能量。另外，生产生活中的化学电池、金属冶炼、火箭发射以及许多药物的生产、分析与检测也离不开氧化还原反应，如众多氧化类消毒液（二氧化氯、双氧水、臭氧等）的杀菌原理、维生素 C 的含量测定等。

第一节 氧化还原反应的基本概念

PPT

人们对氧化还原的认识经历了一个过程。最初把一种物质同氧化合的反应称为氧化；把含氧的物质失去氧的反应称为还原。在中学化学里学过，氧化还原反应的基本特征是反应前后元素的"化合价"发生改变。这种"化合价"是带正负号的，可称为"正负化合价"。但在许多氧化还原反应中，化合价很难确定，为了更方便地描述和研究氧化还原反应，国际纯粹与应用化学联合会（IUPAC）于 1970 年提出了氧化数的概念，并于 1990 年进行了重新修订。

一、氧化数

在氧化还原反应中，电子转移引起某些原子的价电子层结构发生变化，从而改变了这些原子的带电状态。为了描述原子带电状态的改变，表明元素被氧化的程度，提出了氧化数的概念。氧化数是某元素一个原子的形式电荷数，这种电荷数是假定把每一个化学键的电子指定给电负性更大的原子而求得的。例如，在 H_2O 中，由于 O 的电负性大于 H，所以把 H 和 O 形成化学键的共用电子对指定给 O，O 带有两个负电荷，H 带有一个正电荷，因此，O 的氧化数是 -2，H 的氧化数是 $+1$。对于某些结构复杂而电子结构式又不确定的化合物，这种方法本身存在很大困难，为简便起见，人们总结出确定氧化数的具体规则如下。

（1）在单质中，元素的氧化数为零，如 H_2、C（石墨）、S_8 等物质中 H、C、S 的氧化数都为零。

（2）单原子离子中，元素的氧化数等于离子所带的电荷数，如 Na^+、Mg^{2+}、Cl^- 中 Na、Mg、Cl 的氧化数分别为 $+1$、$+2$、-1。

（3）在大多数化合物中，氢的氧化数一般为 $+1$。但在 NaH 和 CaH_2 等离子型氢化物中氧化数为 -1。

（4）在化合物中，氧的氧化数一般为 -2。但在 OF_2 和 O_2F_2 中其氧化数为 $+2$ 和 $+1$；在 H_2O_2 和 Na_2O_2 等过氧化物中其氧化数为 -1；在超氧化物 KO_2 中其氧化数为 $-1/2$。

（5）在化合物中，氟的氧化数皆为 -1；碱金属和碱土金属的氧化数皆为 $+1$ 和 $+2$。

（6）在化合物分子中各元素氧化数的代数和等于零，在多原子离子中各元素氧化数的代数和等于离子所带电荷数。

由此可见，化合价和氧化数这两个概念是有区别的，在离子化合物中两者在数值上可能相同，但在共价化合物中往往相差较大。氧化数是人为规定的，可以是正数、负数，还允许是分数，但却不是任意给出的，需要遵循以上规则。

例 6-1　计算 $Na_2S_2O_3$ 中 S 的氧化数；Fe_3O_4 中 Fe 的氧化数。

解析：（1）已知 Na 的氧化数是 $+1$，O 的氧化数为 -2，设 S 的氧化数为 x，则

$$2 \times (+1) + 2x + 3 \times (-2) = 0$$
$$x = +2$$

$Na_2S_2O_3$ 中 S 的氧化数为 $+2$。

（2）设 Fe 的氧化数为 x，则

$$3x + 4 \times (-2) = 0$$
$$x = +8/3$$

Fe_3O_4 中 Fe 的氧化数为 $+8/3$。

二、氧化还原反应特征

在化学反应过程中，某一元素的氧化数在反应前后发生变化的一类反应叫作氧化还原反应。其中，氧化数升高的变化叫作氧化，氧化数降低的变化叫作还原。在氧化还原反应中，氧化和还原是同时发生的，且元素氧化数升高的总数等于氧化数降低的总数。

例如，在 $2KClO_3 =\!=\!= 2KCl + 3O_2$ 的反应中，氯元素的氧化数从 $+5$ 降低到 -1，这个过程称为还原，或称氧化数为 $+5$ 的氯被还原了；氧原子的氧化数由 -2 升高到 0，这个过程称为氧化，或称氧化数为 -2 的氧被氧化了。这个反应是一个氧化还原反应。假如氧化数的升高和降低都发生在同一个化合物中，这种氧化还原反应就叫作自氧化还原反应。

三、氧化剂和还原剂

在氧化还原反应中，若一种反应物的组成元素的氧化数升高，则必有另一种反应物的组成元素的氧化数降低。氧化数升高的反应物叫作还原剂，它对应发生氧化反应，得到的产物是氧化产物；氧化

数降低的反应物叫作氧化剂，它对应发生还原反应，得到的产物是还原产物。在锌和盐酸的反应中，Zn 是还原剂，发生了氧化反应，生成了 Zn^{2+}；H^+ 是氧化剂，发生了还原反应，生成了 H_2。

某物质中同一元素一部分氧化数升高，另一部分氧化数降低的反应称为歧化反应。歧化反应是自身氧化还原反应的一种特殊类型。例如

$$\overset{\text{氧化数升高}}{H_2O + \overset{0}{Cl_2} = \overset{+1}{HClO} + \overset{-1}{HCl}}$$
氧化数降低

四、氧化还原半反应和氧化还原电对

在氧化还原反应中，分别表示氧化和还原过程的方程式，统称为氧化还原反应的半反应。例如，$Cu^{2+} + Zn = Zn^{2+} + Cu$ 的离子反应方程式可拆成两个半反应。

$$\text{氧化反应} \quad Zn - 2e^- \rightleftharpoons Zn^{2+}$$
$$\text{还原反应} \quad Cu^{2+} + 2e^- \rightleftharpoons Cu$$

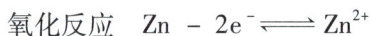

半反应中，氧化数较高的物质叫作氧化型物质（如 Zn^{2+}、Cu^{2+}）；氧化数较低的物质叫作还原型物质（如 Zn、Cu）。半反应中的氧化型和还原型是相互依存、相互转化的，这种关系被称为共轭关系，通常用"氧化型/还原型"这样的氧化还原电对形式来表示。每个氧化还原半反应中都含有一个氧化还原电对。如半反应 $Cu^{2+} + 2e^- \rightleftharpoons Cu$ 所含电对是 Cu^{2+}/Cu，半反应 $Zn - 2e^- \rightleftharpoons Zn^{2+}$ 所含电对是 Zn^{2+}/Zn，因此一般半反应可用下列通式表示。

$$\text{氧化型} + ne^- \rightleftharpoons \text{还原型}$$

氧化还原反应是两个（或两个以上）氧化还原电对共同作用的结果，例如

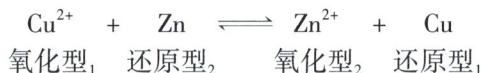

$$Cu^{2+} + Zn \rightleftharpoons Zn^{2+} + Cu$$
氧化型$_1$　还原型$_2$　　氧化型$_2$　还原型$_1$

氧化还原电对在反应过程中，如果氧化型物质降低氧化数的趋势越强，它的氧化能力越强，则其共轭还原剂升高氧化数的趋势就越弱，还原能力越弱。同理，还原型物质的还原能力越强，则其共轭氧化剂的氧化能力越弱。在氧化还原反应过程中，反应一般按较强的氧化型物质和较强的还原型物质相互作用的方向进行，生成较弱的氧化型物质和较弱的还原型物质。

当溶液中的介质（如 H_2O、H^+ 或 OH^- 等）也参与半反应时，尽管它们在反应中未得失电子，为了体现反应中原子的种类和数目不变，这些介质也应写入半反应中。例如

$$MnO_4^- + 8H^+ + 5e^- \rightleftharpoons Mn^{2+} + 4H_2O$$

式中，MnO_4^- 和 H^+ 统称为氧化型物质，Mn^{2+} 和 H_2O 统称为还原型物质。

第二节　氧化还原反应方程式的配平

PPT

氧化还原方程式的配平虽然只是调整方程式左右参与反应分子的系数，从而使反应前后物料平衡。但是如果方法不正确，即使已经配平但也不合理。配平氧化还原反应的方法很多。这里介绍两种方法：氧化数法和离子–电子半反应法。

一、氧化数法

氧化数法配平的基本原则是反应中氧化剂元素氧化数降低值等于还原剂元素氧化数升高值，或反

应前后得失电子的总数相等。

用此法配平氧化还原反应方程式的具体步骤如下。

（1）写出基本反应式，如氯酸与磷作用生成氯化氢和磷酸。

$$HClO_3 + P_4 \longrightarrow HCl + H_3PO_4$$

（2）找出氧化剂中元素氧化数降低的数值和还原剂中元素氧化数升高的数值。

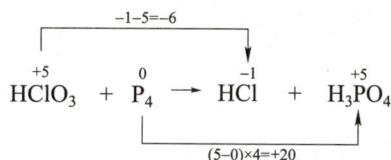

$$\overset{+5}{H}ClO_3 + \overset{0}{P_4} \longrightarrow \overset{-1}{H}Cl + \overset{+5}{H_3}PO_4$$

（上标示意：$-1-5=-6$；$(5-0)\times4=+20$）

由上式可见，氯元素的氧化数由 $+5$ 变为 -1，降低的值为 6，因此它是氧化剂。磷元素的氧化数由 0 变为 $+5$，升高的值为 5，因此它是还原剂。

（3）按照最小公倍数的原则对各氧化数的变化值乘以相应的系数 10 和 3，使氧化数降低值和升高值相等，都是 60。

（4）将找出的系数分别乘在氧化剂和还原剂的分子式前面，并使方程式两边的氯原子和磷原子的数目相等。

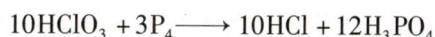

$$10HClO_3 + 3P_4 \longrightarrow 10HCl + 12H_3PO_4$$

（5）检查反应方程式两边的氢原子数目，找出参加反应的水分子数。上面方程式右边的氢原子比左边多，证明有水分子参加了反应，添加缺少的 H_2O 使两边的氢原子数相等。

$$10HClO_3 + 3P_4 + 18H_2O = 10HCl + 12H_3PO_4$$

（6）如果反应方程式两边的氧原子数相等，即证明反应方程式已配平。

例 6-2　配平下列离子反应式。

$$MnO_4^- + Cl^- + H^+ \longrightarrow Mn^{2+} + Cl_2 + H_2O$$

解析：先使两边的氯原子相等并注明氧化数

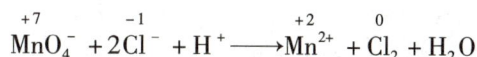

$$\overset{+7}{Mn}O_4^- + 2\overset{-1}{Cl}^- + H^+ \longrightarrow \overset{+2}{Mn}{}^{2+} + \overset{0}{Cl_2} + H_2O$$

锰的氧化数由 $+7$ 变到 $+2$，氯的氧化数由 -1 变到 0。

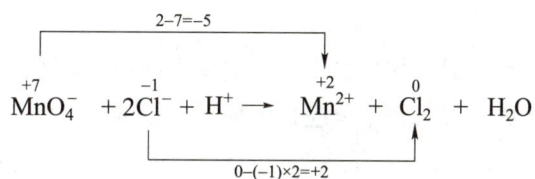

$$\overset{+7}{Mn}O_4^- + 2\overset{-1}{Cl}^- + H^+ \longrightarrow \overset{+2}{Mn}{}^{2+} + \overset{0}{Cl_2} + H_2O$$

（上标示意：$2-7=-5$；$0-(-1)\times2=+2$）

按照最小公倍数的原则对各氧化数的变化值乘以相应的系数 2 和 5，使氧化数降低值和升高值相等，都是 10。

$$2MnO_4^- + 10Cl^- + H^+ \longrightarrow 2Mn^{2+} + 5Cl_2 + H_2O$$

要完成离子反应式的配平，必须使方程式两边的离子电荷相等。右边的电荷是 $+4$，左边的负电荷是 -12，H^+ 如乘以系数 16，则两边的电荷相等，即都是 $+4$。$16H^+$ 可以生成 8 个 H_2O 分子。写出配平的方程式。

$$2MnO_4^- + 10Cl^- + 16H^+ = 2Mn^{2+} + 5Cl_2 + 8H_2O$$

检查两边氧原子的数目都是 8 个，证明反应式已配平。

二、离子-电子半反应法

当遇到有些化合物中，元素的氧化数难于确定时，用氧化数配平反应式存在一定的困难。此时，用离子-电子半反应法配平比较方便，离子-电子半反应法遵循下列配平原则。

一是电荷守恒：反应中氧化剂所得到的电子数必须等于还原剂所失去的电子数。

二是质量守恒：根据质量守恒定律，方程式两边各种元素的原子总数必须各自相等，各物种电荷数的代数和必须相等。

配平的具体步骤如下。

（1）以离子式写出主要的反应物及其氧化还原产物。

（2）分别写出氧化剂被还原和还原剂被氧化的半反应。

（3）分别配平两个半反应方程式，使式子等号两边的电荷数及各元素原子总数各自相等。

（4）确定两个半反应方程式得失电子数目的最小公倍数。将两个半反应方程式中的各项分别乘以相应的系数，使其得失电子数目相同。然后，将二者合并，就得到了配平的氧化还原反应离子方程式。有时根据需要，可将其改写为分子方程式。

例 6-3　配平 Fe^{2+} 与 Cl_2 的反应。

解析：（1）先将反应物的氧化还原产物，以离子形式写出，例如

$$Fe^{2+} + Cl_2 \longrightarrow Fe^{3+} + Cl^-$$

（2）任何一个氧化-还原反应都是由两个半反应组成，因此可以将这个方程式分成两个未配平的半反应式，一个代表氧化，另一个代表还原。

$$Fe^{2+} \longrightarrow Fe^{3+}（氧化）$$
$$Cl_2 \longrightarrow Cl^-（还原）$$

（3）调整计量数并加一定数目的电子使半反应两端的原子数和电荷数相等。

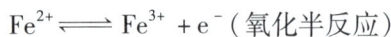

$$Fe^{2+} \Longrightarrow Fe^{3+} + e^-（氧化半反应）$$
$$Cl_2 + 2e^- \Longrightarrow 2Cl^-（还原半反应）$$

（4）根据氧化剂获得的电子数和还原剂失去的电子数必须相等的原则，将两个半反应式加合为一个配平的离子反应式。

$$2Fe^{2+} + Cl_2 \Longrightarrow 2Fe^{3+} + 2Cl^-$$

在用离子-电子半反应法配平时，如果在半反应中反应物和产物中的氧原子数不同，可以依照反应是在酸性或碱性介质中进行的情况，在半反应式中加 H^+ 或 OH^-，并利用水的解离平衡使两侧的氧原子数和电荷数均相等。

第三节　电极电势和电池电动势

PPT

一、原电池

根据氧化还原反应的原理，可以将化学能转化成电能，实现这一过程的装置叫原电池。普通的干电池、燃料电池、锂离子电池等都属于原电池。

如图 6-1 所示的铜-锌原电池，是利用氧化还原反应 $Zn + CuSO_4 \Longrightarrow ZnSO_4 + Cu$ 设计的原电池装置。在这个反应中，金属 Zn 把电子传递给 Cu^{2+}，Zn 与 Cu^{2+} 之间发生了电子转移。在溶液中，这种电子的转移是非定向的。假如能让这种元素间转移的电子定向运动，就能够产生电流，从而把化学能转

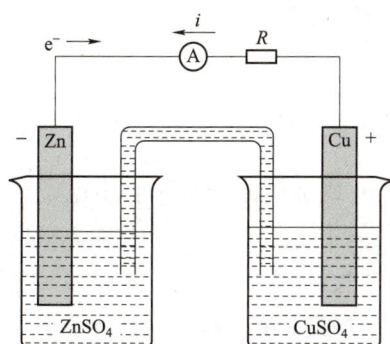

图 6-1　铜锌原电池示意图

变成电能。

如图 6-1 所示的铜锌原电池装置中，在盛有 $ZnSO_4$ 溶液的烧杯中插入 Zn 片，在盛有 $CuSO_4$ 溶液的烧杯中插入 Cu 片，两个烧杯之间用一个倒置的 U 型管（称为盐桥，其中装满含饱和 KCl 溶液的琼脂凝胶）相连，将 Zn 片和 Cu 片用导线连接，中间串联一个检流计。电路接通后，可以看到检流计的指针发生了偏转，这表明有电流通过。在这个原电池中，金属 Zn 和 $ZnSO_4$ 溶液组成一个电极，称为锌电极；金属 Cu 和 $CuSO_4$ 溶液组成另一个电极，称为铜电极。这个电池称为铜-锌原电池。由指针偏转方向可知，电流从 Cu 电极流向 Zn 电极，即在铜-锌原电池中 Cu 电极为正极，Zn 电极为负极。可见，负极发生的是氧化反应，正极发生的是还原反应，将两个电极反应合并，即为电池反应。

负极（Zn 极，还原剂 Zn 失去电子，氧化反应）　　　$Zn - 2e^- \longrightarrow Zn^{2+}$

正极（Cu 极，氧化剂 Cu^{2+} 得到电子，还原反应）　　$Cu^{2+} + 2e^- \longrightarrow Cu$

电池反应（氧化还原反应）　　$Zn + Cu^{2+} \Longleftrightarrow Zn^{2+} + Cu$

二、原电池的表示方法

为了应用方便，通常用电池符号来表示一个原电池的组成，书写原电池符号应遵循如下规定。

（1）一般把负极写在左边，正极写在右边。

（2）用"｜"表示物质的界面，将不同相的物质分开；同一相中的不同物质用逗号"，"隔开。用"‖"表示盐桥。

（3）标明物质状态，固态用"s"标出，溶液要标出浓度，气体要标出分压。当溶液的浓度是 1mol/L、气体的分压为 100kPa 时可不标注。

（4）某些电极反应（如 $Fe^{3+} + e^- \Longleftrightarrow Fe^{2+}$）没有导电材料，需要加入惰性电极，通常用铂、金或石墨等惰性材料作电极。惰性电极在电池符号中也要表示出来。

根据以上规则，上述"铜-锌原电池"可以表示为

$$(-)Zn(s) | ZnSO_4(1mol/L) \| CuSO_4(1mol/L) | Cu(s)(+)$$

例 6-4　将氧化还原反应 $Sn^{2+} + 2Fe^{3+} = Sn^{4+} + 2Fe^{2+}$ 设计成原电池，并写出该原电池的符号。

解析：先将氧化还原反应拆分成两个半反应

氧化反应　$Sn^{2+} - 2e^- \Longleftrightarrow Sn^{4+}$

还原反应　$Fe^{3+} + e^- \Longleftrightarrow Fe^{2+}$

在组成原电池时，发生氧化反应的电极为负极，故 Sn^{4+}/Sn^{2+} 电对作负极；发生还原反应的电极为正极，故 Fe^{3+}/Fe^{2+} 电对作正极，其原电池的符号为

$$(-)Pt | Sn^{2+}(c_1), Sn^{4+}(c_2) \| Fe^{3+}(c_3), Fe^{2+}(c_4) | Pt(+)$$

知识链接

靠电池内部自发进行的氧化、还原等化学反应可直接将化学能转变为电能，这种氧化还原反应分别在两个电极上进行。负极活性物质由电势较负并在电解质中稳定的还原剂组成，如锌、镉、铅等活泼金属和氢或碳氢化合物等。正极活性物质由电势较正并在电解质中稳定的氧化剂组成，如二氧化锰、二氧化铅、氧化镍等金属氧化物，氧或空气，卤素及其盐类，含氧酸及其盐类等。常见的电池有

燃料电池、干电池、镍基蓄电池、太阳能电池、核电池、纳米电池及锂电池等。

三、电极电势

金属单质是由金属键形成的晶体。在金属晶体内存在金属离子（或金属原子）和自由电子，金属离子（或金属原子）总是紧密地堆积在一起，自由电子在整个晶体中自由运动，金属离子和自由电子之间存在较强烈的金属键。在不同的金属晶体中，金属键的强弱也不相同。当把金属放在其盐溶液中时，在金属与其盐溶液的接触面上就会发生两个相反的过程。一方面金属表面的离子由于自身热运动及溶剂的吸引，会脱离金属表面，以溶剂化离子的形式进入溶液，而将电子留在金属表面；另一方面，溶液中的金属离子由于受金属表面自由电子的吸引，会得到电子，沉积在金属表面上。当金属在其盐溶液中放置一定时间后，这两个相反过程的变化速率会趋于相等，逐渐形成一个动态平衡。

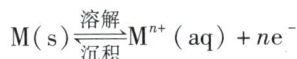

$$M(s)\underset{沉积}{\overset{溶解}{\rightleftharpoons}}M^{n+}(aq)+ne^-$$

如果金属溶解的趋势大于离子沉积的趋势，则达到平衡时，金属和其盐溶液的界面上会形成金属带负电荷，溶液带正电荷的双电层结构（图6-2a）。相反，如果离子沉积的趋势大于金属溶解的趋势，达到平衡时，金属和溶液的界面上会形成金属带正电荷，溶液带负电荷的双电层结构（图6-2b）。由于双电层的存在，则金属与其盐溶液之间就产生了电势差，这个电势差就叫作电极电势，用符合 φ 表示。不难理解，金属越活泼，其溶解趋势就越大，平衡时金属表面负电荷越多，φ 越小；金属越不活泼，其溶解趋势就越小，平衡时金属表面负电荷越少，φ 越大。在一定温度下，当电极以及

图6-2 双电层结构示意图

溶液中的各种电对物质处于平衡状态时，形成双电层的电势差就具有了确定值。因此，电极电势的大小除了与电极的本性有关外，还与温度、电对物质中各离子的浓度等因素有关。

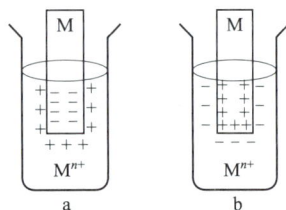

四、标准电极电势

电极电势的大小，反映构成该电极的电对得失电子倾向的大小。如能定量地测出电极电势值，就可以定量地比较氧化剂、还原剂的相对强弱。但是电极电势的绝对值尚无法测量。为此，可选定某一电极作为标准，以求得其他各电极的相对电极电势值。目前国际上通常选择标准氢电极（SHE）作为标准电极。

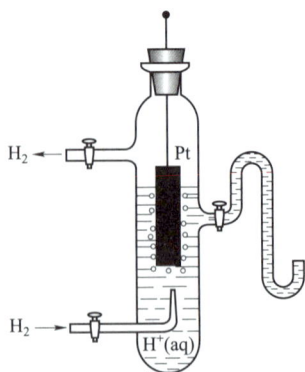

图6-3 标准氢电极

（一）标准氢电极

如图6-3所示，将镀有多孔铂黑的铂片插入 H^+ 浓度为1mol/L的溶液中，并在298K时不断通入压力为100kPa的纯氢气，使铂黑吸附氢气达饱和，这时溶液中的 H^+ 与铂黑所吸附的氢气建立了以下动态平衡。

$$2H^+ +2e^- \rightleftharpoons H_2$$

由于该氢电极处于标准状态，所以称为标准氢电极。电化学上规定标准氢电极的电极电势为零，即 $\varphi^{\ominus}(H^+/H_2)=0.0000V$。以此作为与其他电极电势进行比较的相对标准。

（二）标准电极电势的测定

当某一电极处于标准状态时，该电极的电极电势叫作标准电极电势，用符号 $\varphi^{\ominus}$ 来表示。电极的标准状态是指温度在 298K，溶液中各离子浓度均为 1mol/L，气体的分压为 100kPa，液体和固体为纯净状态。可见，标准电极电势的大小仅取决于电极的本性。实际中使用的电极电势的值是相对值，即以标准氢电极为参照，其他任何电极的电极电势通过与参比电极组成原电池来确定。

在原电池中，当无电流通过时，原电池的电动势（E）在数值上等于正极电极电势与负极电极电势之差，即 $E = \varphi_{(+)} - \varphi_{(-)}$。当两电极均处于标准状态时，原电池的电动势叫标准电动势（符号为 $E^{\ominus}$），$E^{\ominus} = \varphi^{\ominus}_{(+)} - \varphi^{\ominus}_{(-)}$。因此，当待测电极和标准氢电极组成原电池时，若标准氢电极作负极，则待测电极的标准电极电势等于该原电池的电动势；若标准氢电极作正极，则待测电极的标准电极电势等于该原电池电动势的负值。具体测定步骤如下：①将待测电极与标准氢电极组成原电池；②用电势差计测定原电池的电动势；③用检流计确定原电池的正负极。

例 6 – 5　测量 Cu^{2+}/Cu 电对的标准电极电势 $\varphi^{\ominus}$（Cu^{2+}/Cu）。将 Cu 电极做成标准 Cu 电极 $[c(Cu^{2+}) = 1mol/L]$，再将其与标准氢电极组成原电池，据检流计指针偏转方向可知标准氢电极为负极。

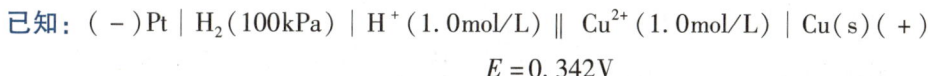

已知：（$-$）$Pt \mid H_2(100kPa) \mid H^+(1.0mol/L) \parallel Cu^{2+}(1.0mol/L) \mid Cu(s)$（$+$）

$$E = 0.342V$$

解析： $E = \varphi^{\ominus}(Cu^{2+}/Cu) - \varphi^{\ominus}(H^+/H_2) = 0.342V$

所以　　　　　　　　　　　$\varphi^{\ominus}(Cu^{2+}/Cu) = +0.342V$

即电对 Cu^{2+}/Cu 的标准电极电势 $\varphi^{\ominus}$（Cu^{2+}/Cu）为 +0.342V。

运用上述方法，理论上可测定出各种电极的标准电极电势，但有些电极与水剧烈反应，不能直接测定，这样的电极可通过热力学数据间接求得。一些电对的标准电极电势见附录。

使用标准电极电势表时要注意。

（1）标准电极电势是指在标准状态下的水溶液中测定出的电极电势，应在满足标准状态的条件下使用，非水溶液或高温下的固相反应等非标准状态不能使用。

（2）表中半反应用 $Ox + ne^- \rightleftharpoons Red$ 表示，此种电极电势又称为还原电势。电极电势是强度性质，与物质的量无关。如

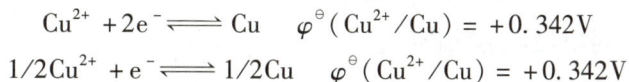

$$Cu^{2+} + 2e^- \rightleftharpoons Cu \qquad \varphi^{\ominus}(Cu^{2+}/Cu) = +0.342V$$
$$1/2Cu^{2+} + e^- \rightleftharpoons 1/2Cu \qquad \varphi^{\ominus}(Cu^{2+}/Cu) = +0.342V$$

五、影响电极电势的因素

标准电极电势是在标准状态下测定的，通常参考温度为 298K。如果温度、溶液中相关物质浓度、压力和介质等条件发生改变，则电对的电极电势也会随之发生改变。

对于电极半反应 a 氧化型 $+ ne^- \rightleftharpoons b$ 还原型，非标准状态下的 φ 可通过以下能斯特方程进行计算。

$$\varphi = \varphi^{\ominus} + \frac{RT}{nF}\ln\frac{[氧化型]^a}{[还原型]^b} \qquad\qquad (6-1)$$

式中，φ 为非标准状态下的电极电势；$\varphi^{\ominus}$ 为该电极标准状态下的电极电势；R 为摩尔气体常数，8.314J/（mol·K）；T 为热力学温度，K；n 为电极反应中转移的电子数；F 为法拉第常数，96 485C/mol；$[氧化型]^a$ 表示电极反应中氧化型一方各物质浓度幂的乘积，$[还原型]^b$ 表示电极反应中还原型一方各物质浓度幂的乘积，其中各物质浓度的幂指数等于电极反应式中相应各物质的化学计量系数。

当 $T = 298K$ 时，将 R、F 的数值代入能斯特方程，并将自然对数换算成常用对数后得

$$\varphi = \varphi^{\ominus} + \frac{0.0592}{n} \lg \frac{[氧化型]^a}{[还原型]^b} \qquad (6-2)$$

下面利用能斯特方程讨论溶液中相关物质的浓度对电极电势的影响。

式（6-2）表明，当温度一定时，若增大氧化型物质的浓度（或减小还原型物质的浓度），则电极电势数值将增大；反之亦然。应用能斯特方程时需注意以下两点。

（1）计算前，首先配平电极反应式。

（2）组成电极的物质中若有纯固体、纯液体（包括水）则不必代入方程中；若为气体则用分压代入公式时，应除以标准压力 100kPa。

（一）H⁺浓度对电极电势的影响

当 H^+ 或 OH^- 参与电极反应时，由能斯特方程可以看出，改变介质的酸度，电极电势必然随之改变，因此电对的氧化还原能力也将发生改变。

例 6-6 已知 $MnO_4^- + 8H^+ + 5e^- \rightleftharpoons Mn^{2+} + 4H_2O$，$\varphi^{\ominus}(MnO_4^-/Mn^{2+}) = +1.507V$，若其他物质均处于标准状态时，计算 25℃，pH = 2 和 pH = 6 时的 $\varphi(MnO_4^-/Mn^{2+})$。

解析： 根据式（6-2）得

$$\varphi(MnO_4^-/Mn^{2+}) = \varphi^{\ominus}(MnO_4^-/Mn^{2+}) + \frac{0.0592}{5} \lg \frac{c(MnO_4^-)c^8(H^+)}{c(Mn^{2+})}$$

因 MnO_4^- 和 Mn^{2+} 均处于标准状态，所以 $c(MnO_4^-) = c(Mn^{2+}) = 1mol/L$

当 pH = 2 时，$c(H^+) = 0.01mol/L$ 时

$$\varphi(MnO_4^-/Mn^{2+}) = 1.507 - \frac{0.0592 \times 8 \times 2}{5} = 1.507 - 0.189 = +1.318(V)$$

当 pH = 6 时，$c(H^+) = 1 \times 10^{-6}mol/L$ 时

$$\varphi(MnO_4^-/Mn^{2+}) = 1.507 - \frac{0.0592 \times 8 \times 6}{5} = 1.507 - 0.568 = +0.939(V)$$

计算结果表明，溶液 pH 越大，电极电势越小，MnO_4^- 的氧化能力越弱。反之，溶液 pH 越小，电极电势越大，MnO_4^- 的氧化能力越强。一般说来，氧化剂的氧化能力在酸性介质中比在碱性介质中强；而还原剂的还原能力在碱性介质中要比在酸性介质中强。

（二）其他物质浓度对电极电势的影响

对指定的电极来说，氧化型物质的浓度越大，则电极电势值越大，电对中氧化型物质的氧化性越强；相反，还原型物质的浓度越大，则电极电势越小，电对中还原型物质的还原性越强。由于氧化型和还原型物质的浓度或分压常因这些物质发生反应生成弱电解质、沉淀或配合物而改变，电极电势也因此而改变。

例 6-7 在 298K，标准状态下，$\varphi^{\ominus}(Fe^{3+}/Fe^{2+}) = 0.771V$。如果使 Fe^{3+} 的浓度降低为 $1 \times 10^{-5}mol/L$，而 Fe^{2+} 的浓度不变，问电极电势 $\varphi(Fe^{3+}/Fe^{2+})$ 将如何变化？

解析： 已知 $c(Fe^{2+}) = 1.0mol/L$，$c(Fe^{3+}) = 1 \times 10^{-5}mol/L$

电极反应 $Fe^{3+} + e^- \rightleftharpoons Fe^{2+}$ 　　$\varphi^{\ominus}(Fe^{3+}/Fe^{2+}) = 0.771V$

$$\varphi(Fe^{3+}/Fe^{2+}) = \varphi^{\ominus}(Fe^{3+}/Fe^{2+}) - \frac{0.0592}{n} \lg \frac{c(Fe^{2+})}{c(Fe^{3+})}$$

$$= 0.771 - 0.0592 \lg \frac{1.0}{1 \times 10^{-5}}$$

$$= 0.771 - 0.296$$

$$= 0.475 \ (V)$$

计算表明，Fe^{3+} 的浓度降低使电极电势减小。事实上，从能斯特（Nernst）方程不难看出，如果电对还原型物质浓度增大、氧化型物质浓度减小，电极电势就降低；如果电对还原型浓度减小、氧化型浓度增大，电极电势就升高。

六、电极电势的应用 📱微课

（一）比较氧化剂和还原剂的相对强弱

电极电势的大小可以定量比较不同电对中氧化型物质得电子能力和还原型物质失电子能力的相对强弱，也就是物质氧化还原性的相对强弱。如果电极电势值小，则表明该电对中还原型物质容易失去电子，还原能力越强，氧化型物质氧化能力越弱；如果电极电势值大，则表明该电对中氧化型物质容易得到电子，氧化能力越强，还原型物质还原能力越弱。

例 6 - 8　在下列电对中找出最强的氧化剂和最强的还原剂，并列出标准状态下，各氧化型物质的氧化能力和还原型物质的还原能力的强弱顺序。

已知电对：$\qquad MnO_4^- / Mn^{2+}, Cu^{2+}/Cu, Fe^{3+}/Fe^{2+}, Cl_2/Cl^-$

解析：查书末附录，得各电对的标准电极电势如下。

$$\varphi^{\ominus}(MnO_4^-/Mn^{2+}) = +1.507V; \quad \varphi^{\ominus}(Cu^{2+}/Cu) = +0.342V;$$

$$\varphi^{\ominus}(Fe^{3+}/Fe^{2+}) = +0.771V; \quad \varphi^{\ominus}(Cl_2/Cl^-) = +1.36V$$

电对 MnO_4^-/Mn^{2+} 的 $\varphi^{\ominus}$ 值最大，所以在标准状态下，其氧化型 MnO_4^- 是最强的氧化剂；电对 Cu^{2+}/Cu 的 $\varphi^{\ominus}$ 值最小，所以在标准状态下，其还原型 Cu 是最强的还原剂。

在标准状态下，各物质氧化能力由强到弱的顺序为

$$MnO_4^- > Cl_2 > Fe^{3+} > Cu^{2+}$$

在标准状态下，各物质还原能力由强到弱的顺序为

$$Cu > Fe^{2+} > Cl^- > Mn^{2+}$$

（二）判断氧化还原反应进行的方向

一个可以自发正向进行的氧化还原反应，其氧化剂具有较强的氧化性，电极电势较高；而还原剂具有较强的还原性，电极电势较低。所以，将该反应组成原电池时，必然是由电极电势较高的氧化剂所对应的电对作电池的正极；而由电极电势较低的还原剂所对应的电对作电池的负极。其电池电动势必然大于 0，即 $E = \varphi_+ - \varphi_- > 0$。

理论上，任何一个氧化还原反应都可以设计成原电池，并且可以计算其电池电动势 E。根据电动势 E，就可以判断该氧化还原反应的方向。由热力学定律可知：

如果 $E > 0$，则氧化还原反应正向进行；

如果 $E < 0$，则氧化还原反应逆向进行；

如果 $E = 0$，则氧化还原反应处于平衡状态。

用电动势 E 判断某一氧化还原反应的方向时，首先假定该反应可以正向进行，然后令较强氧化剂所对应的电对作电池的正极、较强还原剂所对应的电对作电池的负极，计算出电池电动势 E。最后，根据电动势 E 判断该氧化还原反应的方向。

例 6 - 9　判断在 298K 时，下列反应是否可以正向进行。

$$Sn(s) + Pb^{2+}(0.01mol/L) \Longrightarrow Sn^{2+}(1.0mol/L) + Pb(s)$$

已知：$\varphi^{\ominus}(Sn^{2+}/Sn) = -0.14V, \varphi^{\ominus}(Pb^{2+}/Pb) = -0.13V$

解析：假设该反应可以正向进行。在反应式中，Pb^{2+} 是氧化剂，作正极；Sn 是还原剂，作负极。

所以，正极电极电势：$\varphi_+ = \varphi(Pb^{2+}/Pb) = \varphi^{\ominus}(Pb^{2+}/Pb) - \dfrac{0.0592}{n}lg\dfrac{1}{c(Pb^{2+})}$

$$= -0.13 - \dfrac{0.0592}{2}lg\dfrac{1}{0.01} = -0.19 \ (V)$$

负极仍为标准态，其电极电势：$\varphi_- = \varphi^{\ominus}(Sn^{2+}/Sn) = -0.14 \ (V)$

$$E = \varphi_+ - \varphi_- = -0.19 - (-0.14) = -0.05 < 0$$

故该氧化还原反应不能正向进行，反应逆向可以自发进行。

若原电池的标准电动势 $E^{\ominus}$ 较大（$E^{\ominus} \geqslant 0.3V$），可以直接用 $E^{\ominus}$ 来判断非标准态下氧化还原反应的方向。

（三）判断氧化还原反应进行的限度

氧化还原反应进行的程度可以用反应的平衡常数来判断，而平衡常数可从有关电对的标准电极电势求得。

根据化学热力学与电化学的相关公式，可得

$$lgK^{\ominus} = \dfrac{n(\varphi_+^{\ominus} - \varphi_-^{\ominus})}{0.0592} \tag{6-3}$$

式中，n 是配平的氧化还原反应方程式中转移的电子数，是两个电极反应中转移电子数的最小公倍数。氧化还原反应的平衡常数与电子转移数有关，即与反应方程式的写法有关。

$E^{\ominus}$ 愈大，反应进行愈完全。对于不同的氧化还原反应，其电池的标准电动势在 $0.2 \sim 0.4V$，表明该反应较彻底地完成。计算表明，对于 $n=2$ 的反应，$E^{\ominus} > 0.2V$ 时，或者当 $n=1$，$E^{\ominus} > 0.4V$ 时，均使得 $K^{\ominus} > 10^6$，此时平衡常数较大，认为反应进行得相当完全。

例 6-10 求 298K 下，$2Ag^+ + Cu \rightleftharpoons 2Ag + Cu^{2+}$ 反应的平衡常数 $K^{\ominus}$。

解析：先将该氧化还原反应设计成原电池。

$$(-) \ Cu(s) | Cu^{2+} \| Ag^+ | Ag(s) \ (+)$$

从标准电极电势表中查出两个电对的 $\varphi^{\ominus}$ 值

正极反应：$Ag^+ + e^- \rightleftharpoons Ag \qquad \varphi^{\ominus}(Ag^+/Ag) = +0.7996V$

负极反应：$Cu - 2e^- \rightleftharpoons Cu^{2+} \qquad \varphi^{\ominus}(Cu^{2+}/Cu) = +0.342V$

配平的氧化还原反应方程式中得失电子数 $n=2$，代入式（6-3）得

$$lgK^{\ominus} = \dfrac{nE^{\ominus}}{0.0592} = \dfrac{2 \times (0.7996 - 0.342)}{0.0592} = 15.5$$

$$K^{\ominus} = 3.21 \times 10^{15}$$

知识链接

生物传感器

生物传感器是一类重要的化学传感器。一些研究成果已在生物技术、食品工业、临床检测、医药工业、生物医学、环境分析等领域获得实际应用。它是指由生物材料作为敏感元件，电极（固体电极、离子选择性电极、气敏电极等）作为转换元件，以电势或电流为特征检测信号的传感器，被测物质和传感器中的底物接触产生一定的响应信号，通过换能器将其放大显示，或送入计算机进行分析处理。由于使用生物材料作为传感器的敏感元件，所以电化学生物传感器具有高度选择性，是快速、直接获取复杂体系组成信息的理想分析工具。

根据敏感元件所用生物材料的不同，生物电化学传感器分为酶电极传感器、微生物电极传感器、电化学免疫传感器、组织电极与细胞器电极传感器、电化学 DNA 传感器等。例如，电化学 DNA 传感器用途是检测基因及一些能与 DNA 发生特殊相互作用的物质。工作原理是利用固定在电极表面的某一特定序列的 ssDNA 与溶液中的同源序列的特异识别作用（分子杂交）形成双链 DNA（dsDNA）（电极表面性质改变），并借助杂交指示剂的电流响应信号的改变来达到检测基因的目的。

目标检测

答案解析

一、选择题

（一）单项选择题

1. 在 $Cr_2O_7^{2-}$ 中 Cr 的氧化数是（　）

    A. +3　　　　　　　　　　B. +4　　　　　　　　　　C. +5

    D. +6　　　　　　　　　　E. +7

2. 下列有关电极电势的描述，不正确的是（　）

    A. 增大氧化态物质的浓度，电极电势增大，氧化态物质的氧化能力增强

    B. 减小氧化态物质的浓度，电极电势减小，还原态物质的还原能力增强

    C. 减小还原态物质的浓度，电极电势增大，但氧化态物质的氧化能力不变

    D. 增大还原态物质的浓度，电极电势减小，还原态物质的还原能力增强

    E. 同时改变氧化态物质和还原态物质的浓度，电极电势可能增大也可能减小

3. 标准状态下，下列物质氧化能力最强的是（　）

    A. $Cr_2O_7^{2-}$ $[\varphi^{\ominus}(Cr_2O_7^{2-}/Cr^{3+}) = 1.23V]$

    B. MnO_4^{-} $[\varphi^{\ominus}(MnO_4^{-}/Mn^{2+}) = 1.50V]$

    C. Cl_2 $[\varphi^{\ominus}(Cl_2/Cl^{-}) = 1.36V]$

    D. Fe^{3+} $[\varphi^{\ominus}(Fe^{3+}/Fe^{2+}) = 0.77V]$

    E. F_2 $[\varphi^{\ominus}(F_2/F^{-}) = 2.86V]$

4. 已知 298K，$\varphi^{\ominus}(Ag^{+}/Ag) = +0.80V$，$\varphi^{\ominus}(Pb^{2+}/Pb) = -0.13V$，欲使反应：$2Ag^{+} + Pb \Longrightarrow Pb^{2+} + 2Ag$ 自发进行方向逆转，则必须（　）

    A. 在正极溶液中加入 Cl^{-}　　　B. 在负极溶液中加入 S^{2-}　　　C. 在正极溶液中加入 Br^{-}

    D. 在负极溶液中加入 Cl^{-}　　　E. 另行设法

5. pH 改变，电极电势也随之变化的电对是（　）

    A. Fe^{3+}/Fe^{2+}　　　　　　　B. I_2/I^{-}　　　　　　　　C. MnO_4^{-}/MnO_2

    D. Hg^{2+}/Hg　　　　　　　E. Co^{3+}/Co^{2+}

6. 电池反应 $1/2H_2 + 1/2Cl_2 \Longrightarrow HCl$ 和 $2HCl \Longrightarrow H_2 + Cl_2$ 的标准电动势分别为 $E_1^{\ominus}$ 和 $E_2^{\ominus}$，则 $E_1^{\ominus}$ 和 $E_2^{\ominus}$ 的关系是（　）

    A. $2E_1^{\ominus} = E_2^{\ominus}$　　　　　　　B. $E_1^{\ominus} = -E_2^{\ominus}$　　　　　　　C. $-2E_2^{\ominus} = E_1^{\ominus}$

    D. $E_1^{\ominus} = E_2^{\ominus}$　　　　　　　E. 以上都不对

（二）多项选择题

7. 下列情况电极电势会增大的是（　）

    A. 氧化态物质的浓度升高　　　B. 还原态物质的浓度减小　　　C. 反应物系数变大

    D. 温度升高　　　　　　　　　E. 氧化态物质的浓度不变

8. 下列过程中，没有发生氧化还原反应的是（ ）

    A. 钻木取火   B. 青铜器生锈   C. 燃放烟花爆竹

    D. 利用焰色反应检验 Na^+ E. 利用硫酸根检测 Ba^{2+}

9. 下列关于氧化还原反应，说法正确的是（ ）

    A. 肯定一种元素被氧化，另一种元素被还原

    B. 某元素的氧化数升高说明其被氧化

    C. 反应过程中不一定有氧化数的变化

    D. 反应过程中一定有电子转移或偏移

    E. 某元素的氧化数升高说明其被还原

10. 下列关于原电池的叙述，错误的是（ ）

    A. 原电池正极发生氧化反应   B. 原电池负极发生还原反应

    C. 电流从原电池正极流向负极   D. 电子从原电池负极流向正极

    E. 原电池内部不一定发生氧化还原反应

二、计算题

1. 将锌片浸入含有 0.01mol/L 或 4.0mol/L 浓度的 Zn^{2+} 溶液中，计算 298K 时锌电极的电极电势。[已知：$\varphi^{\ominus}(Zn^{2+}/Zn) = -0.762V$]

2. 有一原电池：$Zn(s)\mid Zn^{2+}(aq)\parallel MnO_4^-(aq),Mn^{2+}(aq)\mid Pt$，若 pH = 2.00，$c(MnO_4^-)$ = 0.12mol/L，$c(Zn^{2+})$ = 0.015mol/L，$c(Mn^{2+})$ = 0.0010mol/L，T = 298K。（1）计算两电极的电极电势；（2）计算该电池的电动势。[已知：$\varphi^{\ominus}(MnO_4^-/Mn^{2+})$ = +1.512V；$\varphi^{\ominus}(Zn^{2+}/Zn)$ = -0.762V]

书网融合……

重点小结   微课   习题

第七章 原子结构和元素周期系

知识目标：通过本章的学习，掌握核外电子运动状态描述的四个量子数，基态核外电子排布的原理和表示方法，元素周期表的结构，元素周期律的定义，元素性质（电负性）的周期性变化规律；熟悉电子云、原子轨道的概念，元素周期表的周期、族、区的知识；了解元素性质（电离能、电子亲和能）的周期性变化规律。

能力目标：具备根据原子核外电子的量子数，推算其电子亚层、轨道数目及容纳的电子数；根据原子序数写出基态原子的核外电子排布式，推断其在元素周期表中的位置及元素性质的能力。

素质目标：通过本章的学习，养成坚韧不拔、勇于创新的科学态度以及吃苦耐劳的工作风范。

原子是由带正电的原子核和核外带负电的电子组成的，而原子核又是由带正电的质子和不带电的中子（氢原子除外，氢原子没有中子）组成的。原子组成了自然界中各种各样性质不同的物质，物质在性质上的差异是因为其内部结构不同而造成的。研究原子的结构，掌握原子核外电子的运动状态，对于了解物质结构和性质具有非常重要的意义。

第一节　核外电子运动状态的描述

PPT

组成原子的电子质量和体积都非常小，运动速度极快（近光速），属于微观粒子的范畴。研究证明，电子具有能量的量子化、波粒二象性及海森堡测不准原理等不同于宏观物体的运动特征。电子的这些运动特征表明，电子不同于宏观物体，我们不能同时准确地测出它在某一时刻的运动速度和空间位置，也不能描画出它的运动轨迹；描述电子等微观粒子的运动规律不能应用经典的牛顿力学，而要采用描述微观粒子运动的量子力学。

一、电子云

具有波粒二象性的电子，虽然不能同时准确测出某一瞬间所处位置和运动速度，但可以用统计的方法来判断电子在核外空间某一区域出现的概率。因此，在原子核为原点的空间坐标系内，采用量子力学的方法，通过研究电子在核外空间运动的概率分布来描述核外电子的运动规律。

研究表明，电子在核外空间各区域出现的概率是不同的。在一定时间内，电子在某些区域出现的概率较大，而在另外区域出现的概率较小。下面以氢原子为例加以说明。

对于氢原子来说，其核外只有一个电子，假如我们可以用特殊相机摄取其在某一瞬间的空间位置，通过对不同瞬间拍摄的千百万张照片上电子的位置进行考察。若单独观察每张照片，可能无法找出什么规律，但若将所有照片叠加进行观察，则会发现明显的统计性规律。电子经常出现的区域是核外的一个球形空间（图 7 - 1a），图中小黑点表示电子出现的瞬间位置，可以看出离核越近，小黑点越密集；离核远些，小黑点较稀疏。这些小黑点犹如带负电荷的云雾，笼罩在原子核的周围，形象地称之为"电子云"。

电子云是电子在核外空间出现的概率密度（单位体积中出现的概率）分布的形象化表示法。小黑点比较密集的区域是电子出现概率密度较大的区域，即该区域内电子云的密度较大；小黑点稀疏的区域则是电子出现概率密度较小的区域，即该区域内电子云的密度较小。如氢原子的核外电子在离核 53pm 的球壳内出现的概率很大，球壳以外的地方，电子云密度极低。通常把电子出现概率很大而且密度相等的地方连结起来作为电子云的界面（界面以内电子出现的总概率已达 95%），界面所构成的图形，就是电子云的界面图（图7-1b）。常用电子云的界面图表示电子云的形状。

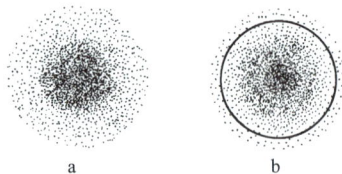

图7-1 基态氢原子的电子云及其界面图
a. 电子云；b. 界面图

二、原子轨道

根据微观粒子的波粒二象性概念，1926 年，薛定谔（E. Schrödinger）提出了一个描述微观粒子运动状态的量子力学波动方程，即薛定谔波动方程。

$$\frac{\partial^2 \Psi}{\partial x^2} + \frac{\partial^2 \Psi}{\partial y^2} + \frac{\partial^2 \Psi}{\partial z^2} + \frac{8\pi^2 m}{h^2}(E - V)\Psi = 0 \qquad (7-1)$$

式中，波函数 Ψ 为空间坐标 x、y、z 的函数；E 为体系的总能量；V 为体系的势能；m 为微粒的质量；h 为普朗克常数。

薛定谔方程是描述原子核外电子运动状态的基本方程。薛定谔的解 Ψ 为系列解，它的每一个合理的解 $\Psi_{n,l,m}$ 都代表体系中电子运动的某一稳定状态，与这个解对应的 E 值就是电子在此稳定状态下的能量，且每个解都要受到三个常数 n，l，m（n，l，m 称为量子数）的规定。因此在量子力学中用波函数和与其对应的能量来描述微观粒子的运动状态。原子中电子的波函数 Ψ 是量子力学中描述核外电子运动状态的数学函数，其空间图像可以形象地理解为电子运动的空间范围，故波函数 Ψ 也称为"原子轨道"。需要注意的是量子力学中的的原子轨道和经典力学（包括波尔理论）中的运动轨道在本质上是完全不同的，它只是代表原子中电子运动状态的一个函数，代表原子核外电子的一种空间运动状态。

三、四个量子数 📱微课

在前面我们已经知道，解薛定谔方程求其变量波函数时，涉及三个量子数 n，l，m，它们分别被称为主量子数、副量子数和磁量子数。一组允许的量子数 n，l，m 取值对应一个合理的波函数 $\Psi_{n,l,m}$。它们的取值决定着波函数所描述的电子能量、角动量以及电子离核的远近、原子轨道的形状和空间取向等。除了解薛定谔方程的过程中直接引入的这三个量子数外，还有一个描述电子自旋特征的量子数 m_s。这些量子数对所描述电子的能量，原子轨道或电子云的形状和空间伸展方向，以及多电子原子核外电子的排布是非常重要的。下面我们分别讨论这四个量子数。

（一）主量子数（n）

主量子数 n 是用来描述电子出现概率最大的区域离核远近的参数，是决定电子能量高低的主要因素。n 的取值为 1、2、3、4……正整数。根据电子出现概率最大的区域离核的远近把核外电子运动范围划分为不同的电子层，则每个 n 值对应一个电子层，相应地用光谱符号 K，L，M，N，…表示，二者对应关系如表7-1所示。n 值愈小，电子离核的平均距离愈近，能量愈低；n 值愈大，电子离核的平均距离愈远，能量愈高。需要注意的是，对于单电子原子（氢原子）来说，电子的能量只取决于 n；但对于多电子原子来说，电子的能量除取决于 n 外，还受副量子数 l 的影响。

表 7-1　主量子数 n 与电子层的对应关系

n 的取值	1	2	3	4	5	6	7	…
电子层符号	K	L	M	N	O	P	Q	…

（二）副量子数（l）

副量子数 l，又称角量子数，是用来描述电子云（或原子轨道）形状的参数，是决定电子能量的次要因素。研究发现，在同一电子层上的电子，其能量还有微小差别，电子云的形状也不尽相同。根据此差别，又将电子层分成一个或若干个亚层，由此引入副量子数 l 来描述电子云的形状与能量。

l 的取值受 n 的限制，只能取 0 到（$n-1$）的 n 个整数，即 0，1，2，3，4，…，（$n-1$），可用光谱符号 s，p，d，f，…来表示，如表 7-2 所示。l 的每一个取值就代表着一种电子云的形状或一个电子亚层。

表 7-2　副量子数 l 与电子亚层

l 的取值	0	1	2	3	4	5	…
电子亚层符号	s	p	d	f	g	h	…

不同的电子层有不同的电子亚层，一个电子层中所含有电子亚层的数目等于其电子层数 n。电子亚层通常是用电子层序数 n 写在亚层符号前面来表示的。

如当 $n=1$ 时，$l=0$，即第一电子层有一个亚层——1s 亚层；

当 $n=2$ 时，$l=0$ 和 1，即第二电子层有两个亚层——2s 亚层和 2p 亚层；

当 $n=3$ 时，$l=0$、1 和 2，即第二电子层有三个亚层——3s 亚层、3p 亚层和 3d 亚层；

……

同一电子层中，副量子数 l 取值越大，电子亚层（或原子轨道）能量也越高，即亚层的能量按 s，p，d，f 的顺序递增。核外电子具有的能量可通过公式 $E = n + 0.7l$ 近似计算。

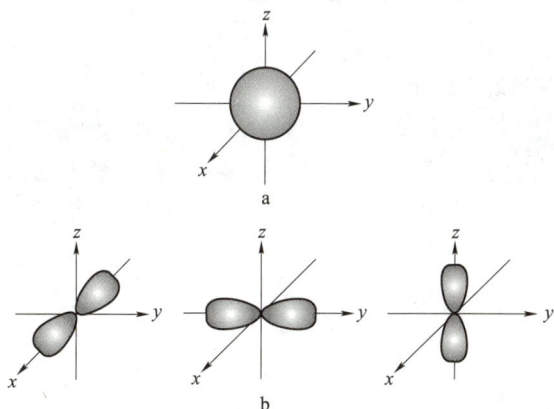

图 7-2　s、p 电子云及其空间伸展方向示意图

a. s 电子云；b. p 电子云（3 种不同伸展方向）

不同亚层的电子云（或原子轨道）形状也不同，如 s 亚层的电子云（或原子轨道）呈球形，p 电子云（或原子轨道）为哑铃形，d 电子云（或原子轨道）为花瓣形，f 电子云形状较为复杂。s、p 电子云形状如图 7-2 所示。

（三）磁量子数（m）

磁量子数 m 是用来描述电子云（或原子轨道）在空间伸展方向的参数，它与电子的能量无关。m 的取值受限于副量子数 l，其取值范围是从 $-l$，…，0，…，$+l$ 的所有整数。m 的每一个取值代表电子云的 1 个伸展方向，即代表 1 个原子轨道，即当 l 一定，每个电子亚层的电子云伸展方向（或原子轨道）总数为 $2l+1$ 个。

如 $n=2$，$l=1$ 时，$m=0$、±1，2p 电子云在空间有 3 个伸展方向，即有 $2p_x$、$2p_y$ 和 $2p_z$ 3 个原子轨道。

$n=3$，$l=2$ 时，$m=0$、±1、±2，3d 电子云在空间有 5 个伸展方向，即有 5 个原子轨道。

$n = 4$，$l = 3$ 时，$m = 0$、± 1、± 2、± 3，4f电子云在空间有7个伸展方向，即有7个原子轨道。

s、p电子云在空间的伸展方向，如图7-2所示。

n 与 l 相同而 m 不同的各原子轨道，其能量和电子云（或原子轨道）形状是完全相同的，只是电子云（或原子轨道）在空间的伸展方向不同。通常把主量子数和副量子数相同（即能量相等）的原子轨道称为等价轨道（或简并轨道）。如同一亚层的3个p轨道、5个d轨道、7个f轨道均分别属于等价轨道。

（四）自旋量子数（m_s）

自旋量子数 m_s 是用来描述电子自旋状态的参数。原子中的电子除围绕着原子核运动外，还做自旋（即围绕着本身的轴转动）。m_s 的取值为 $+\dfrac{1}{2}$ 和 $-\dfrac{1}{2}$，代表顺时针和逆时针两种自旋方向，一般用向上的箭头"↑"和向下的箭头"↓"表示。

研究证明，自旋方向相同的两个电子互相排斥，不能共存于同一个原子轨道中，而自旋方向相反的两个电子相互吸引，能共存于同一原子轨道中。因 m_s 只有两个取值，所以每个原子轨道中最多只能容纳2个自旋方向相反的电子。不同电子亚层中的原子轨道数及最多容纳的电子数如表7-3所示。

表7-3　电子亚层的轨道数与最多容纳电子数

电子亚层	s	p	d	f	…
轨道数	1	3	5	7	…
最多容纳电子数	2	6	10	14	…

综上所述，原子中每个电子在原子核外的运动状态可以用 n、l、m、m_s 四个量子数来描述。例如，基态钠原子最外层的3s^{1}电子，其四个量子数为 $n = 3$，$l = 0$，$m = 0$，$m_s = +1/2$ 或 $-1/2$，表明该电子处于第三电子层的s亚层，其电子云形状为球形，自旋方向为顺时针或逆时针。

根据四个量子数可以推算出各电子层有多少个电子亚层，每个亚层有多少个原子轨道以及每个电子层最多能够容纳多少个电子。n、l、m、m_s 四个量子数与电子运动状态之间的关系如表7-4所示。

表7-4　量子数与核外电子运动状态间的关系

主量子数（n）	电子层符号	副量子数（l）	亚层符号	磁量子数（m）	亚层轨道数（$2l+1$）	各电子层轨道数（n^2）	可容纳的电子数（$2n^2$）
1	K	0	1s	0	1	1	2
2	L	0	2s	0	1	4	8
		1	2p	0, ± 1	3		
3	M	0	3s	0	1	9	18
		1	3p	0, ± 1	3		
		2	3d	0, ± 1, ± 2	5		
4	N	0	4s	0	1	16	32
		1	4p	0, ± 1	3		
		2	4d	0, ± 1, ± 2	5		
		3	4f	0, ± 1, ± 2, ± 3	7		

四、多电子原子轨道的能级

（一）原子轨道近似能级图

原子轨道能级是指原子轨道的不同能量状态，通常用主量子数加上电子亚层符号来表示，如 3s、3p、3d 分别代表不同的能级。原子中各原子轨道的能量高低主要根据光谱实验确定。鲍林（L. Pauling，美国）根据大量光谱实验结果，总结绘制出多电子原子中各原子轨道近似能级图——鲍林近似能级图（图 7-3），以表示各原子轨道间能量的相对高低顺序。

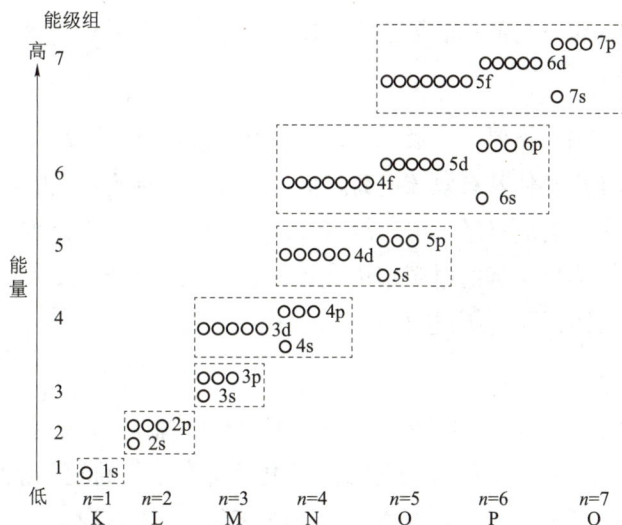

图 7-3 原子轨道近似能级图

注意：①鲍林近似能级图不可能完全反映每个元素原子轨道能级的相对高低，只有近似意义；②近似能级图只能反映同一原子中外电子层中各原子轨道能级之间能量的相对高低，不能用其来比较不同元素原子轨道能级的相对高低；③原子轨道的能量，除与主量子数、副量子数有关外，还与原子序数（核电荷数）有关。

> **知识链接**
>
> ### （$n + 0.7l$）规则
>
> 我国著名化学家徐光宪根据光谱数据，对基态多电子原子轨道的能级高低提出一种定量的近似规则，即对于原子的外层电子来说，原子轨道的（$n + 0.7l$）值越大，能级越高。如，3d 轨道（$n + 0.7l$）为 4.4，而 4s 轨道为 4，所以 $E_{3d} > E_{4s}$。他把（$n + 0.7l$）值的第一位数字相同的能级并为一个能级组，称为第几能级组，如 3d 能级和 4s 能级的首位数字均为 4，它们都属于第四能级组。（$n + 0.7l$）规则能基本反映鲍林能级图。

在近似能级图中，每个小圆圈表示一个原子轨道，其能量按由低到高的顺序排列，可以看出其能量是不连续的，如台阶般逐级变化。图中虚线框代表能级组，把能量相近的能级划成一组，称为能级组。从多电子原子中的原子轨道的近似能级图中，可以发现如下特点。

（1）按 1，2，3，4，……能级组的顺序，能量逐次增加。除第 1 能级组外，其他能级组都是从 s 能级开始，至 p 能级结束。

（2）副量子数 l 相同的能级，其能量高低由主量子数 n 决定，n 越大能量越高。如 $E_{2p} < E_{3p} < E_{4p} < E_{5p} \cdots\cdots$；$E_{3d} < E_{4d} < E_{5d} \cdots\cdots$。

（3）主量子数 n 相同，副量子数 l 不同的能级，其能量随 l 的增大而升高，即 $E_{ns} < E_{np} < E_{nd} < E_{nf} < \cdots\cdots$。如 $E_{3s} < E_{3p} < E_{3d}$；$E_{4s} < E_{4p} < E_{4d} < E_{4f}$。

（4）主量子数 n 与副量子数 l 都不同的能级，在近似能级图中，可以看出能量的高低顺序是比较复杂的。如 $E_{4s} < E_{3d} < E_{4p}$；$E_{5s} < E_{4d} < E_{5p}$；$E_{6s} < E_{4f} < E_{5d} < E_{6p}$。

这种主量子数较大的某些能级的能量比主量子数较小的某些能级的能量低的现象，称为"能级交错"。

多电子原子轨道能级的相对高低、能级交错现象可以用"屏蔽效应"和"钻穿效应"解释。

（二）屏蔽效应

在多电子原子中，电子除了被原子核吸引外，还被其他内层电子排斥，这种排斥相当于抵消了部分核电荷对该电子的吸引作用，使其有效核电荷降低，这种效应称为屏蔽效应。屏蔽效应削弱了原子核对核外电子的吸引，使电子的能量增大。一般来说，同一原子中，离核越近的电子层内的电子被屏蔽程度越小，能量越低；而离核越远的电子层内的电子被屏蔽程度越大，能量越高，故有 $E_K < E_L < E_M < E_N < \cdots\cdots$。注意：外层电子对内层电子没有屏蔽作用。

（三）钻穿效应

多电子原子中的电子是相互屏蔽的，但在原子核附近出现概率较大的电子，可更多地避免被屏蔽，受到原子核较强的吸引而更靠近核，由此降低了电子所在原子轨道的能量，如 $E_{4s} < E_{3d}$。通常，我们把外层电子钻入原子内层空间而更靠近原子核的现象称为钻穿效应。

当主量子数相同时，副量子数愈小的电子，钻穿效应愈明显，能级也愈低，即

钻穿能力大小：$ns > np > nd > nf$

轨道能级高低：$E_{ns} < E_{np} < E_{nd} < E_{nf} < \cdots\cdots$

五、基态原子中核外电子排布的原理

原子中的电子是按一定规则排布在各原子轨道上的。根据原子光谱实验和量子力学理论，总结出核外电子排布的三个原则：Pauli 不相容原理、能量最低原理和洪特规则。

（一）Pauli 不相容原理

Pauli 不相容原理指出：在同一个原子中没有四个量子数完全相同的电子，即在同一个原子中没有运动状态完全相同的电子。

若两个电子的 n、l、m 三个量子数均相同，那么它们肯定处于同一原子轨道中，其自旋量子数 m_s 只有不同，自旋方向相反才可能共处于一个原子轨道。如钠元素的第一电子层中的 2 个电子，若其中 1 个电子的四个量子数分别为 $n = 1$，$l = 0$，$m = 0$，$m_s = +\dfrac{1}{2}$；则另 1 个电子的四个量子数必然是 $n = 1$，$l = 0$，$m = 0$，$m_s = -\dfrac{1}{2}$。

根据描述核外电子运动状态的四个量子数的相关知识以及 Pauli 不相容原理，可知每个原子轨道最多容纳 2 个自旋方向相反的电子。

（二）能量最低原理

多电子原子在基态时，在不违背 Pauli 不相容原理的前提下，核外

电子总是尽可能排布到能量最低的轨道，这就是能量最低原理。即通常电子先排布到能量低的轨道，当能量低的轨道排满后，再依次排布到能量高的轨道，以使原子处于能量最低的稳定状态。

根据鲍林原子轨道近似能级图和能量最低原理，可以得出电子在原子轨道中的排布顺序（图 7 - 4）。

（三）洪特规则

在同一亚层的等价轨道中，电子总是尽可能以自旋方向相同的方式，分占不同的轨道，这个原则称为洪特规则。经量子力学计算证实，电子按洪特规则排布可使原子能量最低，体系最稳定。

如 N 原子核外有 7 个电子，其中 4 个分别排布在 1s 轨道和 2s 轨道中，另外 3 个则排布在等价轨道中，按洪特规则其等价轨道的排布应该是：↑ ↑ ↑

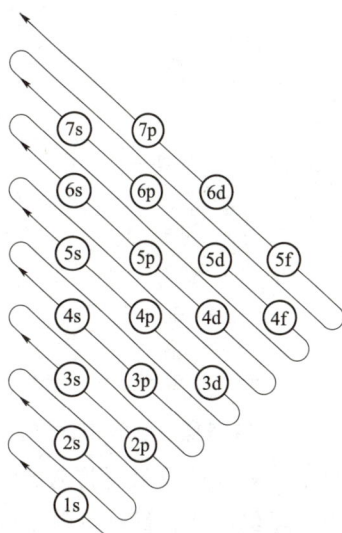

图 7 - 4　电子在原子轨道中的排布顺序

洪特规则的特例：当等价轨道处于全充满（p^6、d^{10}、f^{14}）、半充满（p^3、d^5、f^7）或全空（p^0、d^0、f^0）状态时，体系的能量较低，而稳定性较大。

如 29 号元素铜的 3d 轨道和 4s 轨道的电子排布为 $3d^{10}4s^1$，而不是 $3d^94s^2$，这种排布使 3d 轨道处于全充满状态，使体系处于稳定状态。

核外电子排布的三个原理，只是一般规律，适用于大多数元素的核外电子排布。随着元素原子序数的增大，核外电子数目的增多，会出现一些例外，如 $_{41}$Nb、$_{45}$Rh、$_{78}$Pt 等及部分镧系元素和锕系元素。对于某一具体元素的原子核外电子排布情况，要以光谱实验的结果为准。

六、原子核外电子排布的表示方法

电子在原子轨道中的排布方式称为电子层结构，简称电子构型。原子的电子构型通常可以用以下 3 种方式来表示。

1. 轨道表示式　用小圆圈代表原子轨道，在圆圈的上方或下方注明轨道能级，圆圈内用向上或向下的箭头表示轨道内所排布的电子，箭头方向是代表电子自旋方向。排布电子时，按照 Pauli 不相容原理、能量最低原理和洪特规则及其特例的规定，结合电子在原子轨道中的排布顺序，依次填入原子轨道即可。

说明：①书写轨道表示式时，标准写法要体现出原子轨道能级能量的高低，为书写方便，通常将不同能级写在同一水平线上。②同一亚层中的等价轨道并列画在一起。

例如：$_6$C 原子的轨道表示式为：⊕ ⊕ ↑↑○
　　　　　　　　　　　　　　 1s 2s 2p

$_{16}$S 原子的轨道表示式为：⊕ ⊕ ⊕⊕⊕ ⊕ ⊕↑↑
　　　　　　　　　　　　　 1s 2s 2p 3s 3p

2. 电子排布式　在亚层符号的右上角，用数字注明该亚层所排布的电子数目即可。

说明：①书写核外电子排布式，要把主量子数 n 相同的亚层写在一起，但在填充电子时，仍要按照相关原理及电子在原子轨道中的排布顺序来填充；②为了简化电子排布式的书写，可采用原子实表示，即把内层电子构型与稀有气体元素原子的电子构型相同的部分（原子实），用稀有气体符号加方括号来表示，剩余的电子（称为外围电子）依然排列在原子实的右侧，举例如表 7 - 5 所示。

表7-5 部分元素原子的电子排布式与原子实排布式

元素符号	电子排布式	原子实排布式
$_7$N	$1s^22s^22p^3$	[He] $2s^22p^3$
$_{11}$Na	$1s^22s^22p^63s^1$	[Ne] $3s^1$
$_{16}$S	$1s^22s^22p^63s^23p^4$	[Ne] $3s^23p^4$
$_{20}$Ca	$1s^22s^22p^63s^23p^64s^2$	[Ar] $4s^2$
$_{24}$Cr	$1s^22s^22p^63s^23p^63d^54s^1$	[Ar] $3d^54s^1$
$_{29}$Cu	$1s^22s^22p^63s^23p^63d^{10}4s^1$	[Ar] $3d^{10}4s^1$
$_{35}$Br	$1s^22s^22p^63s^23p^63d^{10}4s^24p^5$	[Ar] $3d^{10}4s^24p^5$

3. 基态原子的价电子层结构式 元素的原子参加化学反应时，能参与成键的电子称为价电子。价电子处在能量最高的电子层中，价电子所处的电子层称为价电子层，价电子层的电子排布式称为价电子层结构式，简称价电子层构型。

如钠原子、氧原子和溴原子的价电子层构型分别为$3s^1$、$2s^22p^4$和$4s^24p^5$。

在原子实排布式中，方括号外的外围电子是能量最高电子层中的电子，其对应的构型称为外围电子构型。

说明：①主族元素的外围电子构型与价电子层构型不一定相同，如碘的外围电子构型与价电子构型分别为$4d^{10}5s^25p^5$、$5s^25p^5$；而氯的外围电子构型与价电子构型均为$3s^23p^5$。②副族元素的外围电子构型与价电子层构型一致，但并不是所有的外围电子都是价电子，如Zn的外围电子构型为$3d^{10}4s^2$，外围电子共有12个，但Zn的价电子只有2个。

元素基态原子的电子层结构如表7-6所示。

表7-6 基态原子的电子层结构

周期	原子序数	元素名称/符号	电子层结构（原子实排布）	周期	原子序数	元素名称/符号	电子层结构（原子实排布）
1	1	氢/H	$1s^1$		19	钾/K	[Ar] $4s^1$
	2	氦/He	$1s^2$		20	钙/Ca	[Ar] $4s^2$
2	3	锂/Li	[He] $2s^1$		21	钪/Sc	[Ar] $3d^14s^2$
	4	铍/Be	[He] $2s^2$		22	钛/i	[Ar] $3d^24s^2$
	5	硼/B	[He] $2s^22p^1$		23	钒/V	[Ar] $3d^34s^2$
	6	碳/C	[He] $2s^22p^2$		24	铬/Cr	[Ar] $3d^54s^1$
	7	氮/N	[He] $2s^22p^3$		25	锰/Mn	[Ar] $3d^54s^2$
	8	氧/O	[He] $2s^22p^4$		26	铁/Fe	[Ar] $3d^64s^2$
	9	氟/F	[He] $2s^22p^5$		27	钴/Co	[Ar] $3d^74s^2$
	10	氖/Ne	[He] $2s^22p^6$	4	28	镍/Ni	[Ar] $3d^84s^2$
3	11	钠/Na	[Ne] $3s^1$		29	铜/Cu	[Ar] $3d^{10}4s^1$
	12	镁/Mg	[Ne] $3s^2$		30	锌/Zn	[Ar] $3d^{10}4s^2$
	13	铝/Al	[Ne] $3s^23p^1$		31	镓/Ga	[Ar] $3d^{10}4s^24p^1$
	14	硅/Si	[Ne] $3s^23p^2$		32	锗/Ge	[Ar] $3d^{10}4s^24p^2$
	15	磷/P	[Ne] $3s^23p^3$		33	砷/As	[Ar] $3d^{10}4s^24p^3$
	16	硫/S	[Ne] $3s^23p^4$		34	硒/Se	[Ar] $3d^{10}4s^24p^4$
	17	氯/Cl	[Ne] $3s^23p^5$		35	溴/Br	[Ar] $3d^{10}4s^24p^5$
	18	氩/Ar	[Ne] $3s^23p^6$		36	氪/Kr	[Ar] $3d^{10}4s^24p^6$

续表

周期	原子序数	元素名称/符号	电子层结构（原子实排布）	周期	原子序数	元素名称/符号	电子层结构（原子实排布）
5	37	铷/Rb	$[Kr]5s^1$	6	75	铼/Re	$[Xe]4f^{14}5d^56s^2$
	38	锶/Sr	$[Kr]5s^2$		76	锇/Os	$[Xe]4f^{14}5d^66s^2$
	39	钇/Y	$[Kr]4d^15s^2$		77	铱/Ir	$[Xe]4f^{14}5d^76s^2$
	40	锆/Zr	$[Kr]4d^25s^2$		78	铂/Pt	$[Xe]4f^{14}5d^96s^1$
	41	铌/Nb	$[Kr]4d^45s^1$		79	金/Au	$[Xe]4f^{14}5d^{10}6s^1$
	42	钼/Mo	$[Kr]4d^55s^1$		80	汞/Hg	$[Xe]4f^{14}5d^{10}6s^2$
	43	锝/Tc	$[Kr]4d^55s^2$		81	铊/Tl	$[Xe]4f^{14}5d^{10}6s^26p^1$
	44	钌/Ru	$[Kr]4d^75s^1$		82	铅/Pb	$[Xe]4f^{14}5d^{10}6s^26p^2$
	45	铑/Rh	$[Kr]4d^85s^1$		83	铋/Bi	$[Xe]4f^{14}5d^{10}6s^26p^3$
	46	钯/Pd	$[Kr]4d^{10}$		84	钋/Po	$[Xe]4f^{14}5d^{10}6s^26p^4$
	47	银/Ag	$[Kr]4d^{10}5s^1$		85	砹/At	$[Xe]4f^{14}5d^{10}6s^26p^5$
	48	镉/Cd	$[Kr]4d^{10}5s^2$		86	氡/Rn	$[Xe]4f^{14}5d^{10}6s^26p^6$
	49	铟/In	$[Kr]4d^{10}5s^25p^1$	7	87	钫/Fr	$[Rn]7s^1$
	50	锡/Sn	$[Kr]4d^{10}5s^25p^2$		88	镭/Ra	$[Rn]7s^2$
	51	锑/Sb	$[Kr]4d^{10}5s^25p^3$		89	锕/Ac	$[Rn]6d^17s^2$
	52	碲/Te	$[Kr]4d^{10}5s^25p^4$		90	钍/Th	$[Rn]6d^27s^2$
	53	碘/I	$[Kr]4d^{10}5s^25p^5$		91	镤/Pa	$[Rn]5f^26d^17s^2$
	54	氙/Xe	$[Kr]4d^{10}5s^25p^6$		92	铀/U	$[Rn]5f^36d^17s^2$
6	55	铯/Cs	$[Xe]6s^1$		93	镎/Np	$[Rn]5f^46d^17s^2$
	56	钡/Ba	$[Xe]6s^2$		94	钚/Pu	$[Rn]5f^67s^2$
	57	镧/La	$[Xe]5d^16s^2$		95	镅/Am	$[Rn]5f^77s^2$
	58	铈/Ce	$[Xe]4f^15d^16s^2$		96	锔/Cm	$[Rn]5f^76d^17s^2$
	59	镨/Pr	$[Xe]4f^36s^2$		97	锫/Bk	$[Rn]5f^97s^2$
	60	钕/Nd	$[Xe]4f^46s^2$		98	锎/Cf	$[Rn]5f^{10}7s^2$
	61	钷/Pm	$[Xe]4f^56s^2$		99	锿/Es	$[Rn]5f^{11}7s^2$
	62	钐/Sm	$[Xe]4f^66s^2$		100	镄/Fm	$[Rn]5f^{12}7s^2$
	63	铕/Eu	$[Xe]4f^76s^2$		101	钔/Md	$[Rn]5f^{13}7s^2$
	64	钆/Gd	$[Xe]4f^75d^16s^2$		102	锘/No	$[Rn]5f^{14}7s^2$
	65	铽/Tb	$[Xe]4f^96s^2$		103	铹/Lr	$[Rn]5f^{14}6d^17s^2$
	66	镝/Dy	$[Xe]4f^{10}6s^2$		104	𬬻/Rf	$[Rn]5f^{14}6d^27s^2$
	67	钬/Ho	$[Xe]4f^{11}6s^2$		105	𬭊/Db	$[Rn]5f^{14}6d^37s^2$
	68	铒/Er	$[Xe]4f^{12}6s^2$		106	𬭶/Sg	$[Rn]5f^{14}6d^47s^2$
	69	铥/Tm	$[Xe]4f^{13}6s^2$		107	𬭳/Bh	$[Rn]5f^{14}6d^57s^2$
	70	镱/Yb	$[Xe]4f^{14}6s^2$		108	𬭛/Hs	$[Rn]5f^{14}6d^67s^2$
	71	镥/Lu	$[Xe]4f^{14}5d^16s^2$		109	鿏/Mt	$[Rn]5f^{14}6d^77s^2$
	72	铪/Hf	$[Xe]4f^{14}5d^26s^2$		110	𫟼/Ds	$[Rn]5f^{14}6d^87s^2$
	73	钽/Ta	$[Xe]4f^{14}5d^36s^2$		111	𬬭/Rg	$[Rn]5f^{14}6d^97s^2$
	74	钨/W	$[Xe]4f^{14}5d^46s^2$		112	鎶/Cn	$[Rn]5f^{14}6d^{10}7s^2$

第二节　原子的电子层结构与元素周期系的关系

元素的性质随着元素原子序数（核电荷数）的递增呈周期性变化的规律，称为元素周期律。元素周期律是原子内部结构周期性变化的反映。

元素周期律的发现，使自然界所有的元素变为一个完整的体系，称为元素周期系。元素周期表就是元素周期系的表达形式。

目前通用的周期表是维尔纳长式周期表，分为主表和副表。

》》情境导入 》》

情境：2016 年 11 月 28 日，IUPAC 正式确认 113 号、115 号、117 号、118 号四个新发现元素的英文名称及符号分别为 nihonium（Nh）、moscovium（Mc）、tennessine（Ts）、oganesson（Og）。至此，经过科学家们 200 多年的探索研究，元素周期表的 7 个周期包含的 118 个元素，已全部填满。中国科学家对 113 号元素 Nh 的发现也作出了贡献，完善了 Nh 元素的衰变链。现在科学家已开始尝试探索 119 号和 120 号元素，元素周期表的第八周期即将被开启。2017 年 5 月 9 日，中国科学院、国家语言文字工作委员会、全国科技名词委员会联合发布四个新元素的中文命名分别为钦（ni）、镆（mo）、础（tian）、氪（ao）。联合国已正式将 2019 年定为国际元素周期表年。

思考：1. 元素周期表的周期与族是如何排布的？

2. 周期表中同周期与同主族元素的性质有什么变化规律？

3. 元素周期表对人类、社会发展的贡献有哪些？元素周期表有无尽头？

一、元素周期表的构成

根据元素原子电子构型的周期性，把电子层数相同的元素，按原子序数递增的顺序从左到右排成横行；再把不同横行中最外电子层的电子数相同的元素，按电子层数递增的顺序由上到下排成纵行，这样就得到了元素周期表。

（一）周期

周期是指具有相同的电子层数的元素按照原子序数递增的顺序排列的一个横行。

目前，元素周期表的主表中有 7 个横行，即有 7 个周期。其中第 6 周期的镧系元素和第 7 周期的锕系元素被分离出来，形成主表下方的副表。镧系元素是指 57 号元素镧至 71 号元素镥，共有 15 种元素；锕系元素是指 89 号元素锕至 103 号元素铹，共有 15 种元素

第 1 周期中有 2 种元素，被称为特短周期；第 2、3 周期中分别有 8 种元素，都被称为短周期；第 4、5 周期中分别有 18 种元素，第 6、7 周期中则分别有 32 种元素，被称为长周期。各周期内所含元素种数与相应能级组内轨道所能容纳的电子数是相等的，如第二周期的能级有 2s 和 2p，共有 4 个轨道，最多容纳 8 个电子，所以第二周期共有 8 种元素。

元素在周期表中的周期序数等于其基态原子含有电子的最高能级组的序号数，也等于该元素原子的最外层电子的主量子数。即

周期序数 = 最高能级组序数 = 最外层电子的主量子数 = 最外电子层数

如：$_{11}$Na 原子核外电子排布式为 $1s^2 2s^2 2p^6 3s^1$，其主量子数 $n = 3$，则钠原子位于第三周期。

能级组与周期的关系如表 7-7 所示。

表 7-7　能级组与周期的关系

周期序数	起止元素	对应的能级	能级组数/电子层数	元素种数	类别
一	$_1H \rightarrow _2He$	1s	1	2	特短周期
二	$_3Li \rightarrow _{10}Ne$	2s2p	2	8	短周期
三	$_{11}Na \rightarrow _{18}Ar$	3s3p	3	8	短周期
四	$_{19}K \rightarrow _{36}Kr$	4s3d4p	4	18	长周期
五	$_{37}Rb \rightarrow _{54}Xe$	5s4d5p	5	18	长周期
六	$_{55}Cs \rightarrow _{86}Rn$	6s4f5d6p	6	32	长周期
七	$_{87}Fr \rightarrow _{118}Og$	7s5f6d7p	7	32	长周期

(二) 族

元素周期表中共有 18 列，其中 8、9、10 三列合为一族称为第Ⅷ族，其余 15 列，每一列为一族。元素周期表共有 16 个族，包括 7 个主族，7 个副族，一个 0 族和一个第Ⅷ族。族的序数用Ⅰ、Ⅱ、Ⅲ、Ⅳ、Ⅴ、Ⅵ等罗马数字表示。

1. 主族　由短周期元素和长周期元素共同组成的族称为主族，共 7 个主族，用族序号加符号 "A" 表示，如ⅠA、ⅡA、……ⅦA。

同主族元素的价电子层构型和价电子数目均相同。主族元素的价电子全部排布在最外层的 ns 或 np 亚层，价电子层构型为 $ns^{1\sim2}$ 或 $ns^2np^{1\sim5}$。

主族元素的族数等于该元素原子的最外层电子数，或者等于该族元素的最高氧化数（氧、氟除外），即

$$主族序数 = 最外层电子数 = 最高氧化数$$

2. 0 族　由稀有气体元素构成的族，称为 0 族。0 族位于元素周期表的最右边，其价电子层构型为 ns^2np^6（氦为 $1s^2$），为全充满状态，结构稳定，很难发生化学反应。

3. 副族　完全由长周期元素组成的族称为副族。用族序号加符号 "B" 表示，如ⅠB、ⅡB、……ⅦB。

副族元素的族数与价电子层构型及价电子数关系如下：①ⅠB、ⅡB 族元素的 $(n-1)d$ 亚层已经填满，其族序数等于最外层 ns 亚层的电子数；②ⅢB~ⅦB 元素的 $(n-1)d$ 亚层电子未充满的元素，其族数等于 $(n-1)d$ 亚层与 ns 亚层电子数之和；③镧系和锕系均属于ⅢB 族。

4. 第Ⅷ族　铁、钴、镍所在的 8、9、10 三列合为一族，称为第Ⅷ族。第Ⅷ族元素的最后一个电子填在 $(n-1)d$ 亚层上。

(三) 区

根据元素原子价电子层构型的不同，可以将元素周期表分为 s 区、p 区、d 区、ds 区和 f 区，如图 7-5 所示。

1. s 区　该区元素的原子最后 1 个电子填充在 s 亚层，包括ⅠA 和ⅡA 族的元素。s 区元素的价电子层构型为 $ns^{1\sim2}$。该区元素为活泼的金属元素，易失去最外层电子。

2. p 区　该区元素的原子最后 1 个电子填充在 p 亚层，包括ⅢA~ⅦA 族和 0 族的元素。价电子层构型为 $ns^2np^{1\sim6}$（氦为 ns^2）。该区元素多为非金属元素。

3. d 区　该区元素的原子最后 1 个电子填充在 d 亚层，包括ⅢB~ⅦB 族和Ⅷ族的元素。价电子层构型为 $(n-1)d^{1\sim9}ns^{1\sim2}$，但 Pd 例外，为 $(n-1)d^{10}ns^0$。该区元素都是过渡元素，均为金属元素。

4. ds 区　包括ⅠB 和ⅡB 族的元素，其价电子层构型为 $(n-1)d^{10}ns^{1\sim2}$。该区元素都是过渡

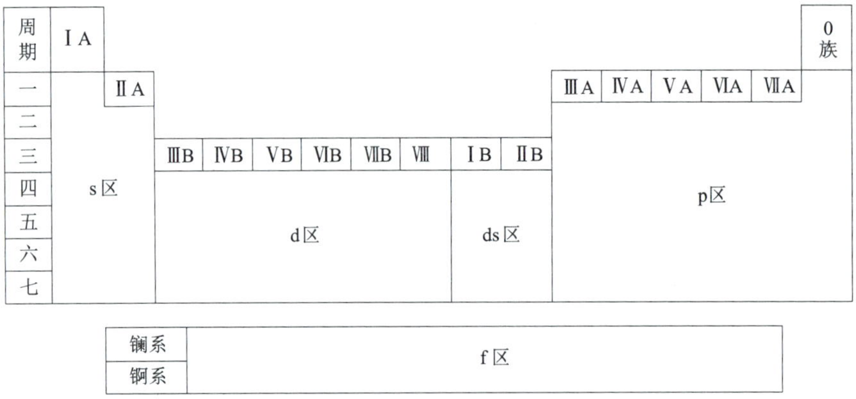

图 7 - 5 元素周期表分区示意图

元素。

5. f 区　包括镧系和锕系的元素，价电子层构型为 $(n-2)\,f^{0\to14}\,(n-1)\,d^{0\sim2}\,ns^2$，钍元素例外，其价电子层构型为 $(n-2)\,f^0\,(n-1)\,d^2ns^2$。f 区元素又称为内过渡元素，都是金属元素。

原子的电子层结构与元素周期系有着密切的关系。若已知元素的原子序数，便能写出该元素的核外电子排布式，判断出其所在的周期和族；反之，若已知元素所在的周期和族，也可获得其原子序数，写出其原子的核外电子排布式。

例如，30 号元素原子的电子排布式为 $1s^22s^22p^63s^23p^63d^{10}4s^2$，价电子层构型为 $3d^{10}4s^2$，符合 $(n-1)\,d^{10}ns^{1\sim2}$ 价电子层构型，属于 ds 区过渡元素；族序数等于最外层电子数 2；周期序数等于最外层主量子数 4。30 号元素是元素周期表中第四周期 ⅡB 族的锌元素，符号为 Zn。

二、元素性质的周期性变化

元素的性质取决于原子的内部结构，电子层结构是决定元素性质的最根本原因，原子的电子层结构的周期性导致元素性质（原子半径、电离能、电子亲和能、电负性等）也呈现周期性变化。

（一）原子半径

依据量子力学的观点，电子在核外运动无固定轨道，只是概率不同，故原子没有明确的界面，不存在经典意义上的半径。通常所说的原子半径指原子在分子或晶体中所表现的大小，是假定原子为球体，借助相邻原子的核间距来确定的。

1. 原子半径的分类　按测定方法不同，原子半径可分为金属半径、共价半径和范德华半径，如图 7 - 6 所示。

（1）共价半径　指同种元素的两原子以共价单键结合时，其核间距离的一半。

（2）金属半径　指金属单质的晶体中，两个相邻原子核间距离的一半。

（3）范德华半径　指分子晶体中，分子间以范德华力结合相邻两分子的两原子核间距离的一半。稀有气体元素的原子半径是范德华半径。

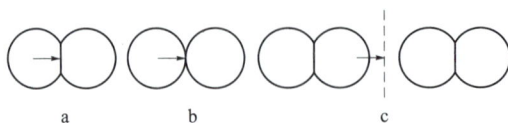

图 7 - 6 三种原子的半径示意图

a. 共价半径；b. 金属半径；c. 范德华半径

　　表 7 – 8 列出了各元素原子半径的数据，其中金属为金属半径，稀有气体为范德华半径，其余元素皆为共价半径。

表 7 – 8　元素的原子半径 r（单位：pm）

I A	II A	III B	IV B	V B	VI B	VII B		VIII		I B	II B	III A	IV A	V A	VI A	VII A	0
H 37																	He 122
Li 152	Be 111											B 88	C 77	N 70	O 66	F 64	Ne 160
Na 186	Mg 160											Al 143	Si 117	P 110	S 104	Cl 99	Ar 191
K 227	Ca 197	Sc 161	Ti 145	V 132	Cr 125	Mn 124	Fe 124	Co 125	Ni 125	Cu 128	Zn 133	Ga 122	Ge 122	As 121	SE 117	Br 114	Kr 198
Rb 248	Sr 215	Y 181	Zr 160	Nb 143	Mo 136	Tc 136	Ru 133	Rh 135	Pd 138	Ag 144	Cd 149	In 163	Sn 141	Sb 141	TE 137	I 133	Xe 217
Cs 265	Ba 217	Lu 173	Hf 159	Ta 143	W 137	Re 137	Os 134	Ir 136	Pt 136	Au 144	Hg 160	Tl 170	Pb 175	Bi 155	Po 153	At	Rn

2. 原子半径在周期表中的变化规律　随着原子序数的递增，原子半径呈现周期性变化。

　　（1）同一周期从左到右，原子半径逐渐减小，在长周期中部（d 区），随核电荷数增加，原子半径缓慢减小，在 ds 区原子半径略有增大，此后又逐渐减小。主要原因是同一周期元素原子的电子层数相同，从左到右，元素的原子序数逐渐增大，有效核电荷逐渐增加，原子核对外层电子的吸引能力逐渐增强；对于 d 区元素主要是增加的电子填入 $(n-1)d$ 亚层，对核屏蔽作用较大，有效核电荷增加较少，所以原子半径缓慢减小；ds 区元素是由于 $(n-1)d$ 亚层填满，屏蔽效应显著，所以原子半径略有增加。

　　（2）同一主族元素，从上到下，原子半径逐渐增大。原因是同一主族，从上到下，虽然元素原子的核电荷数增加可减小原子半径，但电子层数和电子数的增加，又会增大原子半径，其中后者起主导作用，故原子半径递增。

　　（3）同一副族，从上到下，第四周期到第五周期原子半径增大，但是副族中第五、六周期元素的原子半径很接近。

（二）电离能

　　原子失去电子变成正离子，要消耗一定的能量以克服核对电子的引力。原子失去电子的难易可以用电离能来衡量。电离能是指基态的气态原子失去电子成为气态正离子所需要的能量，用符号 I 表示，单位为 kJ/mol。

　　对于多电子原子，处于基态的气态原子失去一个电子变成 +1 价的气态阳离子所需要的能量，称为元素的第一电离能，用 I_1 表示。+1 价的阳离子再失去一个电子变成 +2 价的气态阳离子所需要的能量称为第二电离能，用 I_2 表示，其余类推。同一元素原子的各级电离能之间有如下关系：$I_1 < I_2 < I_3 \cdots \cdots$。

　　通常只用第一电离能 I_1 来衡量元素失去电子的难易程度。元素原子的 I_1 越小，原子越易失去电子，金属性越强；反之，元素原子的 I_1 越大，原子越难失去电子，金属性越弱。

　　元素原子的电离能受到原子的有效核电荷数、原子半径和原子的电子层结构等因素的影响，一般来说，原子半径越小，有效核电荷数越多，电离能就越大；原子半径越大，有效核电荷数越少，电离能就越小。电子构型越稳定，电离能也越大。在周期表中各元素原子的第一电离能呈明显的周期性变化，如表7-9所示。

表7-9 元素的原子的第一电离能（单位：kJ/mol）

ⅠA	ⅡA	ⅢB	ⅣB	ⅤB	ⅥB	ⅦB				ⅠB	ⅡB	ⅢA	ⅣA	ⅤA	ⅥA	ⅦA	0
H 1312																	He 2372
Li 520	Be 900											B 801	C 1086	N 1402	O 1314	F 1681	Ne 2080
Na 496	Mg 738											Al 578	Si 787	P 1012	S 1000	Cl 1251	Ar 1521
K 419	Ca 590	Sc 631	Ti 658	V 650	Cr 653	Mn 711	Fe 759	Co 758	Ni 737	Cu 746	Zn 906	Ga 579	Ge 762	As 944	Se 941	Br 1140	Kr 1350
Rb 403	Sr 550	Y 616	Zr 660	Nb 664	Mo 685	Tc 702	Ru 711	Rh 720	Pd 805	Ag 731	Cd 868	In 558	Sn 709	Sb 832	Te 869	I 1008	Xe 1170
Cs 376	Ba 503	Lu 538	Hf 654	Ta 761	W 770	Re 760	Os 840	Ir 880	Pt 870	Au 890	Hg 1007	Tl 589	Pb 716	Bi 703	Po 812	At	Rn 1037

元素周期表中，电离能的递变规律如下。

1. 同一周期，从左到右，元素第一电离能的总趋势是逐渐增大的，但有反常现象，某些具有全充满或半充满电子层结构的元素，稳定性高，其电离能比左右相邻元素的电离能均高。如第二周期的Be、N。同一周期中，0族元素（具有全充满电子层结构）的电离能最大。

2. 同一族中，元素原子的第一电离能从上至下总体趋势是减小。主族元素原子的第一电离能从上至下随半径的增大而明显减小，变化较规律；副族元素的第一电离能从上到下变化幅度较小，且第六周期的大部分副族元素原子的第一电离能比第五周期的略有增加。

（三）电子亲和能

电子亲和能是指基态的气态原子获得电子成为气态负离子引起的能量变化，用符号 E 表示，单位为 kJ/mol。与电离能相似，原子具有第一电子亲和能 E_1、第二电子亲和能 E_2 ……。

与电离能相反，电子亲和能是表征原子得电子难易的程度（非金属性）的参数。元素的电子亲和能越大，原子获取电子的能力越强，即非金属性越强；反之，元素的电子亲和能越小，原子获取电子的能力越弱，非金属性越弱。

电子亲和能的大小也取决于原子的有效核电荷数、原子半径和原子的电子层结构。同一周期，从左到右，原子半径逐渐减小，原子的有效核电荷数增多，元素的第一电子亲和能总体趋势是逐渐增大的，但ⅡA、ⅤA、0族元素反常。

（四）电负性

电子亲和能、电离能只能表征孤立气态原子或离子得失电子的能力，为衡量分子中不同元素原子对成键电子吸引的能力，鲍林提出了电负性的概念，并指定氟的电负性为4.0，并通过对比计算出其他元素的电负性（表7-10）。所谓的电负性是指在分子中元素原子吸引电子的能力。

表 7 – 10　元素的相对电负性（鲍林）

H 2.1																
Li 1.0	Be 1.5											B 2.0	C 2.5	N 3.0	O 3.5	F 4.0
Na 0.9	Mg 1.2											Al 1.5	Si 1.8	P 2.1	S 2.5	Cl 3.1
K 0.8	Ca 1.0	Sc 1.3	Ti 1.5	V 1.6	Cr 1.6	Mn 1.5	Fe 1.8	Co 1.9	Ni 1.9	Cu 1.9	Zn 1.6	Ga 1.6	Ge 1.8	As 2.0	Se 2.4	Br 2.8
Rb 0.8	Sr 1.0	Y 1.2	Zr 1.4	Nb 1.6	Mo 1.8	Tc 1.9	Ru 2.2	Rh 2.2	Pd 2.2	Ag 1.9	Cd 1.7	In 1.7	Sn 1.8	Sb 1.9	Te 2.1	I 2.5
Cs 0.7	Ba 0.9	La～Lu 1.0～1.2	Hf 1.3	Ta 1.5	W 1.7	Re 1.9	Os 2.2	Ir 2.2	Pt 2.2	Au 2.4	Hg 1.9	Tl 1.8	Pb 1.9	Bi 1.9	Po 2.0	At 2.2

电负性可以综合衡量各种元素的金属性和非金属性。按照鲍林对电负性的标度，非金属元素的电负性一般在 2.0 以上，金属元素的电负性一般在 2.0 以下。同一周期，从左到右，元素原子的电负性依次增大，元素的非金属性增强，金属性减弱；同一主族元素，从上到下，电负性依次变小，元素的非金属性减弱，金属性增强。元素周期表中，右上角的氟元素是电负性最大的元素，左下角的铯是电负性最小的元素，氟的非金属性最强而铯的金属性最强。

（五）元素的氧化数

元素的氧化数跟原子的电子层结构密切相关，尤其是其价电子层结构。在周期表中，主族元素的最高氧化数（氧、氟除外）等于它所在族的序数。在元素周期表中，元素的氧化数随着原子序数的递增也呈周期性变化，如表 7 – 11 所示。

表 7 – 11　主族元素的氧化数与价电子数的对应关系

族数	价电子构型	价电子总数	主要氧化数	最高氧化数
I A	ns^1	1	+1	+1
II A	ns^2	2	+2	+2
III A	ns^2np^1	3	+3（Tl 还有 +1）	+3
IV A	ns^2np^2	4	+4，+2（C 有 –4）	+4
V A	ns^2np^3	5	+5，+3（N，P 有 –3；N 还有 +1，+2，+4）	+5
VI A	ns^2np^4	6	+6，+4，–2（O 只有 –1，–2）	+6
VII A	ns^2np^5	7	+7，+5，+3，+1，–1（F 只有 –1）	+7

对于主族元素，同周期元素原子，从左向右，随着原子序数的递增，元素的氧化数从 +1 逐渐递增到 +7（氧、氟除外），从第ⅣA 开始，氧化数出现负值，并且从 –4 逐渐递增到 –1。元素的最高氧化数等于原子失去价电子层所有电子的数目。

（六）元素的金属性和非金属性

元素的金属性和非金属性的强弱，与原子半径、电子层结构和核电荷数直接相关，原子半径越大，价电子数越少，核电荷数越少，原子对价电子的吸引力越弱，原子越易失去价电子，元素的金属性越强；反之，原子越易得到电子，元素的非金属性越强。

此外，元素的金属性和非金属性还可用电离能、电子亲和能和电负性来衡量。

同一周期，从左至右，随着原子序数的递增，元素的电离能、电子亲和能和电负性逐渐增大，主族元素的非金属性逐渐增强而金属性逐渐减弱。自上到下，同一主族元素的电离能、电子亲和能与电负性逐渐减小，元素的非金属性逐渐减弱而金属性逐渐增强。

目标检测

答案解析

一、选择题

（一）单项选择题

1. 下列四个量子数的取值可以用来描述基态 $_{19}$K 原子最外层电子运动状态的是（ ）

    A. 4，1，0，1/2   B. 4，1，1，1/2   C. 4，0，0，1/2

    D. 3，0，0，1/2   E. 4，1，－1，1/2

2. 基态 $_{29}$Cu 核外电子的原子实表示式是（ ）

    A. ［Ar］$3d^{10}4s^1$ B. ［Ne］$3d^{10}4s^1$ C. ［Ar］$3d^94s^2$

    D. ［Xe］$3d^{10}4s^1$ E. ［Xe］$3d^94s^2$

3. 某元素原子核外电子排布式为 $1s^22s^22p^63s^23p^63d^{10}4s^24p^4$，该元素在周期表中的位置是（ ）

    A. 第四周期，第ⅥA族，s区   B. 第四周期，第ⅣA族，s区

    C. 第四周期，第ⅣA族，p区   D. 第四周期，第ⅦB族，d区

    E. 第四周期，第ⅥA族，p区

4. 元素周期表中价电子层构型为 $ns^2np^{1\sim5}$ 的区是（ ）

    A. s区   B. p区   C. d区

    D. f区   E. ds区

5. 在多电子原子中，决定电子能量的量子数是（ ）

    A. n B. n，l，m 和 m_s C. n，l 和 m

    D. n 和 l E. l

6. $n=3$ 的电子层中，最多可以容纳的电子数为（ ）

    A. 2   B. 8   C. 18

    D. 32   E. 64

（二）多项选择题

7. 下列基态原子的电子构型，不正确的是（ ）

    A. $1s^22s^22p^3$ B. $1s^22s^12p^3$ C. $1s^22s^22p^5$

    D. $1s^22s^22p^2$ E. $1s^22s^22p^63s^23p^63d^44s^2$

8. 描述核外电子运动状态的量子数包括（ ）。

    A. 自旋量子数   B. 主量子数   C. 副量子数

    D. 磁量子数   E. 质子数

9. 基态原子的核外电子分布原理包括（ ）。

    A. Pauli 不相容原理   B. 洪特规则   C. 能量最低原理

    D. 洪特规则特例   E. 钻穿效应

10. 下列元素原子或离子与氖具有相同电子构型的是（ ）

    A. O   B. F$^-$ C. Na$^+$

    D. He   E. Ca

二、思考题

1. 写出量子数 $n = 3$，$l = 1$ 的能级符号，电子云的形状，空间伸展方向和原子轨道数目以及最多可容纳电子的数目。

2. 写出下列元素原子的核外电子排布式，并指出它们分别在元素周期表中的位置（周期、族和区）。

$_{15}P$　　　$_{20}Ca$　　　$_{30}Zn$　　　$_{35}Br$　　　$_{24}Cr$　　　$_{10}Ne$

3. 元素原子的最外层仅有 1 个电子，该电子的量子数是 $n = 4$，$l = 0$，$m = 0$，$m_s = +\dfrac{1}{2}$ 或 $-\dfrac{1}{2}$，请问符合上述条件的元素可以有几种？原子序数分别是多少？

书网融合……

重点小结　　　　微课　　　　习题

第八章 分子结构

学习目标

知识目标：通过本章的学习，掌握杂化轨道理论的基本要点、σ键和π键、sp杂化轨道的类型；熟悉现代价键理论的要点、分子的极性和氢键；了解键参数、分子间作用力。

能力目标：具备运用价键理论和杂化轨道理论进行简单分子中共价键形成的分析；运用分子间作用力和氢键对物质的特殊性进行解释的能力。

素质目标：通过本章的学习，树立严谨认真、实事求是的科学态度和吃苦耐劳、精益求精的工作风范。

情境导入

情境：2013年11月22日，中国科学院国家纳米科学中心科研人员在国际上首次"拍"到氢键的"照片"，实现了氢键的真实空间成像，为"氢键的本质"这一化学界争论了80多年的问题提供了直观证据。这不仅将人类对微观世界的认识向前推进了一大步，也为在分子、原子尺度上的研究提供了更精确的方法。

思考：1. 什么是氢键？氢键是如何产生的？

2. 氢键对物质和生命有至关重要的影响，很多药物是如何通过与生命体内的生物大分子发生氢键相互作用而发挥效力的？

分子结构包括分子的化学组成、空间构型、分子中原子间的化学键等。分子结构决定物质的主要性质，因此研究分子结构对了解物质的性能与其内部结构的关系具有十分重要的意义。

分子或晶体中，直接相邻的原子或离子间强烈的相互作用力，称为化学键，其可以分为离子键、金属键和共价键（包含配位键）。一般地，同种或电负性相近元素的原子间通过共用电子对所形成的化学键都是共价键。早在1916年美国化学家路易斯就提出了经典共价键理论，之后主要形成了两种共价键理论：现代价键理论（简称VB法）和分子轨道理论（简称MO法），而现代价键理论又包括价键理论、杂化轨道理论和价层电子对互斥理论等。本章主要学习价键理论、杂化轨道理论、分子间作用力和氢键。

第一节 价键理论

PPT

一、共价键形成的本质

泡利（Pauli）不相容原理指出只有自旋相反的两个电子才能占据同一原子轨道，据此原理可推之两原子核间的共用电子对一定是自旋相反的两个电子。下面就以H_2的形成过程为例加以说明。

当两个H原子从远处彼此相互接近时，它们之间的相互作用逐渐增大，图8-1表明了H_2形成过程能量随核间距的变化。若两电子自旋方向相反，随着核间距的减小，原子轨道相互重叠，两核间电子云密度增大，体系能量降低，当达到平衡距离74pm（理论值为87pm）时，体系能量降至最低（理

论值为 $-388kJ/mol$ ），原子间的相互作用主要为吸引力，能形成稳定的 H_2，这种稳定状态称为氢分子的基态。

若两电子自旋方向平行，原子轨道不发生重叠，两核间电子云密度减小或几乎为零，曲线持续上升，整个体系能量升高，原子间的相互作用总是排斥的，使两个 H 原子不能结合成 H_2，这种不稳定状态称为氢分子的排斥态。基态氢分子和排斥态氢分子核间电子云如图 8-2 所示。

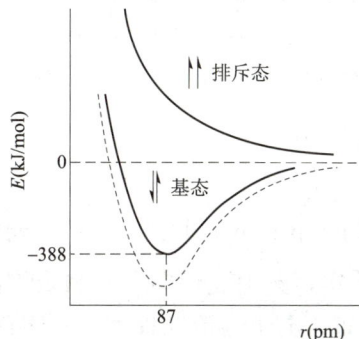

图 8-1 两个氢原子接近时的能量变化曲线

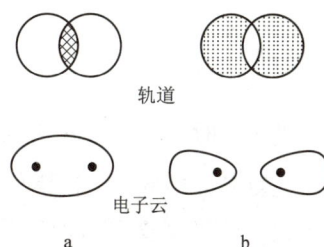

图 8-2 H_2 分子的两种状态

a. 基态；b. 排斥态

综上所述，两原子电子自旋相反时，分布在核间的电子云较密集，能量降低，能形成稳定的 H_2 分子；两原子电子自旋相同时，分布在核间的电子云较稀疏，能量升高，不能形成 H_2 分子。

二、价键理论的基本要点

将对 H_2 分子的研究结果推广到其他双原子和多原子分子，其基本要点如下。

1. 自旋方向相反的两个单电子相互接近时，两核间电子云密度增大，可以配对形成稳定的共价键。形成共价键的必备条件：一是有单电子；二是电子自旋方向必相反。

2. 共价键有饱和性。一个原子有几个单电子，便能与几个自旋方向相反的电子配对成键；或者说原子有几个单电子，就能形成几条共价键，这就是共价键的"饱和性"。例如，H 原子中有一个单电子，故能形成 H_2 而不能形成 H_3；O 原子中有两个单电子，O_2 共用两对电子，形成共价双键；N 原子中有三个单电子，N_2 共用三对电子，则形成共价三键。

3. 共价键有方向性。共价键形成时，尽可能沿着原子轨道重叠最大的方向成键，轨道重叠越多，两核间电子云密度越大，形成的共价键越稳定，称为最大重叠原理。

除 s 轨道呈球形对称外，其他 p、d、f 等轨道在空间都有一定的伸展方向，它们成键时只有沿着一定的方向相互靠近，才能达到最大程度的重叠，这就是共价键具有方向性的原因。例如，在形成 HCl 分子时，H 原子的 1s 轨道与 Cl 原子的 $3p_x$ 轨道只有沿着 x 轴方向靠近，轨道重叠的程度最多，形成的共价键最稳定（图 8-3a）。其他方向的重叠，如图 8-3b 和图 8-3c 所示，因原子轨道不重叠或很少重叠，故不能成键。

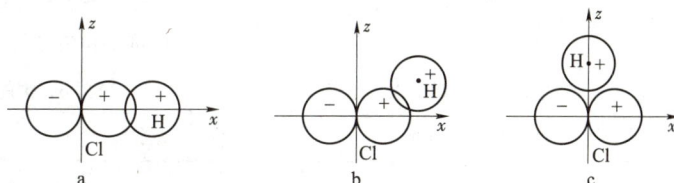

图 8-3 氯化氢分子的成键示意图

三、共价键的类型

根据成键时原子轨道重叠方式的不同，共价键可以分为 σ 键、π 键等类型。

（一）σ 键

两原子轨道沿着键轴（核间连线，x 轴）的直线方向以"头碰头"的方式发生重叠，形成的共价键称为 σ 键。如图 8 - 4a 所示，H_2 分子中的 s - s 重叠，HCl 分子中的 $s - p_x$ 重叠，Cl_2 分子中的 $p_x - p_x$ 重叠形成的都是 σ 键，轨道重叠部分关于键轴呈圆柱形对称分布，可以自由旋转，重叠程度大，稳定。

（二）π 键

两原子形成 σ 键时，在垂直 σ 键的方向上如有相互平行的 p（p_y 或 p_z）轨道，它们只能以"肩并肩"的方式发生重叠，形成的共价键称为 π 键。如图 8 - 4b 所示，两个 p_z 或两个 p_y 轨道侧面相互重叠形成的是 π 键，轨道重叠部分垂直于键轴呈镜面反对称分布，电子的流动性大，不能自由旋转，重叠程度比较小，不稳定。

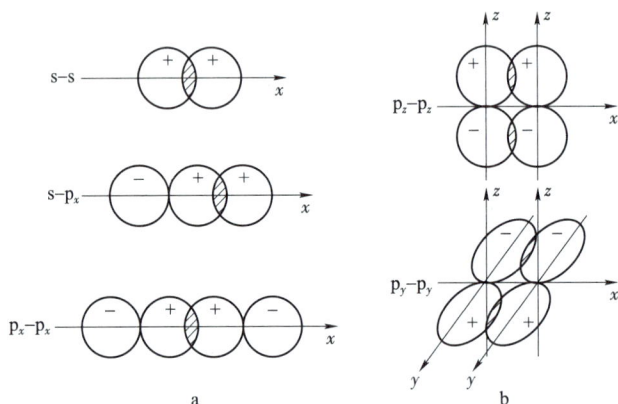

图 8 - 4　共价键的类型
a. σ 键；b. π 键

σ 键可以单独存在，两原子间只能有一个 σ 键。π 键只能与 σ 键共存，在双键或三键的共价分子中，除一个 σ 键外，其余都是 π 键。如 N_2 分子中，两个 N 原子是以一个 σ 键和两个 π 键结合的，可以用 N ≡ N 表示其分子的结构式。σ 键和 π 键的区别见表 8 - 1。

表 8 - 1　σ 键与 π 键的区别

项目	σ 键	π 键
轨道组成	s - s、s - p、p - p 等	p - p、p - d 等
重叠方式	头碰头	肩并肩
重叠方向	轨道对称轴的方向	垂直于两核连线的方向
电子分布	集中在键轴上	集中在键轴所在平面的上、下方
旋转	可以自由旋转	不能自由旋转
键的性质	重叠程度大，键能大，稳定	重叠程度小，键能小，不稳定
存在形式	单键、双键、叁键	双键、叁键

四、键参数

能表征共价键性质的物理量，如键能、键长、键角和键的极性等称为键参数。利用键参数可以判断分子的几何构型、热稳定性等。

（一）键能

键能是衡量原子间形成共价键强弱的物理量，单位 kJ/mol。标准状态下，将 1mol 气态 AB 分子断开为气态 A、B 原子所需吸收的能量，称为 AB 的解离能，这个数值就是 A—B 键的键能。

键能是化学键最重要的参数，能表征化学键的牢固程度。一般键能越大，键越牢固，由该键构成的分子也越稳定。双原子分子的键能就是键的解离能；多原子分子的键能是各个键的解离能平均值（平均键能）。一些共价键的键能与平均键能见表 8 – 2。

表 8 – 2　一些共价键的键能与平均键能

共价键	键能（kJ/mol）	共价键	键能（kJ/mol）	共价键	平均键能（kJ/mol）	共价键	平均键能（kJ/mol）
H—H	436	H—F	565	C—H	413	N—H	391
F—F	165	H—Cl	431	C—F	460	N—N	159
Cl—Cl	247	H—Br	366	C—Cl	335	N=N	418
Br—Br	193	H—I	299	C—Br	289	N≡N	946
I—I	151	N—O	286	C—I	230	O—O	143
N—N	946	C—O	1071	C—C	346	O=O	495
O—O	493			C=C	610	O—H	463
				C≡C	835		

（二）键长

分子中两原子核间的平衡距离称为键长（或核间距）。键长可以通过实验测定，也可以来自理论计算，同种共价键在不同化合物中的键长不同，一般为平均值。表 8 – 3 中列出了一些共价键的键长数据。

表 8 – 3　一些共价键的键长

共价键	键长（pm）	共价键	键长（pm）	共价键	键长（pm）
C—C	154	H—F	92	H—H	74
C=C	134	H—Cl	128	F—F	142
C≡C	120	H—Br	141	Cl—Cl	199
N—N	146	H—I	160	Br—Br	228
N=N	125	H—O	96	I—I	267
N≡N	110	H—S	135		

由表 8 – 3 可知，同族元素的单质（如 F_2、Cl_2）或同类双原子分子（如 HF、HCl）的键长随原子序数的增加而增大。相同原子间形成的键数越多，键长越短（即单键键长 > 双键键长 > 三键键长）。一般地，同种类型共价键的键长越短，键能越大，形成的共价键越牢固。

（三）键角

分子中键与键之间的夹角称为键角。键角是决定分子空间构型的重要因素之一，对分子的极性起决定作用，可用来推测物质的溶解性、熔点、沸点等物理性质。例如，水分子中 H—O—H 键之间的夹角为 104.5°，说明 H_2O 分子为角形或 V 形的极性结构。又如 CO_2 分子中 O—C—O 键之间的夹角为

$180°$，说明 CO_2 分子为直线形的非极性结构。

（四）键的极性

在同种原子间形成的共价键，共用电子对不偏向任何原子一方，这种共价键为非极性共价键，简称非极性键。在不同原子间形成的共价键，共用电子对偏向电负性较大的原子，这种共价键为极性共价键，简称极性键。根据成键原子的电负性差异，可以估测键的极性大小。

第二节　杂化轨道理论

PPT

价键理论较好地阐述了共价键的形成及本质，但无法解释 H_2O 分子的键角为 $104°30'$，而非 $90°$；也不能说明 CH_4 分子能形成 4 个稳定的 C—H 键并结合为正四面体的事实。为了更好地诠释以共价键形成的多原子分子的空间构型，1931 年美国化学家鲍林等人提出了杂化轨道理论，作为价键理论的补充和发展。

一、杂化轨道理论的基本要点

1. 在成键过程中，能量相近的不同原子轨道相混合，形成一组新轨道的过程称为杂化，形成的新轨道称为杂化轨道。

2. 杂化轨道仍属于原子轨道，杂化前后轨道的数目不变，但伸展方向、形状（一端大一端小）和能量都发生改变。

3. 轨道的杂化分为等性杂化和不等性杂化两种。

4. 杂化轨道的重叠程度增大，成键能力增强，符合最大重叠原理，杂化轨道间距离最远，排斥力最小，总能量降低，形成的共价键更稳定。

二、sp 杂化轨道类型

sp 型杂化包括 sp、sp^2 和 sp^3 杂化三种类型。

1. sp 杂化　中心原子的 1 个 ns 轨道和 1 个 np 轨道进行杂化，组合成 2 个 sp 杂化轨道的过程称为 sp 杂化。每个 sp 杂化轨道均含有 1/2 的 s 轨道成分和 1/2 的 p 轨道成分，2 个 sp 杂化轨道间的夹角为 $180°$，呈直线形分布（图 8－5）；余下的 2 个未杂化的 p 轨道分别垂直于 sp 杂化轨道。

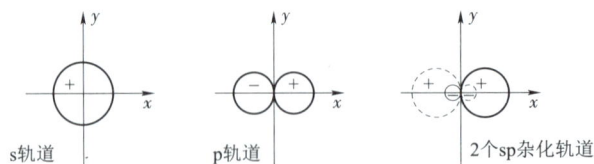

图 8－5　s 和 p 轨道组合成 sp 杂化轨道示意图

例如，$BeCl_2$ 为直线型分子，中心原子 Be 采用 sp 杂化，基态 Be 原子 2s 轨道的 1 个电子激发到 2p 轨道上，变为激发态；激发态 Be 原子的 1 个 2s 轨道和 1 个 2p 轨道进行杂化，形成 2 个能量相同且有单电子的 sp 杂化轨道，这 2 个 sp 杂化轨道分别与 2 个 Cl 原子的 3p 轨道重叠，形成 2 个（sp－p）σ 键，键角为 $180°$。$BeCl_2$ 分子的形成过程如图 8－6 所示。

2. sp^2 杂化　中心原子的 1 个 ns 轨道和 2 个 np 轨道进行杂化，组合成 3 个 sp^2 杂化轨道的过程称

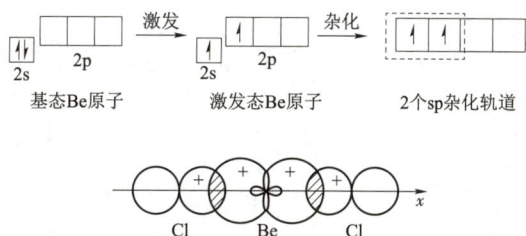

图 8-6 BeCl₂分子的空间构型和 sp 杂化轨道的空间取向

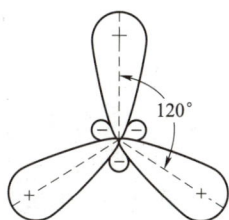

**图 8-7 sp²杂化轨道的
空间取向**

为 sp²杂化。每个 sp²杂化轨道均含有 1/3 的 s 轨道成分和 2/3 的 p 轨道成分，3 个 sp²杂化轨道间的夹角为 120°，呈正三角形分布（图 8-7）；余下的 1 个未杂化的 p 轨道垂直于 sp²杂化轨道所在的平面。

例如，BF_3 为正三角形结构的分子，中心原子 B 采用 sp²杂化，基态 B 原子 2s 轨道的 1 个电子被激发到 2p 轨道上，变为激发态；激发态 B 原子的 1 个 2s 轨道和 2 个 2p 轨道进行杂化，形成 3 个能量相同且有单电子的 sp²杂化轨道，这 3 个 sp²杂化轨道分别与 3 个 F 原子的 2p 轨道重叠，形成 3 个 (sp^2-p) σ 键，键角为 120°。BF_3分子的形成过程如图 8-8 所示。

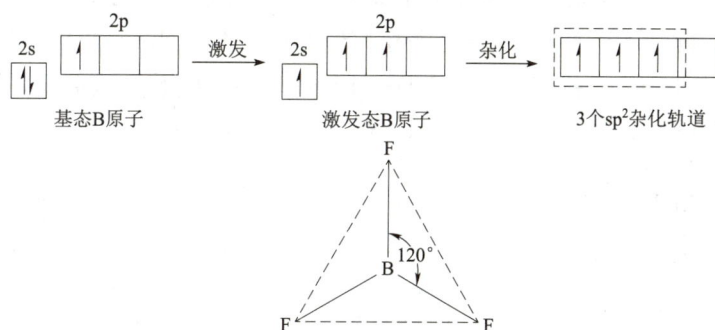

图 8-8 BF₃分子的空间构型

3. sp³杂化 中心原子的 1 个 ns 轨道和 3 个 np 轨道进行杂化，组合成 4 个 sp³杂化轨道的过程称为 sp³杂化。每个 sp³杂化轨道均含有 1/4 的 s 轨道成分和 3/4 的 p 轨道成分。4 个 sp³杂化轨道间的夹角为 109°28′，呈正四面体构型（图 8-9）。 🅔 微课

例如，CH_4 为正四面体结构的分子，中心原子 C 采用 sp³杂化，基态 C 原子 2s 轨道的 1 个电子被激发到 2p 轨道上，变为激发态；激发态 C 原子的 1 个 2s 轨道和 3 个 2p 轨道进行杂化，形成 4 个能量相同的 sp³杂化轨道，这 4 个 sp³杂化轨道分别与 4 个 H 原子的 1s 轨道重叠，形成 4 个 (sp^3-s) σ 键，键角为 109°28′。CH_4分子的形成过程如图 8-10 所示。

4. 不等性杂化 杂化轨道的能量、成分均相同，杂化轨道的空间构型与分子构型一致的杂化为等性杂化，如上述的 $BeCl_2$、BF_3 和 CH_4 等中心原子采用的杂化方式。而杂化轨道的能量、成分不完全相同，杂化轨道的空间构型与分子构型不一致并有孤对电子参与的杂化为不等性杂化。

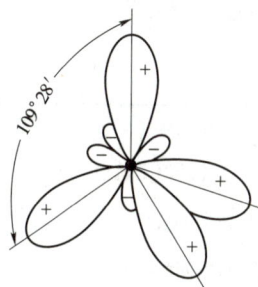

**图 8-9 sp³杂化轨道的
空间取向**

例如，NH_3分子为三角锥形结构，中心原子 N 的价电子层结构为 $2s^2 2p_x^1 2p_y^1 2p_z^1$，其采用 sp³不等性

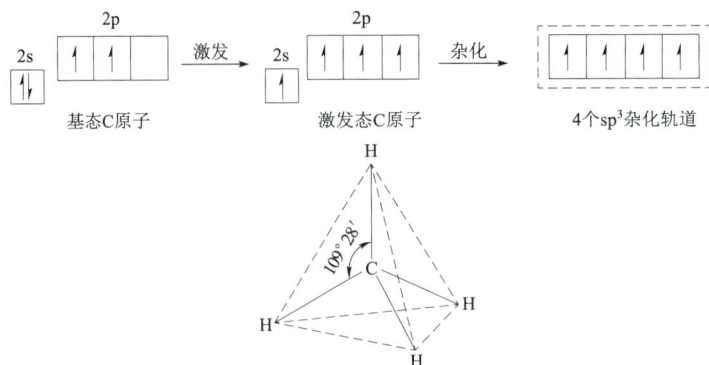

图 8 – 10　CH₄ 分子的空间构型

杂化。在形成 NH_3 分子时，N 原子的 1 个 2s 轨道和 3 个 2p 轨道进行杂化，形成 4 个 sp^3 杂化轨道，其中有 3 个杂化轨道的能量稍高，其上各有 1 个电子，它们分别与 3 个 H 原子的 1s 轨道重叠，形成 3 个（sp^3 – s）σ 键；还有 1 个 sp^3 杂化轨道上有孤对电子不能参与成键，且占据的空间位置较大，对 3 个成键轨道产生排斥作用，使 N—H 键间的夹角缩减为 107°18′（图 8 – 11）。

同样，H_2O 分子中心原子 O 的价电子层结构为 $2s^2 2p_x^2 2p_y^1 2p_z^1$，采用的也是 sp^3 不等性杂化，形成 4 个 sp^3 杂化轨道。其中有 2 个 sp^3 杂化轨道上各有 1 个电子，它们分别与 2 个 H 原子的 1s 轨道重叠，形成 2 个（sp^3 – s）σ 键；还有 2 个 sp^3 杂化轨道上有孤对电子不能参与成键，且占据的空间位置更大，对 2 个成键轨道产生更大的排斥作用，使 O—H 键间的夹角缩减为 104°30′，所以 H_2O 分子的空间构型呈角形或 V 形（图 8 – 12）。

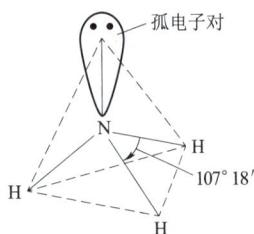

图 8 – 11　NH₃ 分子的结构示意图

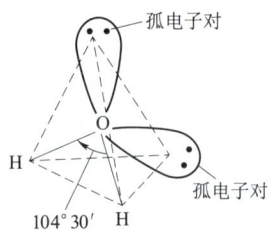

图 8 – 12　H₂O 分子的结构示意图

由上可知，杂化轨道理论既能说明某些共价化合物的成键情况，也能解释它们的几何形状。

知识链接

表 8 – 4　s – p 型的三种杂化

杂化类型	sp	sp^2	sp^3
参与杂化的原子轨道	1 个 ns、1 个 np	1 个 ns、2 个 np	1 个 ns、3 个 np
杂化轨道的数目	2 个	3 个	4 个
杂化轨道间的夹角	180°	120°	109°28′
空间构型	直线	正三角形	正四面体
实例	$BeCl_2$、$HgCl_2$、CO_2	BF_3、BCl_3	CH_4、CCl_4

第三节　分子间的作用力和氢键

PPT

物质存在三种状态即固态、液态和气态，在一定条件下这三种状态可以相互转化，说明分子间存在相互作用力。分子间作用力也属于一种静电引力，其大小与分子的极性密切相关。

一、分子的极性

根据分子内正、负电荷重心是否重合，将分子区分为极性分子和非极性分子。

正、负电荷重心相重合的分子是非极性分子，正、负电荷重心不重合的分子是极性分子。

分子的极性和共价键的极性及分子的空间构型有关。由非极性共价键构成的双原子分子，共用电子对不发生偏移，正、负电荷重心重合，它们都是非极性分子，如 H_2、Cl_2、O_2 等；由极性共价键构成的双原子分子，共用电子对偏向电负性较大的原子，正、电荷重心分离，它们都是极性分子，如 HCl、HF 等。

由极性共价键构成的多原子分子，其极性取决于分子的空间构型。如 CO_2、$BeCl_2$、CH_4、BF_3 等分子的空间结构对称，键的极性可以相互抵消，正、负电荷重心能够重合，它们都是非极性分子。而 NH_3、H_2O、H_2S 等分子的正、负电荷重心分离，键的极性不能相互抵消，它们都是极性分子。

分子极性的大小可用偶极矩量度。偶极矩 μ 等于分子中正负电荷重心间的距离 d 与电荷电量 q 的乘积。

$$\vec{\mu} = q \cdot d$$

偶极矩是矢量，方向是从正电荷重心指向负电荷重心，单位是 C·m。偶极矩可以由实验测得，有些也能通过理论算出。表 8-5 列出一些简单分子的偶极矩测定值。非极性分子的偶极矩为 0，偶极矩越大表示分子的极性越强。

表 8-5　一些分子的偶极矩

分子	μ ($\times 10^{-30}$ C·m)	分子	μ ($\times 10^{-30}$ C·m)
H_2	0	H_2O	6.16
Cl_2	0	SO_2	5.33
CO_2	0	HCN	6.99
CH_4	0	HCl	3.43
BF_3	0	HBr	2.63
CO	0.40	HI	1.27

二、分子的变形性

在外电场的作用下，任何分子的正、负电荷重心都将发生改变，此现象称为分子的极化或变形极化。分子受极化后，外形发生改变称为分子的变形。

非极性分子在外电场的作用下，正、负电荷重心产生了相对位移，分子发生变形而产生偶极的过程称为分子的极化变形。极性分子的正、负电荷重心本身是分离的，在外电场的作用下，偶极矩会增大，分子的极性增强，如图 8-13 所示。

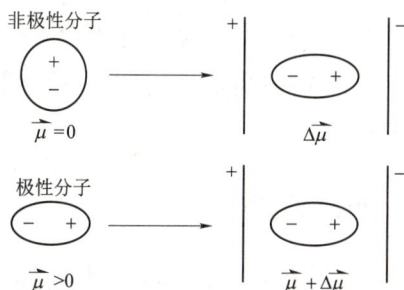

图 8-13　外电场对分子极性影响示意图

分子的极化不仅在外电场中发生，相邻分子间也可以发生，其对分子间作用力的产生有重要的影响。

三、分子间作用力

1873 年荷兰物理学家范德华（van der Waals）首先提出了分子间存在弱的作用力，也称为范德华力，其包括取向力、诱导力和色散力。分子间作用力对物质的聚集状态及熔、沸点和溶解性等有重要的影响。

（一）取向力

极性分子的正、负电荷重心始终不重合，具有永久偶极，也称固有偶极。两极性分子相接近时，因固有偶极的同极相斥、异极相吸，使分子发生相对转动而产生定向排列的运动称为取向。由极性分子的固有偶极而产生的相互作用力称为取向力（图 8 – 14）。分子的极性越大，取向力越大；温度越高，取向力越小。

（二）诱导力

极性分子与非极性分子相互接近时，在极性分子固有偶极的影响下，非极性分子正、负电荷重心发生相对位移而产生的偶极，称为诱导偶极。这种由极性分子的固有偶极与非极性分子的诱导偶极之间产生的相互作用力称为诱导力（图 8 – 15）。

同样，在极性分子之间，因固有偶极的存在，也会产生诱导偶极，也存在诱导力。

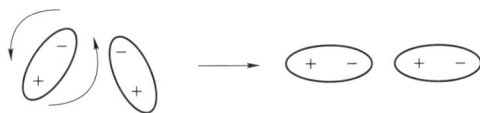

图 8 – 14　两个极性分子的
相互作用示意图

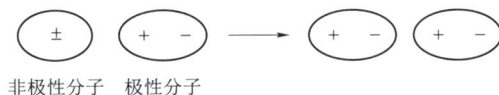

非极性分子　极性分子

图 8 – 15　极性分子和非极性分子的
相互作用示意图

（三）色散力

非极性分子本身没有偶极，不存在取向力，也不能产生诱导力，但分子内的电子与原子核始终都在不断地运动，正、负电荷重心在某一瞬间总会存在相对位移，从而产生瞬时偶极。瞬时偶极又可诱使邻近分子产生瞬时诱导偶极。这种由瞬时偶极与瞬时诱导偶极之间产生的相互作用力称为色散力，如图 8 – 16 所示。瞬时偶极存在的时间虽然很短，但上述情况不断地重复，因此色散力普遍存在于各种分子之间。对大多数分子来说，色散力是主要的，其相对分子质量越大，色散力也越大。

由上可知，非极性分子之间只有色散力；极性分子与非极性分子之间存在诱导力和色散力；极性分子之间存在取向力、诱导力和色散力。

分子间作用力是取向力、诱导力和色散力的总和。分子间作用力不属于化学键，其特点主要有：①存在于分子或原子间，是静电引力；②作用范围小，为 300 ~ 500pm；③能量仅是化学键键能的 1/100 ~ 1/10；④没有方向性和饱和性。

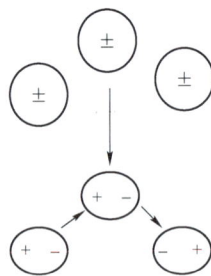

图 8 – 16　色散力产生
示意图

四、氢键

HF、NH_3、H_2O 等分子具有比同族氢化物反常高的沸点，是因为它们的分子间除了有范德华力外，还存在一种特殊的作用力，这就是氢键。

（一）氢键的形成及特点

当氢原子与一个电负性很大、半径很小的 X（如 F、O、N 等）原子形成 X—H 共价键时，共用电子对强烈地偏向 X 原子，使 H 原子几乎变成裸核，此时这个 H 原子就有可能再与另一个电负性较大、半径较小的 Y（如 F、O、N 等）原子产生弱的静电作用力，称为氢键。氢键可以用 X—H⋯Y 表示，其中 X 和 Y 可以是相同元素的原子，如 O—H⋯O 和 F—H⋯F；也可以是不同元素的原子，如 N—H⋯O。

氢键是介于化学键和范德华力之间的一种静电作用力，键能一般小于 40kJ/mol，具有方向性和饱和性。氢键的方向性是指形成氢键的 3 个原子 X—H⋯Y 尽可能在一条直线上，使 X 与 Y 原子之间的距离最远，排斥力最小。氢键的饱和性是指每个 X—H 中的 H 原子只能与 1 个 Y 原子形成氢键，否则排斥力太大而不能稳定存在。

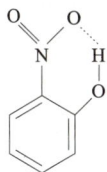

（二）氢键的类型

氢键包括分子间氢键和分子内氢键两种类型。分子间氢键可以在同一分子之间形成，也可以在不同分子之间形成，如 H_2O 与 H_2O、NH_3 与 H_2O 之间。而分子内氢键是在同一分子内的原子之间形成的，如邻硝基苯酚中存在的分子内氢键，如图 8-17 所示。

图 8-17　邻硝基苯酚的分子内氢键

（三）氢键对物质物理性质的影响

氢键对物质的熔点、沸点、溶解度、密度、黏度等物理性质有很大的影响。

1. 对熔、沸点的影响　分子间能形成氢键的物质熔化或气化时，除了要克服范德华力外，还要消耗能量破坏氢键的作用，使它们的熔、沸点偏高。而分子内能形成氢键的物质，削弱了分子间的结合力，使它们的熔、沸点偏低。例如，邻硝基苯酚的熔点是 45℃，对硝基苯酚的熔点是 114℃，因为前者形成的是分子内氢键，后者形成的是分子间氢键。

2. 对溶解度的影响　若溶质与溶剂之间能形成氢键，会使溶质在溶剂中的溶解度增大。例如，NH_3 极易溶于水，乙醇与水能以任意比例混溶。若溶质分子内能形成氢键，则其在极性溶剂中的溶解度减小，在非极性溶剂中的溶解度增大。例如，邻硝基苯酚与对硝基苯酚的溶解性相比，在水中前者溶解度小；在苯中前者溶解度大。

许多物质都能形成氢键，如水、醇、胺、羧酸、无机酸、水合物、氨合物等。在生命过程中具有重要意义的基本物质（蛋白质、脂肪、糖）都含有氢键，一旦氢键被破坏，分子的空间结构将会发生改变，生理功能随之丧失，将引起疾病或遗传基因的改变。

目标检测

答案解析

一、选择题

（一）单项选择题

1. 下列关于化学键说法正确的是（　　）

A. 原子与原子之间的作用　　　　　　B. 相邻分子之间的一种相互作用

C. 相邻原子之间的强烈相互作用　　　D. 非相邻原子之间的相互作用

E. 相邻原子之间的弱相互作用

2. 下列分子中，各键之间的夹角为 180° 的是（　　）

A. PH_3　　　　　　　　B. NH_3　　　　　　　　C. H_2O

D. $BeCl_2$　　　　　　　E. BF_3

3. 下列分子的中心原子采用 sp² 杂化的是 （　　）

    A. PBr_3 B. CH_4 C. BF_3

    D. H_2O E. CO_2

4. 下列分子中，属于非极性分子的是 （　　）

    A. H_2O B. NH_3 C. CH_4

    D. HCl   E. CO

5. I_2 的 CCl_4 溶液中分子之间存在的作用力是 （　　）

    A. 色散力   B. 取向力   C. 诱导力

    D. 氢键   E. 以上几种作用力都存在

6. 分子间能形成氢键的是 （　　）

    A. 水   B. 二氧化碳   C. 氯化氢

    D. 硫化氢   E. 甲烷

（二）多项选择题

7. 下述说法正确的是 （　　）

    A. 共价键不属于化学键

    B. σ 键是构成分子的骨架，π 键不能单独存在

    C. 共价键具有饱和性和方向性

    D. 按原子轨道重叠方式不同，共价键可分为 σ 键和 π 键

    E. σ 键比 π 键牢固

8. 下列可以重叠形成 σ 键的原子轨道是 （　　）

    A. s－s   B. s－p   C. s－sp^3

    D. p－p   E. p－sp

9. 甲醇与水之间存在的分子间作用力是 （　　）

    A. 取向力   B. 色散力   C. 诱导力

    D. 氢键   E. 化学键

10. 下列叙述错误的是 （　　）

    A. 含有极性键的分子一定是极性分子

    B. 非极性分子中一定含有非极性键

    C. 共价键产生极性的根本原因是成键原子的原子核吸引共用电子对的能力不同

    D. 含有共价键的晶体一定是原子晶体

    E. 极性分子的空间构型都对称

二、思考题

1. 已知 NO_2、SO_2 和 CS_2 分子的键角分别为132°、120°和180°，如何判断它们中心原子的轨道杂化方式？

2. 分析下列分子之间存在哪些类型的分子间作用力？

（1）水和氨   （2）苯和 CCl_4 （3）水和溴

书网融合……

重点小结   微课   习题

第九章 配位化合物

学习目标

知识目标：通过本章的学习，掌握配合物的基本概念、命名和稳定性；熟悉稳定常数、配位平衡的移动；了解配合物的结构、配合物在医药、食品中的应用。

能力目标：具备能指出配合物的基本结构、命名配合物或写出其结构式；能鉴别简单离子和配离子、判断配位平衡移动的能力。

素质目标：通过本章的学习，树立发现问题、分析问题的能力和严谨认真的工作风范。

情境导入

情境：在硫酸铜溶液中加入氨水，开始时有蓝色沉淀生成，当继续加过量氨水时，则蓝色沉淀溶解，变成深蓝色溶液。将深蓝色的溶液平均倒入两支试管中，第一支试管加入少量的氯化钡溶液，第二支试管加入少量的氢氧化钠溶液，结果发现第一支试管中有白色沉淀生成，而第二支试管溶液无明显的变化。

思考：1. 为什么第一支试管中有白色沉淀，第二支试管溶液无明显变化？

2. 深蓝色溶液属于什么物质？

配位化合物简称配合物，是一类组成相对复杂而又广泛存在的化合物，配位化合物不仅在化学领域得到广泛的应用，还与医学、药学紧密联系。例如，人体血液中输送氧气的血红蛋白就是一种含有亚铁的配位化合物，维生素 B_{12} 是一种含钴的配位化合物，人体内各种酶（生物催化剂）分子几乎都含有以配位状态存在的金属元素。因此，学习有关配位化合物的基础知识，对了解生命活动和预防、治疗、诊断、控制疾病有着非常重要的意义。

第一节 配位化合物的基本概念

PPT

一、配位化合物和配离子的概念

知识链接

最早发现的配位化合物

最早发现的配位化合物是亚铁氰化铁（普鲁士蓝），它是 1704 年普鲁士人狄斯巴赫在染料作坊中为寻找蓝色染料，将兽皮、兽血和碳酸钠在铁锅中强烈煮沸而得到的，后经研究确定其化学式为 $Fe_4[Fe(CN)_6]_3$，内含有 Fe^{3+} 离子、$[Fe(CN)_6]^{4-}$ 离子。

这种由金属离子和一定数目的中性分子或阴离子结合成的具有稳定结构的复杂离子称为配离子，含有配离子的化合物称为配位化合物，简称配合物。还有一些配位化合物是由金属原子和中性分子组成的，如五羰基合铁 [$Fe(CO)_5$]。

二、配位化合物的组成 e微课

配位化合物一般由内界和外界两部分组成。内界即配离子，通常写在方括号内。外界是与配离子结合的带相反电荷的离子，在方括号之外。例如，在 $K_3[Fe(CN)_6]$ 中，$[Fe(CN)_6]^{3-}$ 为内界，K^+ 为外界。配位化合物的内界和外界之间以离子键相结合，所以在水溶液中配位化合物的内界和外界是完全解离的。

$$K_3[Fe(CN)_6] = [Fe(CN)_6]^{3-} + 3K^+$$

有的配位化合物只有内界，没有外界，如 [$Fe(CO)_5$]。这种只有内界、没有外界的电中性分子称为配位分子。

（一）中心离子（或中心原子）

位于配离子（或配位分子）中心位置的离子（或原子）称为中心离子（或原子），统称为配位化合物的形成体，是配位化合物的核心部分。常见的中心离子是金属离子，以过渡元素金属离子最多，如 Cu^{2+}、Fe^{3+}、Zn^{2+} 等；也有中性原子，如 [$Fe(CO)_5$] 中的 Fe；还有一些高氧化态的非金属元素，如 [SiF_6]$^{2-}$ 中的 Si^{4+} 等。中心离子（或中心原子）核外都有空轨道，能够接受孤电子对，形成配位键。

（二）配体和配位原子

在配位化合物中，与中心离子（或中心原子）以配位键相结合的阴离子或中性分子称为配位体，简称配体，如 $K_3[Fe(CN)_6]$ 中的 CN^-、[$Fe(CO)_5$] 中的 CO、[$Pt(NH_3)_2Cl_2$] 中的 NH_3 和 Cl^- 都是配体。配体中提供孤电子对，直接同中心离子结合成键的原子称为配位原子，如配体 CN^- 中的 C 原子，NH_3 中的 N 原子。

根据配体中所含配位原子的数目，可以将配体分为单齿配体和多齿配体。配体中只含有一个配位原子的称为单齿配体，如 NH_3、H_2O、CN^- 等。配体中含有两个及以上的配位原子，称为多齿配体，如乙二胺（$H_2NCH_2CH_2NH_2$，缩写为 en）中两个氨基的氮原子都是配位原子，属于二齿配体；乙二胺四乙酸根（缩写为 EDTA）中，除氨基中的氮原子是配位原子外，每个羧基中的一个氧原子也是配位原子，属于六齿配体。表 9-1 中列出了常见的配位原子及配体。

表 9-1　常见的配位原子及配体

配位原子	常见配体
X（卤素原子）	F^-，Cl^-，Br^-，I^-
O	H_2O，$C_2O_4^{2-}$
N	NH_3，en，NCS^-
C	CN^-，CO
S	SCN^-，$S_2O_3^{2-}$

（三）配位数

直接与中心离子（或中心原子）配位的配位原子数目称为该中心离子（或中心原子）的配位数。一般中心离子（或中心原子）的配位数为偶数，如 2、4、6、8，其中较常见的是 4、6，常见中心离子的配位数见表 9-2。

表 9 – 2 常见中心离子的配位数

中心离子	配位数
Ag^+，Au^+，Cu^+	2
Zn^{2+}，Cu^{2+}，Hg^{2+}，Ni^{2+}，Co^{2+}，Pt^{2+}，Pd^{2+}	4
Fe^{2+}，Fe^{3+}，Co^{2+}，Co^{3+}，Cr^{3+}，Pt^{4+}，Pd^{4+}，Ca^{2+}	6
Pb^{2+}，Ba^{2+}，Mo^{4+}，W^{4+}，Ca^{2+}	8

在计算配位数时，一般先找出配体和中心离子（或中心原子），再根据配体的特点，找出配体中的配位原子。如果配体是单齿的，配体的数目就是该中心离子的配位数，例如，$[Pt(NH_3)_4]Cl_2$ 和 $[Pt(NH_3)_2Cl_2]$ 中的中心离子都是 Pt^{2+}，而前者配体是 NH_3，后者的配体是 NH_3 和 Cl^-，这些配体都是单齿的，因此它们的配位数都是 4；如果配体是多齿配体，配位数等于配体数乘以齿数，如 $[Cu(en)_2]Cl_2$ 中的中心离子是 Cu^{2+}，配体是 en，en 是双齿配体，即每一个配体中有两个 N 原子与 Cu^{2+} 结合，所以配位数是 4。

三、配位化合物的命名

配离子（内界）命名是配位化合物命名的关键，配离子（内界）的命名顺序：配体数 – 配体名称 – 合 – 中心离子（中心离子氧化数）。

1. 先命名无机配体再命名有机配体；先命名阴离子配体，再命名中性分子配体。

2. 同类配体，按照配位原子的元素符号的英文字母顺序排列。

3. 配原子相同，按配体原子总数排列，原子数少的排前面。

4. 同类配体，配原子相同，配体原子总数也相同，则按与配原子相连的原子的元素符号的字母顺序排列。

例 9 – 1 命名下列配离子。

（1）$[CoCl_2(NH_3)_3H_2O]^+$

（2）$[PtCl(NO_2)(NH_3)_4]^{2+}$

（3）$[Co(NH_3)_4Cl_2]^+$

解析：（1）二氯·三氨·一水合钴（Ⅲ）离子

（2）一氯·一硝基·四氨合铂（Ⅳ）离子

（3）二氯·四氨合钴（Ⅲ）离子

配位化合物的命名与一般无机化合物的命名原则相同：先命名阴离子再命名阳离子，若阴离子为简单离子，称"某化某"，若阴离子为复杂离子，称"某酸某"。

例 9 – 2 命名下列配合物。

（1）$Na_4[Fe(CN)_6]$

（2）$H[AuCl_4]$

（3）$[CoCl_2(NH_3)_3H_2O]Cl$

解析：（1）六氰合铁（Ⅱ）酸钠

（2）四氯合金（Ⅲ）酸

（3）氯化二氯·三氨·一水合钴（Ⅲ）

四、配位化合物的分类

（一）简单配位化合物

简单配位化合物是由单齿配体与中心离子直接配位形成的，如 $Na_4[Fe(CN)_6]$、$[Co(NH_3)_4Cl_2]Cl$。其中根据简单配体的种类多少，又可以分为单纯配体配合物和混合配体配合物。

1. 单纯配体配合物 $Na_4[Fe(CN)_6]$、$H[AuCl_4]$。

2. 混合配体配合物 $[Co(NH_3)_4Cl_2]Cl$、$[PtCl(NO_2)(NH_3)_4]SO_4$。

（二）螯合物

螯合物是指由中心离子（原子）与多齿配体形成的具有环状结构的配位化合物。其中多齿配体又称为螯合剂，且必须含有 2 个及以上的配位原子，两个配位原子之间存在 2~3 个其他原子，螯合剂的几个配位原子与中心离子（原子）直接形成配位键，进而形成稳定五元环或六元环，如图 9-1 所示。

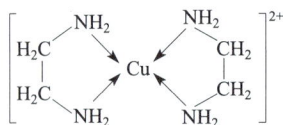

图 9-1 $[Cu(en)_2]^{2+}$ 的示意图

常见的螯合剂有乙二胺、乙酰丙酮、丙二胺、乙二胺四乙酸。

> **知识链接**
>
> ### EDTA
>
> 乙二胺四乙酸及乙二胺四乙酸二钠统称为 EDTA，常用于分析化学中金属离子的含量测定。EDTA 能提供两个 N 原子和 4 个羧基氧原子与金属离子配位，即可用 1 分子的 EDTA 就将需要六配位的金属离子包裹起来，形成稳定的螯合物。除碱土金属外，EDTA 几乎能与所有的金属离子 1:1 的形成稳定螯合物，因此，在分析化学中，常采用 EDTA 作为标准溶液标定金属离子。
>
>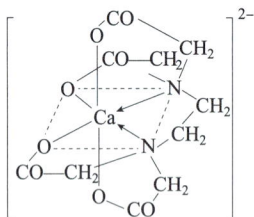
>
> **图 9-2** EDTA 与 Ca^{2+} 形成的螯合物结构图

（三）多核配合物

多核配合物是指由两个或两个以上的中心离子，通过桥联配体相结合形成的配合物，也叫桥式配合物。在这类多核配合物中，中心金属离子可以相同，也可以不同；侨联配体的配位原子可以同时与 2 个中心离子（原子）形成配位键的配体，配位原子一般为 O、N、S、Cl。

第二节 配位平衡

PPT

>> **情境导入** //

情境：在两支装有 $[Cu(NH_3)_4]SO_4$ 溶液的试管中分别加入 NaOH 和 Na_2S 溶液，结果发现第一支试管中溶液无明显变化，而第二支试管中有黑色沉淀生成。

思考：1. 黑色沉淀是什么物质？

2. 为什么第一支试管中溶液无明显变化，第二支试管中有黑色沉淀？

一、配离子的稳定常数

在水溶液中，配位化合物直接解离成配离子，而配离子的配位反应和解离反应是可逆的，在一定条件下，配离子的配位反应和解离反应速率相等，体系达到动态平衡，这称之为配位平衡。以 $[Fe(CN)_6]^{3-}$ 为例，在一定条件下，配位反应和解离反应达到动态平衡为

$$Fe^{3+} + 6CN^- \rightleftharpoons [Fe(CN)_6]^{3-}$$

正反应为配位反应，逆反应为解离反应，平衡常数表达式为

$$K = [Fe(CN)_6]^{3-} / [Fe^{3+}][CN^-]^6$$

该常数越大，说明生成配离子的倾向越大，而解离的倾向就越小，即配离子越稳定，用 $K_稳$ 来表示。不同配离子具有不同的稳定常数，稳定常数的大小直接反映了配离子稳定性的大小，一些常见的配离子稳定常数见附录七。

二、配位平衡的移动

配位化合物溶液中存在配位平衡，当向溶液中加入某种试剂（酸、碱、沉淀剂等），这些试剂可能会与配位化合物中的离子发生化学反应，导致配位平衡的条件发生改变，平衡就会移动。

（一）溶液 pH 的影响

根据酸碱质子理论，大多数的配体都是碱，当溶液中 pH 降低，能与溶液中的 H^+ 结合生成共轭酸，体系中配体减少，使得平衡向解离方向移动，导致配离子的稳定性降低，这种效应称为酸效应。当溶液 pH 升高，中心原子（离子）将发生水解，体系中中心离子减少，平衡向解离方向移动，导致配离子稳定性降低，这种效应称为水解效应。以 $[Fe(CN)_6]^{3-}$ 为例：

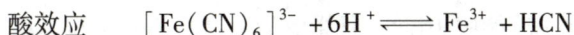

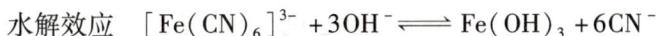

酸效应 $[Fe(CN)_6]^{3-} + 6H^+ \rightleftharpoons Fe^{3+} + HCN$

水解效应 $[Fe(CN)_6]^{3-} + 3OH^- \rightleftharpoons Fe(OH)_3 + 6CN^-$

因此，配位化合物在一定的 pH 范围内才能在溶液中稳定存在。

（二）配位平衡与沉淀平衡转化

在配离子溶液中加入沉淀剂，金属离子可能会与沉淀剂生成沉淀，会使平衡向配离子解离的方向移动。同理，如果在沉淀中加入能与金属离子形成配合物的配位剂，沉淀也可能会转化为配离子而溶解。上述配位平衡向沉淀平衡转化，沉淀平衡向配位平衡转化能否发生，主要取决于配离子的 $K_稳$ 与沉淀的 K_{sp} 的相对大小、配位剂和沉淀剂的浓度。

例如，在含有 AgCl 沉淀的试管中加入大量氨水，沉淀溶解。

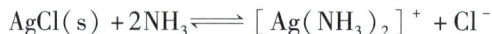

$$AgCl(s) + 2NH_3 \rightleftharpoons [Ag(NH_3)_2]^+ + Cl^-$$

再向此试管中加入大量 KBr 溶液，有淡黄色沉淀生成。

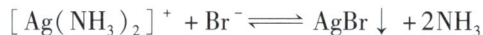

$$[Ag(NH_3)_2]^+ + Br^- \rightleftharpoons AgBr\downarrow + 2NH_3$$

一般来说，配离子的 $K_稳$ 与沉淀的 K_{sp} 越大，沉淀越容易溶解，转化为配离子。同理，配离子的 $K_稳$ 与沉淀的 K_{sp} 越小，沉淀越容易产生，配离子越容易转化为沉淀。

（三）配位平衡之间的转化

向某一种配离子溶液中，加入另外一种能与该中心原子（离子）形成配离子的配位剂时，会发生配位平衡之间的转化，通常会向生成稳定常数更大的配离子方向移动。例如，在 $[Ag(NH_3)_2]^+$ 溶液中加入大量 KCN 溶液，因为 $K_{稳,[Ag(NH_3)_2]^+} = 2.5 \times 10^7$，$K_{稳,[Ag(CN)_2]^-} = 1.3 \times 10^{23}$，将发生以下反应。

$$[Ag(NH_3)_2]^+ + 2CN^- \rightleftharpoons [Ag(CN)_2]^+ + 2NH_3$$

第三节　配位化合物的应用

PPT

配位化合物的应用极其广泛，它已涉及自然科学的各个领域，与尖端科学技术、经济、人类生存息息相关，与配位化合物相联系的学科很多，这里主要介绍配位化合物在生物学、医药、分析化学等方面的应用。

一、在生物学方面的应用

配位化合物在生物学领域有很重要的作用，生物体内的微量元素，尤其是过渡金属元素，主要以配位化合物的形式来完成生物化学功能的，如氮的固定、光合作用、氧的输送、储存和能量转换等。与呼吸作用密切相关的血红素是一种 Fe 配合物；植物中的叶绿素是一种以 Mg 为中心的配合物，它能进行光合作用，把太阳能转化为化学能，同时也是人体的重要营养物质；在生物体内，有 1/3 以上的酶必须有金属离子的参与才显活性，这些金属活性中心实际上就是一些配合物结构。这些配位化合物在生物体内起着重要作用。

二、在医药方面的应用

金属配合物作为药物在临床上使用。顺铂是目前世界上治疗癌症最成功的金属配合物药物，对于卵巢癌、前列腺癌、睾丸癌、肺癌、鼻咽癌、食道癌等都有很好的疗效。机制研究表明，顺铂的抗癌作用主要是由于它可以与肿瘤细胞的 DNA 结合，破坏了 DNA 双螺旋结构，阻碍了 DNA 的复制和转录，最终导致肿瘤细胞的凋亡。顺铂虽然疗效很好，但是也有明显的缺陷，就是毒副作用强，同时易产生耐药性，这些缺陷严重制约了顺铂的疗效和临床使用。因此，科学家们一直在不断地探索研究活性高、毒副作用小的新型抗癌药物，目前，卡铂、奈达铂、奥沙利铂已批准用于治疗癌症。除了铂类抗癌药物以外，人们还研究了非铂类配合物的抗癌活性，如金配合物、钌配合物、铜配合物、钛配合物等。

三、在分析化学方面的应用

（一）离子鉴定

常利用一些配合物具有特征颜色这个性质，来鉴定某些金属离子的存在。如：

$$Cu^{2+} + NH_3 \longrightarrow \left[Cu(NH_3)_4 \right]^{2+} \qquad （深蓝色）$$

$$Fe^{3+} + nSCN^- \longrightarrow \left[Fe(SCN)_n \right]^{3-n} \qquad （血红色）$$

$$Ni^{2+} + DMG（丁二肟） \longrightarrow Ni(DMG)_2\downarrow \qquad （鲜红色）$$

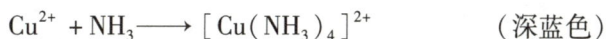

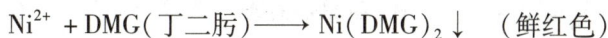

（二）元素组成的检测

在分析化学中，常常需要对某些样品的组成进行检测，比如测定矿石中的金属元素组成，测定水中钙镁离子的含量（即测量水的硬度）等，这些检测也大多是利用配位滴定的原理和方法，EDTA 滴定法就是最常用的配位滴定法之一。

目标检测

答案解析

一、选择题

（一）单项选择题

1. 下列物质不属于配位化合物的是 （ ）

A. $KAl(SO_4)_2$ 　　　　　B. $K[HgI_4]$ 　　　　　C. $[Ni(CO)_4]$

D. $H[AuCl_4]$ 　　　　　E. $[Cu(NH_3)_4]SO_4$

2. 中心离子的配位数等于 （ ）

A. 配体数 　　　　　B. 配体原子总数 　　　　　C. 中心离子

D. 配位原子总数 　　　　　E. 外界离子数

3. 下列物质可以作螯合剂的是 （ ）

A. NH_3 　　　　　B. H_2O 　　　　　C. CO

D. Cl^- 　　　　　E. EDTA

4. 配合物和螯合物所具有的共同点是 （ ）

A. 有环状结构 　　　　　B. 有共价键 　　　　　C. 有配位键

D. 有外界 　　　　　E. 有离子键

5. 配离子 $[Co(en)_3]^{3+}$ 的中心离子的配位数是 （ ）（en 是乙二胺）

A. 2 　　　　　B. 3 　　　　　C. 4

D. 5 　　　　　E. 6

6. $[PtCl(NO_2)(NH_3)_4]CO_3$ 溶液中离子最多的是 （ ）

A. CO_3^{2-} 　　　　　B. Cl^- 　　　　　C. NO_2^-

D. NH_3 　　　　　E. Pt^{4+}

（二）多项选择题

7. 下列物质是配位化合物的是 （ ）

A. $KAl(SO_4)_2$ 　　　　　B. $K[HgI_4]$ 　　　　　C. $[Ni(CO)_4]$

D. $H[AuCl_4]$ 　　　　　E. $NH_4Fe(SO_4)_2$

8. 下列属于单齿配体的是 （ ）

A. CO 　　　　　B. CO_2 　　　　　C. EDTA

D. NH_3 　　　　　E. 乙二胺（en）

9. $[CoCl_2(NH_3)_3(H_2O)]I$ 的配体是 （ ）

A. Cl^- 　　　　　B. NH_3 　　　　　C. H_2O

  D. I^- E. Co^{3+}

10. 配合物的类型有（ ）

  A. 复盐   B. 简单配合物   C. 复杂配合物

  D. 螯合物   E. 多核配合物

二、思考题

  1. 在 $NH_4Fe(SO_4)_2$ 中加入 KSCN，可出现血红色反应，而在 $K_3[Fe(CN)_6]$ 溶液中加入 KSCN，溶液不变色，请解释原因。

  2. 命名下列配位化合物

  （1）$[Pt(NH_3)_4]Cl_2$

  （2）$Na_4[Fe(CN)_6]$

  （3）$[Co(NH_3)_4Cl_2]Cl$

书网融合……

重点小结   微课   习题

第十章 主族元素

📖 学习目标

知识目标：通过本章的学习，掌握碱金属、碱土金属、卤族、氧族、氮族、碳族和硼族元素在周期表中的位置和价电子层结构特征，硬水分类及硬度的概念；熟悉钠、钾、镁、钙、卤素、硫、硒、磷、砷、碳、硅、硼、铝的性质及其有关化合物的主要性质，硬水的软化，活性炭的吸附作用；了解钠、钾、镁、钙、卤素、硫、硒、磷、砷、碳、硅、硼、铝单质及重要化合物的应用。

能力目标：具备能根据元素周期律判断主族元素单质及其化合物性质的差异；能运用原子结构理论解释主族元素性质的递变规律的能力。

素质目标：通过本章的学习，培养辩证唯物主义观点，培养分析问题和解决问题能力，树立求真务实的科学态度和严谨认真的工作风范。

📖 情境导入

情境：碳纳米管由于独特的结构及优良的力学、电学和化学等性能，呈现出广阔的应用前景，吸引了材料、物理、电子、化学等领域众多科学家的极大关注，成为国际新材料领域的研究前沿和热点。目前，关于碳纳米管的特性和制备方法的研究已取得很大的进展，重点正在转向其规模化生产和应用领域的研究。

讨论：1. 碳纳米管的微观结构是什么样的？

2. 碳纳米管中的碳采取何种杂化方式？碳纳米管具有哪些优异的性能与应用前景？

主族元素是指周期表中 s 区及 p 区的元素。s 区元素包括ⅠA族（氢与碱金属）和ⅡA族（碱土金属），p 区的元素包括ⅢA族（硼族）、ⅣA族（碳族）、ⅤA族（氮族）、ⅥA族（氧族）、ⅦA族（卤素）。本章主要介绍ⅠA族～ⅦA族元素及化合物性质。

第一节　s区元素及其化合物

PPT

s 区元素（除氢外）都是活泼的金属元素。ⅠA族元素原子最外层电子构型为 ns^1，ⅡA族元素原子最外层电子构型为 ns^2。s 区元素原子容易失去最外层电子，形成阳离子。

一、碱金属和碱土金属的通性

碱金属元素包括锂（Li）、钠（Na）、钾（K）、铷（Rb）、铯（Cs）、钫（Fr），这些元素的氧化物水溶液呈强碱性，所以称之为碱金属元素。碱土金属元素包括铍（Be）、镁（Mg）、钙（Ca）、锶（Sr）、钡（Ba）、镭（Ra），由于钙、锶、钡的氧化物在性质上既具有碱性，又具有"土性"（既难溶于水，又难熔融的性质称为"土性"），因此称之为碱土金属（习惯上把铍、镁也包括在碱土金属之内）。

锂电池

锂电池是由锂金属或锂合金为负极材料、使用非水电解质溶液的电池。锂电池分为锂金属电池和锂离子电池。1992年成功开发出实用型锂离子电池，锂离子电池不含有金属态的锂，并且是可以充电的。1996年诞生可充电的锂金属电池，其安全性、比容量、自放电率和性能价格比均优于锂离子电池。锂电池最早期应用在心脏起搏器中，植入人体的起搏器能够长期运作而不用重新充电。锂电池标称电压高于3.0伏，适合作集成电路电源，使移动电话、笔记本、计算器等电子设备的重量和体积大大减小。

碱金属和碱土金属位于元素周期表的最左端两列，都是非常活泼的金属元素，单质的化学活性很高，不能在自然状态下稳定存在。钠、钾、镁和钙在自然界中含量较多，是生命必需元素，在生物体的代谢过程中担当着重要的角色，是医药专业学习中应重点关注的元素。锂、铷、铯和铍在自然界中丰度较小，属于稀有金属，钫和镭是放射性元素，钫只能由核反应产生。

（一）碱金属的基本性质

碱金属元素的基本性质见表 10-1。

表 10-1　碱金属元素的基本性质

性质	锂	钠	钾	铷	铯
元素符号	Li	Na	K	Rb	Cs
原子序数	3	11	19	37	55
价电子层构型	$2s^1$	$3s^1$	$4s^1$	$5s^1$	$6s^1$
主要氧化数	+1	+1	+1	+1	+1
原子半径（10^{-10}m）	1.52	1.858	2.272	2.48	2.654
电负性	0.98	0.93	0.82	0.82	0.79
熔点（℃）	181	98	64	39	28
沸点（℃）	1342	883	759	688	671
密度（g/cm³）	0.534	0.968	0.862	1.532	1.93
硬度	0.6	0.4	0.5	0.4	0.2

碱金属单质是典型的轻金属。锂、钠、钾能浮在水上，锂能浮在煤油上。碱金属硬度小、熔点低，有银白色金属光泽，能用刀子切开，新切开的断面很快变灰暗，是因为断面与空气中的氧生成了一层氧化膜使光泽度下降。铷和铯遇空气会立即燃烧。碱金属单质莫氏硬度小于2，质软，导电、导热性能极佳。

（二）碱土金属的基本性质

除铍外（铍属于轻稀有金属），碱土金属都是典型的金属元素。碱土金属在自然界均有存在，钙、镁和钡在地壳内蕴藏较丰富，它们的单质和化合物用途较广泛。

表 10-2　碱土金属的基本性质

性质	铍	镁	钙	锶	钡
元素符号	Be	Mg	Ca	Sr	Ba
原子序数	4	12	20	38	56
价电子层构型	$2s^2$	$3s^2$	$4s^2$	$5s^2$	$6s^2$

续表

性质	铍	镁	钙	锶	钡
主要氧化数	+2	+2	+2	+2	+2
原子半径（10^{-10} m）	1.12	1.60	1.97	2.15	2.22
电负性	1.57	1.31	1.00	0.98	0.89
熔点（℃）	1278	650	842	777	727
沸点（℃）	2470	1091	1484	1382	1897
密度（g/cm^3）	1.848	1.738	1.55	2.64	3.51
硬度	—	2.0	1.5	1.8	—

　　碱土金属单质为银白色（铍为灰色）固体，硬度略大于碱金属，导电、导热能力好。除铍和镁外，其他均可用刀子切割，新切出的断面有银白色光泽，但在空气中迅速变暗。碱土金属单质熔、沸点比同周期的碱金属高，其密度也都大于同周期碱金属，但仍属于轻金属。碱土金属的氧化物熔点较高，溶于水显较强的碱性。其盐类中除铍盐外，皆为离子晶体，但溶解度较小。碱土金属原子易失去外层电子，形成 +2 价阳离子，表现强还原性，其还原性随着核电荷数的递增而增强。

二、钠和钾

　　钠、钾是化学性质活泼的金属，具有很强的还原性，能与水、非金属和许多化合物直接反应。

（一）钠和钾的化学性质

1. 与非金属反应　碱金属单质具有很强的反应活性，能直接与很多非金属元素形成离子化合物。

与氧的反应

$$4Na + O_2(稀缺) = 2Na_2O$$

$$K + O_2(稀缺) = KO_2$$

　　钠、钾在缺氧条件下生成普通氧化物，钠在空气中反应生成过氧化物，钾在空气中燃烧也能生成超氧化物。

与卤素反应　　　　　$2M + X_2 = 2MX$

与氢气反应　　　　　$2M + H_2 = 2MH$

与硫反应　　　　　　$2M + S = M_2S$

与磷反应　　　　　　$3M + P = M_3P$

2. 与水反应　钠和钾都能与水反应剧烈，放出大量的热，生成氢氧化物与氢气。

$$2M + H_2O = 2MOH + H_2\uparrow$$

（二）氧化物

　　钠、钾与氧气能生成各种复杂的氧化物。

1. 正常氧化物　钠、钾的氧化物可以被继续氧化，在缺氧条件下由钠、钾氧化制备 Na_2O 和 K_2O 的条件难以控制。Na_2O 和 K_2O 一般用其过氧化物或硝酸盐来制备。

$$Na_2O_2 + 2Na = 2Na_2O$$

$$2KNO_3 + 10K = 6K_2O + N_2\uparrow$$

　　氧化钠为白色物质，氧化钾为淡黄色物质，它们都是反磁性物质，都能与水反应生成对应的氢氧化物。

$$Na_2O + H_2O = 2NaOH$$

2. 过氧化物　碱金属都能形成过氧化物，过氧化物中含有过氧键—O—O—，称为过氧离子

（O_2^{2-}），碱金属的过氧化物呈淡黄色。钠、钾与氧化合得到过氧化物。过氧化钠和过氧化钾可用于漂白，熔矿，制氧。

过氧化钠与水或稀酸反应生成氢氧化钠和过氧化氢，放出大量的热，生成的过氧化氢会迅速分解产生氧气。

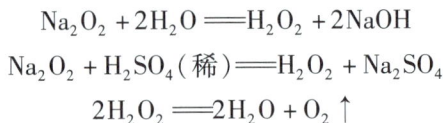

$$Na_2O_2 + 2H_2O = H_2O_2 + 2NaOH$$
$$Na_2O_2 + H_2SO_4(稀) = H_2O_2 + Na_2SO_4$$
$$2H_2O_2 = 2H_2O + O_2\uparrow$$

3. 超氧化物　碱金属中除锂外，其他元素都能形成超氧化物，超氧化物中含有超氧离子（O_2^-）。钠、钾都能形成超氧化物，钾在空气中燃烧生成超氧化钾。

$$K + O_2 = KO_2$$

超氧化钾是强氧化剂，与水反应剧烈，放出大量的热，生成过氧化氢和氧气，过氧化氢进一步分解。

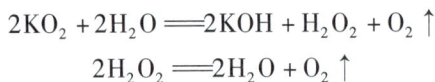

$$2KO_2 + 2H_2O = 2KOH + H_2O_2 + O_2\uparrow$$
$$2H_2O_2 = 2H_2O + O_2\uparrow$$

超氧化钾与二氧化碳的反应放出氧气，可用作急救空气背包中的供氧剂，对于高危作业，如潜水、飞行、登山时的必备。

$$4KO_2 + 2CO_2 = 2K_2CO_3 + 3O_2$$

（三）氢化物

碱金属单质在氢气流中加热就可获得对应的氢化物。

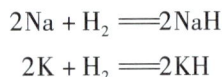

$$2Na + H_2 = 2NaH$$
$$2K + H_2 = 2KH$$

碱金属氢化物属于离子型氢化物，熔沸点高，晶体结构为氯化钠型，碱金属氢化物中存在氢负离子，碱金属氢化物与水剧烈反应放出氢气。

$$NaH + H_2O = NaOH + H_2\uparrow$$

（四）氢氧化物

氢氧化钠、氢氧化钾为白色固体，可溶或易溶于水，溶于水放出大量热，在空气中会发生潮解并吸收二氧化碳生成碳酸盐，所以二者固体需要密闭保存。二者都属于强碱，对皮肤、衣物、纸张有强烈的腐蚀性，使用时要注意防护以免灼伤。

由于 Na_2CO_3 不溶于饱和的 NaOH 溶液而析出，所以配制不含碳酸盐的 NaOH 溶液，应先配成 NaOH 的饱和溶液密闭静置，然后再取上层清液，用煮沸冷却后的新鲜纯化水稀释到所需浓度。

氢氧化钠、氢氧化钾能与玻璃中的 SiO_2 反应，因此盛放 NaOH、KOH 溶液的试剂瓶应用橡皮塞。如用玻璃塞，则易生成黏性的硅酸盐，致使瓶塞粘连无法打开。长期存放 NaOH、KOH 溶液最好用耐腐蚀的塑料试剂瓶盛装。

（五）钠盐和钾盐的主要区别与离子鉴定

1. 钠盐、钾盐的主要区别

（1）钠盐的溶解性一般好于相应的钾盐。但也有例外，如 Na_2CO_3 溶解度小于 K_2CO_3。另 NaCl 溶解度几乎不受温度影响而 KCl 溶解度随温度急剧增加，因此 60℃ 以上时 KCl 溶解度反而明显高于 NaCl 溶解度。

（2）水合钠盐的数量多于水合钾盐的数量，约 3/4 的钠盐含有结晶水，只有 1/4 的钾盐含有结晶水。

（3）钠盐的吸潮能力强于相应的钾盐。

2. Na$^+$和K$^+$鉴定

（1）Na$^+$的鉴定

1）焰色反应　用铂丝环蘸取少量钠盐或Na$^+$溶液，在无色火焰上燃烧，火焰呈持久的黄色。焰色反应只能做辅助试验。

2）醋酸铀酰锌法　在中性或醋酸酸性溶液中，Na$^+$与醋酸铀酰锌[Zn(Ac)$_2$·UO(Ac)$_2$]生成柠檬黄色结晶形沉淀。操作步骤：在含有Na$^+$溶液的试管中，加入醋酸酸化，再加入过量醋酸铀酰锌溶液，用玻璃棒摩擦试管内壁，溶液中有柠檬黄色沉淀生成，说明溶液中有Na$^+$。

（2）K$^+$的鉴定

1）焰色反应　用铂丝环蘸取少量钾盐或K$^+$溶液，在无色火焰上燃烧，火焰呈持久的紫色。焰色反应只能做辅助试验。当钾盐中含有少量钠盐时，最好用蓝色玻璃片隔火观察，因为紫色火焰被钠强烈的黄色焰色所掩盖。

2）亚硝酸钴钠法　在中性或醋酸酸性溶液中，K$^+$与亚硝酸钴钠Na$_3$[Co(NO$_2$)$_6$]生成橙黄色结晶形沉淀。操作步骤：在含有K$^+$溶液的离心试管中，加入亚硝酸钴钠试液，观察有无橙黄色沉淀生成。必要时可离心分离，但必须在中性或弱酸性溶液中反应。

（六）重要的钠盐和钾盐及其在医药中的应用

1. 氯化钠（NaCl）　为白色晶体，是食盐的主要成分。9.0g/L氯化钠溶液与血浆具有相同的渗透压，是主要的体液替代物，广泛用于治疗及预防脱水，也用于静脉注射治疗及预防血量减少性休克。复方氯化钠滴眼液用于眼干燥症，眼睛疲劳，戴隐形眼镜引起的不适症状和视物模糊（眼分泌物过多）。

2. 氯化钾（KCl）　是一种利尿药物，多用于心脏性或肾脏性水肿。氯化钾注射液可用于治疗各种原因引起的低钾血症。另外氯化钾注射液还可以治疗洋地黄中毒引起频发性、多源性期前收缩或快速心律失常。

3. 碘化钠和碘化钾（NaI和KI）　可用于配制碘酊，增大碘的溶解度。主要用于治疗甲状腺肿、甲状腺功能亢进及手术前准备。碘化钠可用于配制造影剂。

4. 硫代硫酸钠（Na$_2$S$_2$O$_3$）　市售的硫代硫酸钠俗称海波或大苏打，含5分子结晶水。临床上20%的硫代硫酸钠内服可治疗重金属中毒，外用可治疗慢性皮炎等皮肤病；10%的硫代硫酸钠注射剂可用于氰化物、砷、汞、铅、铋、碘中毒的治疗。

5. 碳酸氢钠（NaHCO$_3$）　俗称小苏打，其水溶液呈弱碱性，常用于治疗胃酸过多和酸中毒。外用滴耳软化耵聍；2%溶液坐浴用于霉菌性阴道炎。碳酸氢钠在空气中会慢慢分解成碳酸钠，应密闭保存于干燥处。

发酵粉中含有许多物质，主要成分为碳酸氢钠和酒石酸。发酵粉融水拌入面中，热后放出二氧化碳和水，二氧化碳和水蒸气溢出，可使食品更加蓬松。如单纯用碳酸氢钠在作用后会残留碳酸钠，使用过多会使食品有碱味，故小苏打也被称作食用碱。

6. 碳酸钠（Na$_2$CO$_3$）　俗名苏打、纯碱、碱灰、苏打灰，通常情况下为白色粉末，易溶于水和甘油，微溶于无水乙醇，难溶于丙醇，具有盐的通性，属于无机盐。潮湿的空气里会吸潮结块，部分变为碳酸氢钠。碳酸钠的制法有联合制碱法、氨碱法、路布兰法等，也可由天然碱加工精制。作为一种重要的无机化工原料，主要用于平板玻璃、玻璃制品和陶瓷釉的生产。还广泛用于生活洗涤、酸类中以及食品加工等。药用碳酸钠主要用途包括调节酸碱平衡、缓解胃酸过多、抗过敏、消炎等。

三、镁和钙

钠、钾、镁、钙元素的生理功能

Na^+、K^+是人体内最主要的电解质离子，它们与蛋白质一起共同维持各组织细胞的渗透压。Na^+、K^+在维持机体的酸碱平衡方面起着重要的作用。Na^+是人体胆汁、胰液、汗液和眼泪的组成成分，它还对维持神经、肌肉的正常功能起作用。K^+参与细胞内糖和蛋白质的代谢，协调正常心肌的舒张和收缩运动，维持神经、肌肉的正常兴奋性。

Mg^{2+}是人体细胞内第二重要的阳离子（钾第一）。镁的生理功能：激活体内多种酶，维护骨骼生长和神经肌肉的兴奋性，抑制钾、钙通道；维护胃肠道和激素的功能；维持核酸结构的稳定性，参与体内蛋白质的合成、肌肉收缩及体温调节。镁也是高血压、高胆固醇、高血糖的"克星"，有助于防治脑卒中、冠心病和糖尿病。

钙是构成人和动物骨骼的主要成分。Ca^{2+}在传递神经脉冲、触发肌肉收缩和激素释放、血液的凝结以及正常心律调节中起着重要的作用。Ca^{2+}能降低毛细血管和细胞膜的通透性，抑制神经肌肉的兴奋性，参与肌肉收缩、细胞分泌和凝血等过程。Ca^{2+}的存在，还有利于心肌收缩，它与有利于心肌舒张的钾离子相拮抗，维持心肌的正常舒张。

镁、钙是化学活泼性较强的金属，能与大多数的非金属反应，易失去电子而呈现 +2 价，它们的化学性质与碱金属相似，但比相应的钠和钾金属性弱。

镁是银白色的金属，密度 $1.74g/cm^3$，熔点 650℃。沸点 1091℃。镁是轻金属，具有延展性，能与热水反应放出氢气，燃烧时能产生眩目的白光。金属镁能与大多数非金属和差不多所有的酸反应。在空气中，镁表面生成薄层氧化膜，氧化膜致密而坚硬，对内部的镁有保护作用。镁可以保存在干燥的空气里。在工业中，镁主要用于制强度高、密度小的合金，广泛用于汽车、飞机制造业中。

钙是银白色的轻金属，质软，密度 $1.54g/cm^3$，熔点 842℃，沸点 1484℃。化学性质活泼，能与水、酸反应，有氢气产生。钙易被氧化，在空气在其表面会形成一层氧化物和氮化物薄膜，生成的氧化物疏松，内部的金属会继续被氧化，钙要密封保存。加热时，几乎能还原所有的金属氧化物。

（一）镁和钙的化学性质

与氧气反应：
$$2M + O_2 \rule[0.5ex]{1.5em}{0.4pt} 2MO$$

与卤素反应：
$$M + Cl_2 \rule[0.5ex]{1.5em}{0.4pt} MCl_2$$

与水反应：
$$Mg + 2H_2O(热) \rule[0.5ex]{1.5em}{0.4pt} Mg(OH)_2 + H_2 \uparrow$$
$$Ca + H_2O \rule[0.5ex]{1.5em}{0.4pt} Ca(OH)_2 + H_2 \uparrow$$

与酸反应：
$$M + 2H^+ \rule[0.5ex]{1.5em}{0.4pt} M^{2+} + H_2 \uparrow$$

与不活泼金属的可溶盐反应：
$$M + Cu^+ \rule[0.5ex]{1.5em}{0.4pt} M^{2+} + Cu$$

（二）氧化物

1. 氧化物　镁和钙在室温或加热时与氧化合，一般只生成普通氧化物。
$$2M + O_2 \rule[0.5ex]{1.5em}{0.4pt} 2MO$$

实际生产中常由它们的碳酸盐、硝酸盐或氢氧化物等加热分解来制备。
$$MCO_3 \xrightarrow{\triangle} MO + CO_2$$

氧化镁、氧化钙均是难溶于水的白色粉末，都是 NaCl 型晶体。由于阴、阳离子都是带有两个单位电荷，而且 M-O 核间距又较小，所以碱土金属氧化物具有较大的晶格能，因此它们的熔点都很高、硬度也较大。氧化镁常用来制造耐火材料和金属陶瓷。氧化钙俗称生石灰，是重要的建筑材料。

2. 过氧化物　是含有过氧基（—O—O—）的化合物，镁、钙在一定条件下都能形成过氧化物。氧化钙与过氧化氢作用，可得到相应的过氧化钙。

$$CaO + H_2O_2 + 7H_2O == CaO_2 \cdot 8H_2O$$

（三）氢氧化物

氢氧化镁、氢氧化钙与氢氧化钠、氢氧化钾的比较。

（1）氢氧化镁、氢氧化钙受热分解成对应的氧化物和水，而氢氧化钠、氢氧化钾很稳定。

（2）氢氧化镁、氢氧化钙为中强碱，氢氧化钠、氢氧化钾为强碱。

（3）氢氧化镁难溶于水，氢氧化钙微溶于水。氢氧化钠、氢氧化钾易溶于水。

（4）均为白色固体，易潮解，在空气中吸收二氧化碳生成碳酸盐。

氢氧化钙俗称熟石灰、消石灰，是重要的建筑材料，氢氧化钙与氯气反应可制得漂白粉。将二氧化碳气体通入饱和氢氧化钙溶液，生成碳酸钙沉淀，会使澄清的溶液变浑浊，继续通入二氧化碳气体，生成的碳酸钙与二氧化碳生成可溶的碳酸氢钙，浑浊的又会变澄清。可用这一方法鉴别二氧化碳气体。

$$Ca(OH)_2 + CO_2 == CaCO_3 \downarrow + H_2O$$
$$CaCO_3 + CO_2 + H_2O == Ca(HCO_3)_2$$

（四）离子鉴定

1. Mg^{2+} 的鉴定　镁试剂法。镁试剂是一种有机染料，它在酸性溶液中呈黄色，在碱性溶液中呈红色或紫色，但被 $Mg(OH)_2$ 沉淀吸附后，则呈天蓝色。Mg^{2+} 的检验：在盛有 Mg^{2+} 溶液的试管中，加入 NaOH 试液，生成白色沉淀，再加入镁试剂（对硝基苯偶氮间苯二酚），沉淀变为蓝色。

2. Ca^{2+} 的鉴定

（1）焰色反应　用铂丝蘸取 Ca^{2+} 溶液，在无色火焰上灼烧，火焰呈砖红色。

（2）在盛有 Ca^{2+} 溶液的试管中，加入草酸铵试液，生成白色草酸钙沉淀，沉淀不溶于醋酸，但易溶于盐酸和硝酸。

$$Ca^{2+} + C_2O_4^{2-} == CaC_2O_4 \downarrow$$
$$CaC_2O_4 + H^+ == Ca^{2+} + HC_2O_4^-$$

（五）重要的镁盐、钙盐及其在医药学中的应用

1. 硫酸镁（$MgSO_4$）　硫酸镁晶体易溶于水，溶液有苦味，临床用作口服轻泻剂。硫酸镁可抑制中枢神经系统，松弛骨骼肌，具有镇静、抗痉挛以及减低颅内压等作用。常用于治疗惊厥、子痫、尿毒症、破伤风及高血压脑病等。硫酸镁粉剂与甘油调和外敷有消炎祛肿的功效。

2. 氯化钙（$CaCl_2$）　可用于血钙降低引起的手足搐搦症以及肠绞痛、输尿管绞痛等。氯化钙也可用于低钙引起的荨麻疹，渗出性水肿，瘙痒性皮肤病，用于解救镁盐中毒，用于维生素 D 缺乏性佝偻病、软骨病、妊娠期及哺乳期妇女钙盐补充。

3. 碳酸钙（$CaCO_3$）　碳酸钙胶囊与碳酸钙片为常用的补钙药，用于预防和治疗钙缺乏症，如骨质疏松、手足抽搐症、骨发育不全、佝偻病以及儿童、妊娠和哺乳期妇女、老年人钙的补充。碳酸钙也可用于中和胃酸。

4. 石膏（$CaSO_4 \cdot 2H_2O$）　生用具有清热泻火，除烦止渴之功效；煅用具有敛疮生肌，收湿，止血之功效。常用于外感热病、高热烦渴、肺热喘咳、胃火亢盛、头痛、牙痛。石膏也是一种用途广泛的工业材料和建筑材料，石膏及其制品的微孔结构和加热脱水性，使之具有优良的隔音、隔热和防火性能。石膏也可用于水泥缓凝剂、模型制作、医用食品添加剂、纸张填料、油漆填料等。

四、硬水及硬水的软化 📱微课

（一）硬水概述

"硬水"是指含有较多可溶性钙盐、镁盐的水。硬水并不对健康造成直接危害，但是会给生活带来麻烦，比如用水器具上结水垢、肥皂和清洁剂的洗涤效率减低等。硬水在工业上会造成极大的危害甚至危险，例如造成工业锅炉积垢导致传热不良浪费能源，甚至导致锅炉因传热不均匀引起爆炸。

根据水中溶有的钙镁离子的量多少可以将水分为硬水和软水。水中溶有 Ca^{2+}、Mg^{2+} 离子的量通常以硬度表示。国际上对水的硬度的表示方法不统一。我国以"德国度"表示，该方法是：将水中的 Ca^{2+}、Mg^{2+} 离子都看作 Ca^{2+} 离子，并将其质量折算成 CaO 的质量，1 度相当于 1L 水中含 10mg 的氧化钙。8 度以上的水为硬水，地下水（如井水、泉水）的含盐量较多，属于硬水。在硬水中，钙盐和镁盐以碳酸氢盐、碳酸盐、硫酸盐、氯化物和硝酸盐的形式存在。8 度以下的水为软水，如雨水、蒸馏水等。

水的硬度是天然水固有的内在特征，不存在没有硬度的天然水。为保证人们身体健康，我国饮用水的硬度统一规定为不超过 25 度。规定：0～4 度是很软的水、4～8 度是软水、8～16 度是中硬水、16～30 度是硬水、30 度以上是最硬水。

（二）硬水的分类

硬水又分为暂时硬水和永久硬水。暂时硬水的硬度是由碳酸氢钙与碳酸氢镁引起的，经煮沸后可除去碳酸氢钙与碳酸氢镁，这种硬度又叫碳酸盐硬度。永久硬水的硬度是由硫酸钙和硫酸镁等盐类物质引起的，煮沸不能除去硫酸钙和硫酸镁。

天然水大多同时具有暂时硬度和永久硬度，一般所说水的硬度是泛指上述两种硬度的总和。一些地区的溶洞和溶洞附近的硬水以暂时硬度为主。因为当水滴在大气中凝聚时，会溶解空气中的二氧化碳形成碳酸。碳酸最终随雨水落到地面上，然后渗过土壤到达石灰岩层，溶解石灰（碳酸钙和碳酸镁）产生暂时硬水。

（三）硬水的软化

降低硬水中钙、镁离子的含量，称为硬水的软化。软化硬水的常用方法如下。

1. 加热煮沸法（只适用于暂时硬水） 由于暂时硬水是由碳酸氢盐所引起的，因而当暂时硬水受热时会得到相应的沉淀。

$$Ca(HCO_3)_2 \xrightarrow{\triangle} CaCO_3 \downarrow + CO_2 \uparrow + H_2O$$

$$Mg(HCO_3)_2 \xrightarrow{\triangle} MgCO_3 \downarrow + CO_2 \uparrow + H_2O$$

$MgCO_3$ 微溶，继续加热，碳酸镁转化为更难溶的 $Mg(OH)_2$。

$$MgCO_3 + 2H_2O \xrightarrow{\triangle} Mg(OH)_2 \downarrow + CO_2 \uparrow$$

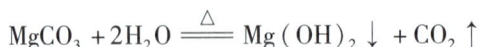

长时间加热暂时硬水得到的水垢是 $CaCO_3$ 和 $Mg(OH)_2$ 的混合物。利用这个性质可区别暂时硬水与永久硬水。

2. 药剂软化法 工业上的水质处理方法是药剂软化法，如加入石灰（CaO）、碳酸钠（Na_2CO_3）等。加入石灰，可使水中的二氧化碳、碳酸氢钙和碳酸氢镁生成 $CaCO_3$ 和 $Mg(OH)_2$ 的沉淀，对永久硬度大的硬水，可再加适量纯碱。软化时石灰添加量，根据经验，每降低1000L水中暂时硬度一度，需加纯氧化钙10g。

3. 离子交换法　利用离子交换剂，把水中的离子与离子交换剂中可扩散的离子进行交换，使水得到软化的方法。饮料用水大都采用有机合成离子交换树脂作离子交换剂。离子交换剂包括天然或人造沸石、离子交换树脂和磺化煤等物质。其中磺化煤软化硬水原理：当硬水通过时，硬水里的钙离子和镁离子与磺化煤的钠离子发生离子交换，生成 CaR_2 和 MgR_2，因而实现溶液中的钙、镁离子含量的降低，硬水软化。有关方程式为

$$2NaR + Ca^{2+} = CaR_2 + 2Na^+$$

$$2NaR + Mg^{2+} = MgR_2 + 2Na^+$$

4. 电渗析法　是在外加直流电场的作用下，利用阴、阳离子交换膜对水中离子的选择透过性，使水中阴、阳离子分别通过阴、阳离子交换膜向阳极和阴极移动，从而达到净化作用。这项技术常用于自来水制备初级纯水。

5. 反渗透法（超滤技术）　是以压力为驱动力，提高水的压力来克服渗透压，使水穿过功能性的半透膜而除盐净化。反渗透法也能除去胶体物质，对水的利用率可达75%以上；反渗透法产水能力大，操作简便，能有效使水净化到符合国家标准。

第二节　p区元素及其化合物

PPT

p区含ⅢA～ⅦA族与0族。0族元素，又称为稀有气体或惰性气体，ⅢA～ⅦA族分别为卤素、氧族、氮族、碳族、硼族。本章主要介绍ⅢA～ⅦA族元素的单质和主要化合物的制备、性质和主要用途。

一、卤素

卤族元素，周期表中的ⅦA族元素，包括氟（F）、氯（Cl）、溴（Br）、碘（I）、砹（At），简称卤素。它们都能直接和金属化合生成盐类，例如NaCl。砹是人工合成的放射性元素，不稳定。卤素的价层电子构型为 ns^2np^5，只要获得一个电子就能成为稳定的8电子构型。因此，和同周期元素相比较，卤素的非金属性最强。

卤族元素单质都是双原子分子，为非极性分子，分子间仅存在色散力，随着分子量的增大，分子的变形性增大，分子间的色散力也逐渐增强，颜色变深，它们的熔点、沸点、密度、原子体积也按 F→Cl→Br→I 的顺序依次增大。表10-3列出了卤素的一些主要性质。

表 10 – 3　卤族的基本性质

性质	氟（F）	氯（Cl）	溴（Br）	碘（I）
原子序数	9	17	35	53
价层电子构型	$2s^2 2p^5$	$3s^2 3p^5$	$4s^2 4p^5$	$5s^2 5p^5$
主要氧化数	-1,0	-1,0,+1,+3,+5,+7	-1,0,+1,+3,+5,+7	-1,0,+1,+3,+5,+7
常温下单质状态	浅黄色气体	黄绿色气体	红棕色液体	紫黑色固体
熔点(℃)	-219.7	-100.99	-7.3	113.5
沸点(℃)	-188.2	-34.03	58.75	184.34
原子半径(pm)	64	99	114	133
X⁻离子半径(pm)	136	181	195	216
电负性	4.0	3.2	3.0	2.7

卤素分子难溶于水，而易溶于有机溶剂如乙醇、乙醚、三氯甲烷、四氯化碳等。实验室中为了能获得较高浓度的碘水溶液，通常将碘溶于 KI、HI 或其他碘化物溶液，形成配离子 I_3^-，使得碘的溶解度增大。

（一）卤素单质的化学性质

卤素都有氧化性，氟单质的氧化性最强。卤族元素和金属元素构成大量无机盐，此外，在有机合成等领域也发挥着重要作用。①相似性：都具有强氧化性，均能与金属、非金属、水和碱溶液反应。②递变性：随着原子序数的增加，卤素的氧化性逐渐减弱。F_2 是最强的氧化剂，氧化性递变顺序为 $F_2 > Cl_2 > Br_2 > I_2$。

1. 卤素与金属反应 F_2 能与所有的金属直接化合；Cl_2 与少数金属不能直接化合，有些反应需要加热；Br_2 和 I_2 要在较高温度下才能与某些金属化合。如 F_2、Cl_2、Br_2 均能将铁氧化为正三价的铁盐，而铁与 I_2 反应生成碘化亚铁（FeI_2）。

2. 卤素与非金属反应 卤素单质与氢气化合生成卤化氢的反应。氢气在氯气中的燃烧时的现象为：苍白色的火焰，且瓶口出现白雾。卤素与其他非金属反应，活泼性从 F_2 到 I_2 明显减弱。

3. 卤素与水和碱反应 F_2 与水反应激烈地放出 O_2。

$$F_2 + H_2O \Longrightarrow 2HF + O_2 \uparrow$$

Cl_2 与水发生歧化反应，生成盐酸和次氯酸，后者在日光照射下可以分解出 O_2。

$$Cl_2 + H_2O \Longrightarrow HCl + HClO$$

$$2HClO \Longrightarrow 2HCl + O_2 \uparrow$$

Br_2 和 I_2 与纯水的反应极不明显，在碱性溶液中才能发生歧化反应。

$$Br_2 + 2KOH \Longrightarrow KBr + KBrO + H_2O$$

$$I_2 + 6NaOH \Longrightarrow 5NaI + NaIO_3 + 3H_2O$$

4. 卤素间的置换反应 氧化性强的卤素能将氧化性较弱的卤素从其卤化物中置换出来。

$$Cl_2 + 2KBr \Longrightarrow 2KCl + Br_2$$

$$Cl_2 + 2KI \Longrightarrow 2KCl + I_2$$

这是由晒盐后的苦卤生产溴或由海藻灰提取碘的反应。实验室也常用此氯化法获取溴和碘，但制碘时 Cl_2 需控制适量，过多的 Cl_2 会将 I_2 进一步氧化为 HIO_3。

不过，应注意的是 F_2 与其他卤化物的水溶液反应，只能从水中置换出氧气，不能置换出其他卤素单质，但可以从熔融态的其他卤化物中置换出卤素单质。

此外，还可以发生另一类置换反应

$$I_2 + 2ClO_3^- \Longrightarrow 2IO_3^- + Cl_2 \uparrow$$

$$Br_2 + 2ClO_3^- \Longrightarrow 2BrO_3^- + Cl_2 \uparrow$$

（二）卤化氢

卤化氢是具有刺激性臭味的无色气体。卤化氢的熔沸点（除 HF）随原子序数增加而增加，HF 因分子间存在氢键，使得熔沸点反而比 HCl 的高。

卤化氢的水溶液称氢卤酸。除氢氟酸是弱酸外，其余氢卤酸都为强酸。氢氟酸表现出一些独特的性质，例如它可与 SiO_2 反应。

$$SiO_2 + 4HF \Longrightarrow SiF_4(g) + 2H_2O$$

利用这一性质，氢氟酸可用于刻蚀玻璃或溶解硅酸盐。氢氟酸也可用来溶解普通强酸不能溶解的 Ti、Zr、Hf 等金属。这一特性与 F^- 半径特别小有关，因 F^- 可与一些半径小、电荷高的离子如 Ti^{4+}、Zr^{4+}、Hf^{4+} 等形成稳定的配离子 $[MF_6]^{2-}$。

（三）卤化物

卤化物可分为离子型卤化物和共价型卤化物两类。卤素与碱金属、碱土金属所形成的是离子型卤化物，卤素和非金属及与氧化数较高的金属所形成的是共价型卤化物。

大多数金属氯化物易溶于水，而 $AgCl$、Hg_2Cl_2、$PbCl_2$ 难溶于水。金属氟化物与其他卤化物不同，碱土金属的氟化物（特别是 CaF_2）难溶于水，而碱土金属的其他卤化物却易溶于水。氟化银易溶于水，而银的其他卤化物则不溶于水。金属卤化物在溶于水的同时，除少数活泼金属卤化物外，还会发生不同程度的水解而产生沉淀。非金属卤化物在水溶液中，除 CCl_4 和 SF_6 不水解外，一般以发生水解为主。

（四）卤素的含氧酸及含氧酸盐

1. 卤素的含氧酸　卤素含氧酸有多种多样（表 10 - 4）。

表 10 - 4　卤素含氧酸

名称	卤素的氧化态	氯	溴	碘
次卤酸	+1	HClO *	HBrO *	HIO *
亚卤酸	+3	HClO₂ *	HBrO₂ *	—
卤酸	+5	HClO₃ *	HBrO₃ *	HIO₃
高卤酸	+7	HClO₄	HBrO₄ *	HIO₄，H₅IO₆

* 表示仅存在于溶液中。

卤素的含氧酸中，以氯的含氧酸最重要。$HClO$ 是很弱的酸，只能存在于稀溶液中，且性质不稳定，易分解。$HClO$ 是强的氧化剂和漂白剂，具有杀菌和漂白能力。漂白粉是 Cl_2 与 $Ca(OH)_2$ 反应所得的混合物，漂白粉的有效成分是 $Ca(ClO)_2$。

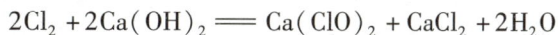

$$2Cl_2 + 2Ca(OH)_2 \Longrightarrow Ca(ClO)_2 + CaCl_2 + 2H_2O$$

$HClO_3$ 是强酸，也是强氧化剂。它能把 I_2 氧化成 HIO_3，而本身的还原产物决定于其用量。$HClO_4$ 是最强的无机酸，其稀溶液比较稳定，氧化能力不及 $HClO_3$，但浓 $HClO_4$ 溶液是强的氧化剂，与有机物质接触会发生爆炸，使用时必须十分小心。

2. 卤素的含氧酸盐　$KClO_3$ 是最重要的氯酸盐，将氯气通入热碱溶液，就可制得：

$$3Cl_2 + 6KOH \Longrightarrow KClO_3 + 5KCl + 3H_2O$$

在有催化剂存在时，$KClO_3$ 受热分解为 KCl 和 O_2；若无催化剂，则发生歧化反应。

$$4KClO_3 \xrightarrow{\triangle} 3KClO_4 + KCl$$

固体 $KClO_3$ 是强氧化剂。它与易燃物质，如碳、硫、磷或有机物质混合后，受撞击即引起爆炸着火，因此 $KClO_3$ 常用来制造炸药、火柴和焰火等。$KClO_3$ 的中性溶液不显氧化性，不能氧化 KI，但酸化后，即可将 I^- 氧化成单质 I_2。

高氯酸盐是氯的含氧酸盐中最稳定的，高氯酸盐受热时都能分解为氯化物和氧气。

$$KClO_4 \xrightarrow{\triangle} KCl + 2O_2 \uparrow$$

因此，固态高氯酸盐在高温下是一个强氧化剂，但氧化能力比氯酸盐为弱，所以高氯酸盐用于制造较为安全的炸药。高氯酸镁和高氯酸钡是很好的吸水剂和干燥剂。

（五）相关药物

1. 盐酸　药用盐酸为 95 ~ 105g/L，内服补充胃酸不足，治疗胃酸缺乏症。氯离子与氢离子形成胃酸（盐酸）来促进铁在体内的吸收、淀粉酶的激活以及抑制胃中微生物的生长

2. 氯化铵　主要用作祛痰剂和用于治疗重度代谢碱血症。

3. 溴化钠、溴化钾和溴化铵 三者混合液称为三溴合剂，对中枢神经有抑制作用，用作镇静剂。

4. 碘 是一种深紫色的固体，在常温常压下呈片状晶体。碘具挥发性，受热时固体碘会升华为紫色气体。碘不易溶于水，易溶于有机溶剂中，例如四氯化碳。碘和碘化钾的乙醇溶液称为碘酊，外用作消毒剂。内服复方碘酒溶液可治疗甲状腺肿等。

5. 有机碘 是指与有机化合物结合的碘，存在于海藻、海带等藻类中，相对于无机碘，更易于被人体吸收，且不易产生蓄积中毒。有机碘进入人体，参与蛋白质和脂肪代谢，释放出碘进入血液，被甲状腺利用合成甲状腺素。有机碘可作为造影剂增强医学影像观察效果。

二、氧族元素硫和硒

氧族元素是元素周期表上ⅥA族元素，这一族包含氧（O）、硫（S）、硒（Se）、碲（Te）、钋（Po）五种元素。氧和硫是典型的非金属，硒和碲是准金属，钋是典型的金属，具有放射性。氧族元素的价电子层构型为 ns^2np^4，它们的原子都易结合两个电子形成氧化数为 -2 的阴离子。氧族元素的电负性弱于卤素。从氧到硫，电负性和电离能显著降低，硫、硒、碲的最高氧化数为 $+6$。

（一）硫

1. 单质硫 有多种同素异形体，一定条件下它们可相互转化。常见的晶体硫是淡黄色有微臭味的正交硫 S_8，不溶于水，易溶于二硫化碳和四氯化碳等非极性溶剂中。单质硫的化学性质比较活泼。

与氢、碳、汞等还原性较强的物质作用，呈现氧化性。

$$H_2 + S \xrightarrow{\triangle} H_2S$$

与氧化性酸反应，呈现还原性。

$$S + 2HNO_3 = H_2SO_4 + 2NO\uparrow$$

在碱性条件下，硫容易发生歧化反应

$$3S + 6NaOH = 2Na_2S + Na_2SO_3 + 3H_2O$$

单质硫具有药用价值。升华硫用于配制10%的硫黄软膏，外用治疗疥疮、真菌感染及牛皮癣等。洗涤硫和沉降硫既可外用也可内服，内服有轻泻作用。

2. 硫化氢（H_2S） 是无色、臭鸡蛋气味气体，剧毒。当空气中 H_2S 含量达到0.1%时，会引起头疼眩晕等中毒症状，故制备或使用 H_2S 时应注意安全，必须在通风橱中进行。

硫化氢能溶于水，其水溶液称氢硫酸。氢硫酸的主要化学性质如下。

（1）弱酸性 H_2S 为二元弱酸，在水溶液中发生二步电离。

$$H_2S \rightleftharpoons HS^- + H^+ \qquad K_1 = 9.1 \times 10^{-8}$$

$$HS^- \rightleftharpoons S^{2-} + H^+ \qquad K_2 = 1.1 \times 10^{-12}$$

（2）还原性 在酸性溶液中，氢硫酸是中强还原剂，与氧反应生成单质硫。

$$2H_2S + O_2 = 2S\downarrow + 2H_2O$$

3. 二氧化硫（SO_2） 是有强烈刺激性气味的无色气体，有毒。二氧化硫对眼、鼻、喉产生刺激和灼伤，如结膜炎、角膜炎、咽炎，表现为打喷嚏、流泪、视物模糊，并有胸部紧束感、呼吸困难和刺激性咳嗽，肺部可有啰音；接触高浓度的二氧化硫在数小时内可引起急性肺水肿和死亡。

二氧化硫是大气主要污染物之一，主要来源于硫矿、造纸业、煤和石油燃烧。二氧化硫溶于水中，会形成亚硫酸（酸雨的主要成分）。若把二氧化硫进一步氧化，通常在催化剂存在下，会迅速高效生成硫酸。

$$S + O_2 \xrightarrow{点燃} SO_2$$

$$SO_2 + H_2O = H_2SO_3$$

二氧化硫具有漂白性，用来漂白纸浆、毛、丝、草帽等。二氧化硫的漂白作用是由于它（亚硫酸）能与某些有色物质生成不稳定的无色物质。在日光下或受热条件下该无色物质容易分解恢复原来颜色，因此用二氧化硫漂白过的草帽日久又变成黄色。二氧化硫和某些含硫化合物的漂白作用也被一些不法厂商非法用来加工食品，以使食品增白等。食用这类食品，对人体的肝、肾脏等有严重损伤，并有致癌作用。此外二氧化硫还能够抑制霉菌和细菌的滋生，可以用作食物和干果的防腐剂，但必须严格按照国家有关范围和标准使用。

4. 金属硫化物 可由硫与金属化合生成，也可由 H_2S 与金属氧化物或氢氧化物作用生成。可溶性的金属硫化物易水解。下面主要探讨金属硫化物的溶解性。

碱金属硫化物和硫化铵易溶于水。碱土金属硫化物的溶解度较小。可溶性硫化物溶于水时，因 S^{2-} 离子水解使溶液呈碱性。

$$S^{2-} + H_2O \rightleftharpoons HS^- + OH^-$$

可溶性硫化物的固体或溶液均易被空气中的 O_2 所氧化，并生成多硫化物。

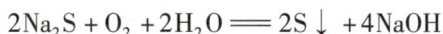

$$2Na_2S + O_2 + 2H_2O = 2S\downarrow + 4NaOH$$

$$Na_2S + S = Na_2S_2（多硫化钠）$$

因此可溶性硫化物不宜长期存放。

难溶性金属硫化物在水中溶解度相差较大并具有特征的颜色，它们在不同酸、碱等试剂中的溶解性也不相同，这种特性在分析化学上用来鉴别和分离不同金属。

5. 硫的含氧酸、含氧酸盐 硫的含氧酸分为亚硫酸（如亚硫酸、连二亚硫酸）、硫酸（如硫酸、硫代硫酸、焦硫酸）、连硫酸（如连四硫酸、连多硫酸）、过硫酸（如过一硫酸、过二硫酸）四个系列，大多数不存在相应的自由酸。下面介绍亚硫酸、硫酸、硫代硫酸及其盐。

（1）亚硫酸、亚硫酸盐 SO_2 溶于水，其水溶液是亚硫酸溶液，亚硫酸是二元弱酸。

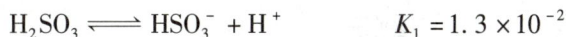

$$H_2SO_3 \rightleftharpoons HSO_3^- + H^+ \qquad K_1 = 1.3 \times 10^{-2}$$

$$HSO_3^- \rightleftharpoons SO_3^{2-} + H^+ \qquad K_2 = 6.3 \times 10^{-8}$$

亚硫酸、亚硫酸盐的主要化学性质如下。

1）不稳定性 亚硫酸、亚硫酸盐不稳定，遇强酸即分解放出 SO_2。

$$SO_3^{2-} + 2H^+ = SO_2\uparrow + H_2O$$

亚硫酸盐遇热易发生歧化反应，生成硫化物和硫酸盐。

$$4Na_2SO_3 = 3Na_2SO_4 + Na_2S$$

2）氧化还原性 亚硫酸、亚硫酸盐中硫原子的氧化数为 +4，处于硫的中间氧化态，因此它们既具有氧化性，又有还原性，但主要表现还原性。

$$2Na_2SO_3 + O_2 = 2Na_2SO_4$$

与强还原剂作用时，才表现出氧化性。

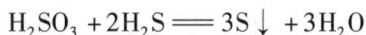

$$H_2SO_3 + 2H_2S = 3S\downarrow + 3H_2O$$

（2）硫酸、硫酸盐 纯硫酸是无色油状液体，凝固点为 283.4K，沸点为 603.2K。硫酸为强酸，是三大无机强酸之一。

1）吸水性和脱水性 浓硫酸有强烈的吸水性，吸水时溶液被稀释，形成一系列三氧化硫的水合物（$SO_3 \cdot xH_2O$）。贮存浓硫酸的容器必须密闭。浓硫酸可作为干燥剂，用于干燥氯气、二氧化碳和氢气等气体，但不能用于氨气等碱性气体的干燥。

浓硫酸具有强烈的脱水性，能将某些有机物分子中的氢和氧按水的组成脱去，使有机物炭化。例如蔗糖的脱水炭化。

浓硫酸能严重破坏动植物组织，如损坏衣物、木材、烧伤皮肤肌肉，使用时应注意安全。

2）强酸性和强氧化性　硫酸是二元强酸，一级电离完全，二级电离常数为 $K_2 = 1.2 \times 10^{-2}$。硫酸的沸点高且稳定，是重要的化学化工原料，大量地用于冶金、炼油、化肥、制药、染料等工业。硫酸是实验室常用的酸性试剂，用于制备挥发性酸或置换弱酸等。硫酸还作为化学反应的酸性介质。例如高锰酸钾溶液中滴加硫酸，可提高高锰酸钾的氧化性。

浓硫酸具有强氧化性，加热时氧化性增强，能氧化大多数金属和非金属，但金和铂很稳定，甚至在加热条件下，也不与浓硫酸作用。常温下，浓硫酸（93%以上）不和铁、铝等金属作用，因为铁、铝在浓硫酸中被钝化，表面生成一层致密的不溶于浓硫酸的保护膜阻止铁、铝与浓硫酸进一步反应，故可将浓硫酸装在铁、铝容器中运输或贮存。稀硫酸无氧化性，只具备一般酸类的通性，即稀硫酸能与金属活动顺序表中位于氢以前的金属发生置换反应，放出氢气。

3）硫酸盐的溶解性　硫酸盐有酸式盐和正盐两类。酸式盐均易溶于水。正盐大部分易溶于水，仅硫酸银、硫酸汞、硫酸钙微溶，硫酸锶、硫酸钡和硫酸铅难溶。

多数硫酸盐能形成复盐，当形成复盐的两种硫酸盐的晶体相同时，又称为矾。例如明矾 $K_2SO_4 \cdot Al_2(SO_4)_3 \cdot 24H_2O$，镁钾矾 $K_2SO_4 \cdot MgSO_4 \cdot 6H_2O$ 等。

（3）硫代硫酸、硫代硫酸盐　硫代硫酸 $H_2S_2O_3$ 不稳定，只能存在于 175K 以下。硫代硫酸钠易溶于水，其溶液因 $S_2O_3^{2-}$ 离子与水分子间发生质子转移而呈弱碱性。

$Na_2S_2O_3$ 的主要化学性质如下。

1）遇强酸分解　$Na_2S_2O_3$ 遇强酸迅速分解，析出单质 S，并放出 SO_2 气体。

2）还原性　$Na_2S_2O_3$ 是中等强度的还原剂。

3）配位性　$S_2O_3^{2-}$ 能与许多金属形成稳定的配合物。$Na_2S_2O_3$ 是常用的配合剂，在医药上可作为重金属离子中毒的解毒剂。

（二）硒

硒与它的同族元素硫相比，在地壳中的含量少得多。硒以单质存在的矿是极难找到的，全球唯一硒独立成矿的地区位于中国湖北恩施。

硒单质为灰色带金属光泽的固体，性脆，有毒，不溶于水、醇，溶于二硫化碳、苯、喹啉、硫酸、硝酸、碱。硒能导电，其导电性随光照强度急剧变化，可制半导体和光敏材料。

硒在自然界的存在主要有两种形式：无机硒和有机硒。无机硒一般指亚硒钠和硒酸钠，从金属矿藏的副产品中获得。有机硒是硒通过生物转化与氨基酸结合而成的物质，一般以硒蛋氨酸的形式存在。将无机硒转化为有机硒的载体最常见的是海藻和酵母，即常说的硒化卡拉胶和硒酵母。

硒是人体必需的微量元素，参与合成人体内多种含硒酶和含硒蛋白。其中谷胱甘肽过氧化物酶，在生物体内催化氢过氧化物或脂质过氧化物转变为水或各种醇类，消除自由基对生物膜的攻击，保护生物膜免受氧化损伤；硒参与构成碘化甲状腺胺酸脱碘酶。

硒能提高人体免疫，促进淋巴细胞的增殖及抗体和免疫球蛋白的合成。硒对结肠癌、皮肤癌、肝癌、乳腺癌等多种癌症具有明显的抑制和防护的作用，其在机体内的中间代谢产物甲基烯醇具有较强的抗癌活性。硒与维生素 E、大蒜素、亚油酸、锗、锌等营养素具有协同抗氧化的功效，增加抗氧化活性。

知识链接

硒的作用

血硒水平的高低与癌的发生息息相关。硒代蛋氨酸，它能够激活肿瘤抑制基因，能对受损细胞进行修复，从而提高免疫力。

硒能催化并消除对眼睛有害的自由基物质，从而保护眼睛的细胞膜。若人眼长期处于缺硒状态，就会影响细胞膜的完整，从而导致视力下降和许多眼疾病发生。

血液中硒缺乏，会导致体内清除自由基的功能减退，造成有害物质沉积增多，血压升高、血管壁变厚、血管弹性降低、血流速度变慢，送氧功能下降，诱发心脑血管疾病的发病率升高。

体内缺硒的人易被肝炎病毒传染，硒可以使肝炎病人的病情好转，使肝炎病人发生癌症的比例大大降低。人们适量补充硒元素对预防肝癌、肝炎大有益处。

硒能减轻和缓解重金属毒性。硒能跟一些有毒金属离子，像锡、铊、镉、砷、铅、汞等产生拮抗作用，形成金属硒蛋白复合降低有毒金属离子的毒性，减少毒副作用。

三、氮族元素磷和砷

氮族元素是元素周期表 V A 族的所有元素，包括氮（N）、磷（P）、砷（As）、锑（Sb）、铋（Bi）五种元素，这一族元素在化合物中可以呈现 -3、$+1$、$+2$、$+3$、$+4$、$+5$ 等多种氧化数，他们的原子最外层都有 5 个电子，最高氧化数都是 $+5$。

氮主要以单质状态存在于空气中，磷以化合状态存在于自然界中。随原子序数增加，氮族元素的非金属性减弱和金属性增强的性质最为突出，氮、磷为非金属元素，铋为金属元素，砷和锑具有准金属性质。本族元素价电子层构型为 ns^2np^3，价层 p 轨道处于较为稳定的半充满状态。与卤素和氧族元素相比，形成正氧化数的化合物的趋势较明显。正氧化数主要为 $+3$ 和 $+5$，从氮到铋氧化数为 $+3$ 的物质的稳定性增加，而氧化数为 $+5$ 的物质的稳定性降低。

（一）磷的含氧酸及其盐

磷的含氧酸有磷酸 H_3PO_4、亚磷酸 H_3PO_3 和次磷酸 H_3PO_2 等。磷酸是三元酸，亚磷酸是二元酸，次磷酸是一元酸。亚磷酸分子中有一个与磷原子直接结合的氢原子，次磷酸分子中有两个与磷原子直接结合的氢原子。磷酸、亚磷酸、次磷酸分子结构式如下。

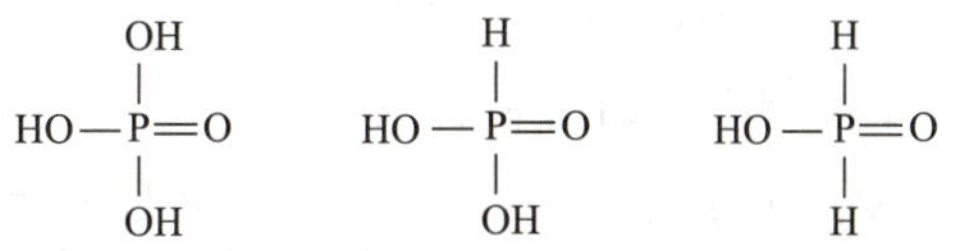

图 10 - 1　磷酸分子结构、亚磷酸分子结构、次磷酸分子结构

1. 磷酸、磷酸盐　纯磷酸在常温下为无色晶体，熔点 315.3K，能与水以任何比例混溶。市售磷酸溶液为黏稠状液体，无挥发性，密度 $1.7g/cm^3$，浓度为 85%。磷酸为三元中强酸，298K 时，其逐级电离常数为：$K_1 = 7.52 \times 10^{-3}$，$K_2 = 6.23 \times 10^{-8}$，$K_3 = 2.2 \times 10^{-13}$。磷酸不具有氧化性。

磷酸对应有三种类型盐：磷酸盐（如 Na_3PO_4）、磷酸一氢盐（如 Na_2HPO_4）和磷酸二氢盐（如 NaH_2PO_4）。磷酸二氢盐均溶于水，磷酸盐、磷酸一氢盐除钠盐、钾盐、铵盐外，一般都不溶于水。

可溶性磷酸盐在水溶液中都能发生不同程度的水解，使溶液显示出不同的酸碱性。以钠盐为例，Na_3PO_4 溶液呈较强的碱性，Na_2HPO_4 水溶液呈弱碱性，NaH_2PO_4 的水溶液呈弱酸性。

2. 次磷酸、次磷酸盐 纯净的次磷酸（H_3PO_2）是无色晶体，熔点299.5K，易潮解。次磷酸是一元酸，$K_a = 1.0 \times 10^{-2}$，其分子中有两个与磷原子直接结合的氢原子。次磷酸及其盐都是强还原剂，可将 Ag^+、Hg^{2+}、Cu^{2+} 等还原。如

$$4Ag^+ + H_3PO_2 + 2H_2O = 4Ag\downarrow + H_3PO_4 + 4H^+$$

3. 多磷酸、偏磷酸及其盐 磷酸经强热时就会发生脱水作用，生成多聚磷酸或偏磷酸。n 个磷酸分子间脱去 $n-1$ 水分子所得的酸称为多（聚）磷酸，化学通式为 $H_{n+2}P_nO_{3n+1}$（$n \geq 2$）。$n = 2$ 为焦磷酸，是二分子磷酸加热脱水产物；$n = 3$ 为三磷酸，以此类推。高聚磷酸的 n 可达 90 左右。焦磷酸和三磷酸对生物体至关重要，三磷酸腺苷（ATP）是生化反应中的高能分子。

n 个磷酸分子中脱去 n 个水分子所得的酸称为偏磷酸，化学通式为（HPO_3）$_n$（$n \geq 3$）。$n = 3$ 为三偏磷酸。多酸的酸性强于单酸。偏磷酸根的化学通式为 $P_nO_{3n}^{n-}$，具有环状结构。（$NaPO_3$）$_n$（n = 30 ~ 90）可与 Ca^{2+}、Mg^{2+} 形成可溶性磷酸盐，故可用作软化剂。

（二）砷的重要化合物

1. 氢化物 砷的氢化物 AsH_3 是恶臭、无色、剧毒的气体。分子结构与 NH_3 相似，在水溶解度小，不稳定，容易分解。能够还原重金属盐生成金属单质沉淀。

$$2AsH_3 + 12AgNO_3 + 3H_2O = As_2O_3 + 12Ag\downarrow + 12HNO_3$$

利用上述反应可检验砷的存在，又称为古氏验砷法。

利用强还原剂将 As_2O_3 转变为 AsH_3，在加热情况下，AsH_3 分解成砷聚积在玻璃表面上，形成砷境，此为马氏验砷法。

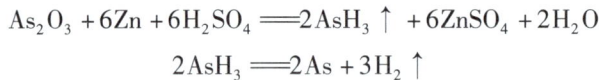

$$As_2O_3 + 6Zn + 6H_2SO_4 = 2AsH_3\uparrow + 6ZnSO_4 + 2H_2O$$

$$2AsH_3 = 2As + 3H_2\uparrow$$

2. 氧化物、水化物 As_2O_3 略溶于水，生成亚砷酸 H_3AsO_3，H_3AsO_3 仅在溶液中存在。

$$As_2O_3 + 3H_2O = 2H_3AsO_3$$

As_2O_3 酸性较强，易溶于碱性溶液生成亚砷酸盐。

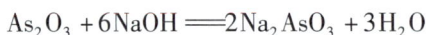

$$As_2O_3 + 6NaOH = 2Na_3AsO_3 + 3H_2O$$

As_2O_5 酸性比 As_2O_3 强，对应的砷酸易溶于水，酸性近似磷酸。砷酸在酸性溶液中表现出氧化性。

（三）相关药物

1. 三氧化二砷（As_2O_3） 俗称砒霜，剧毒，致死量约为 0.1g。外用治疗慢性皮炎、牛皮癣等。也可配成亚砷酸钾溶液内服，用于治疗慢性白血病。

2. 雄黄 为中药矿物药，主要成分是硫化砷 As_2S_2。外用治疗疮疖疔毒、疥癣及虫蛇咬伤等。也可内服，许多治疗上述病症的内服药中均含有雄黄。雄黄还可用于治疗肠道寄生虫感染和疟疾等。

四、碳族元素碳和硅

碳族元素指的是元素周期表ⅣA族的所有元素，包括碳（C）、硅（Si）、锗（Ge）、锡（Sn）、铅（Pb），它们最外层电子均为4。碳、硅是非金属，锗是准金属元素，锡和铅是典型的金属元素。碳族元素在分布上差异很大，碳和硅在地壳有广泛的分布；锡、铅也较为常见，锗的含量则十分稀少，属于稀散型稀有金属。碳是碳循环的核心元素，以二氧化碳、碳酸盐和有机物的形式存在，硅以

二氧化硅和硅酸盐为主，锗、锡以二氧化物存在，铅以硫化物居多。

（一）碳

1. 碳的同素异形体 有无定型碳（木炭、焦炭、活性炭等）、金刚石、石墨、碳60（富勒烯）、碳纳米管等。

（1）活性炭 是单质碳，具有高吸附能力。活性炭是由木炭经特殊活化处理（除去孔隙间的杂质，增大吸附表面积）制备而成。吸附作用是指某物质表面对气体分子或溶液中的溶质的吸引而附着在其表面的现象。被吸附的物质称为吸附质，具有吸附作用的物质称为吸附剂。固体吸附剂吸附作用的大小通常用吸附量衡量。吸附量是指1g吸附剂对吸附质所吸附的量（常用毫摩尔或毫克表示）。一定质量的固体吸附剂的粒子越细，粒子的孔隙越多，总表面积就越大，吸附量越大。

影响活性炭吸附量的因素主要有吸附质的性质、吸附温度、吸附质浓度（或气体吸附质的压力）。活性炭是非极性吸附剂，易吸附非极性物质。吸附质的极性越小，越易被活性炭吸附。吸附质为气体时，气体沸点越高越易被吸附。低温有利于活性炭吸附；吸附质浓度越大或气体吸附质压力越大活性炭对其的吸附量越大。

经过特殊处理的活性炭可用作吸附药，具有消炎解毒作用。内服用于治疗腹泻、胃肠胀气、酒精中毒、生物碱药物中毒和食物中毒。粉状活性炭外用，置于布袋可作为溃疡、化脓或坏痘的伤口，吸附清除外渗出液或分泌物。

（2）金刚石 俗称金刚钻，它是一种由碳元素组成的矿物。金刚石是自然界中天然存在的最坚硬的物质。石墨可以在高温、高压下形成人造金刚石。金刚石的用途非常广泛，例如工艺品、工业中的切割工具，也是一种贵重宝石。

（3）石墨 是一种结晶形碳，质软，有滑腻感，可导电。化学性质不活泼，耐腐蚀，与酸、碱等不易反应。在空气或氧气中加强热，可燃烧并生成二氧化碳。强氧化剂会将它氧化成有机酸。石墨用作抗磨剂和润滑材料，制作坩埚、电极、干电池、铅笔芯。高纯度石墨可在核反应堆上作中子减速剂。

（4）富勒烯 是单质碳被发现的第三种同素异形体。任何由碳一种元素组成，以球状，椭圆状，或管状结构存在的物质，都可以被叫作富勒烯，富勒烯指的是一类物质。富勒烯与石墨结构类似，但石墨的结构中只有六元环，而富勒烯中同时存在五元环。富勒烯的结构和建筑师富勒的代表作相似，所以称为富勒烯。富勒烯类化合物在抗HIV、酶活性抑制、切割DNA、光动力学治疗等方面有独特的功效。

（5）碳纳米管 又称巴基管，是由碳原子构成的管状结构，具有与金刚石和石墨等碳的同素异形体不同的性质，高强度、高导电性、高热稳定性等。碳纳米管被认为是碳的一种同素异形体，碳纳米管中碳原子采取 sp^2 杂化，其径向尺寸为纳米量级，轴向尺寸为微米量级，管子两端基本上都封口。碳纳米管主要由呈六边形排列的碳原子构成数层到数十层的同轴圆管。层与层之间距离约0.34nm，直径一般为 $2 \sim 20$ nm。碳纳米管由于独特的结构及优良的力学、电学和化学等性能，呈现出广阔的应用前景，吸引了材料、物理、电子、化学等领域众多科学家的极大关注，成为国际新材料领域的研究前沿和热点。目前，关于碳纳米管的特性和制备方法的研究已取得很大的进展，重点正在转向其规模化生产和应用领域的研究。

2. 一氧化碳、二氧化碳 碳与氧气充分燃烧生成二氧化碳，碳与氧气不完全燃烧生成一氧化碳。

（1）CO 是无色、无味的气体，沸点181K，熔点68K。CO具有可燃性，可以与氧气燃烧生成 CO_2，CO不溶于水，易溶于乙醇等有机溶剂。CO可作为配位体与金属离子（或原子）形成配合物，如 $Fe(CO)_5$、$Ni(CO)_4$ 等。

CO 剧毒，它能与血液中的血红蛋白生成稳定的配合物而使血红蛋白失去携带氧气能力，致使人严重缺氧而死亡。CO 与血红蛋白的结合力约为 O_2 与血红蛋白的 $230 \sim 270$ 倍。当空气中的 CO 浓度达到 0.1% 时，就会引起中毒。CO 中毒，应立即注射亚甲蓝解毒，它可从血红蛋白 – CO 的配合物中夺取 CO，使血红蛋白恢复功能。

（2）CO_2　是无色、无味、无毒的气体，不能燃烧，比重是空气的 1.53 倍，高压下可液化，液态 CO_2 的气化热很高（217K 时为 25.1kJ/mol），当部分液态 CO_2 气化时，另一部分 CO_2 被冷却而凝固成雪花状的固体，称为"干冰"。CO_2 可用作制冷剂、灭火剂。

CO_2 化学性质不活泼，但在高温下，CO_2 能与碳或活泼金属镁、铝等反应。

$$CO_2 + 2Mg \xrightarrow{点燃} 2MgO + C$$

3. 碳酸、碳酸盐　CO_2 溶于水生成碳酸 H_2CO_3。

$$CO_2 + H_2O = H_2CO_3$$

碳酸仅存在于水溶液中，是二元弱酸，在水中发生二级电离。

$$H_2CO_3 \rightleftharpoons HCO_3^- + H^+ \qquad K_1 = 4.3 \times 10^{-7}$$
$$HCO_3^- \rightleftharpoons CO_3^{2-} + H^+ \qquad K_2 = 5.6 \times 10^{-11}$$

碳酸盐有正盐和酸式盐两种形成，除 NH_4^+、碱金属（除 Li^+）的碳酸盐易溶于水，其余碳酸盐均难溶于水；酸式碳酸盐都能溶于水。碳酸钠（Na_2CO_3）俗称纯碱，其水溶液水解，显碱性。

$$CO_3^{2-} + H_2O \rightleftharpoons HCO_3^- + OH^-$$

（二）硅

硅（中国台湾、中国香港称矽 xī）有晶态硅和无定形硅两种同素异形体。晶态硅硬而脆，能导电，但导电率不及金属，且随温度升高而增加，具有明显的半导体性质。无定形硅是一种灰黑色粉末，实际是硅的微晶体。

硅极少以单质的形式在自然界出现，而是以复杂的硅酸盐或二氧化硅的形式，广泛存在于岩石、砂砾、尘土之中。在地壳中，硅是第二丰富的元素，占地壳总质量的 26.4%。

1. 硅的化学性质　硅在常温下不活泼，与空气、水和酸（除氟化氢和碱液以外）等没有明显作用。在加热下，能与卤素反应生成四卤化硅，硅单质在高温下还能与碳、氮、硫等非金属单质反应，硅可间接生成一系列硅的氢化物，硅还能与钙、镁、铁等化合，生成金属硅化物。

（1）与单质反应　与氟、氯反应生成氟化硅、氯化硅。

$$Si + 2F_2 = SiF_4$$
$$Si + 2Cl_2 \xrightarrow{高温} SiCl_4$$

（2）与氧化物反应　高温真空条件下可以与某些氧化物反应，例如硅热还原法炼镁。

$$2MgO + Si \xrightarrow{高温真空} 2Mg(g) + SiO_2$$

（3）与酸反应　硅不溶于一般无机酸中，只与氢氟酸反应。

$$Si + 4HF = SiF_4 \uparrow + 2H_2 \uparrow$$

（4）与碱反应　硅可溶于碱溶液中，并有氢气放出，形成相应的碱金属硅酸盐溶液。

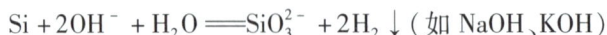

$$Si + 2OH^- + H_2O = SiO_3^{2-} + 2H_2 \downarrow （如 NaOH、KOH）$$

注意：硅、铝是既能和酸反应，又能和碱反应，放出氢气的单质。

2. 有机硅　有机硅化合物，是指含有 Si—O 键且至少有一个有机基是直接与硅原子相连的化合物，习惯上也常把那些通过氧、硫、氮等使有机基与硅原子相连接的化合物也当作有机硅化合物。其中，以硅氧键（—Si—O—Si—）为骨架组成的聚硅氧烷，是有机硅化合物中为数最多、研究最深、应用最广的一类，约占总用量的90%以上。

有机硅兼备了无机材料与有机材料的性能，具有表面张力低、黏温系数小、压缩性高、气体渗透性高等基本性质，并具有耐高低温、耐氧化、耐腐蚀、难燃、憎水、电气绝缘、无毒无味以及生理惰性等优异特性，在航空航天、电子电气、建筑、运输、化工、纺织、食品、轻工、医疗等行业，用于密封、黏合、润滑、涂层、表面活性、脱模、消泡、抑泡、防水、防潮、惰性填充等。

3. 金属硅　又称结晶硅或工业硅，可作为非铁基合金的添加剂。金属硅是由石英和焦炭在电热炉内冶炼成的产品，硅含量在98%左右，其余杂质为铁、铝、钙等。金属硅的附加产品包括硅微粉、边皮硅、黑皮硅、金属硅渣等。其中硅微粉也称硅粉、微硅粉或硅灰，它广泛应用于耐火材料和混凝土行业。

4. 碳化硅　化学式为SiC，是用石英砂、石油焦（或煤焦）、木屑（生产绿色碳化硅时需要加食盐）等原料通过电阻炉高温冶炼而成。碳化硅是一种半导体，在自然界中以罕见的矿物莫桑石的形式存在。碳化硅因其很大的硬度而成为一种重要的磨料，主要用于制作砂轮、砂纸、砂带、油石、磨块、磨头、研磨膏等。碳化硅具有优良的导热性能，高温时能抗氧化，在C、N、B等非氧化物高技术耐火原料中，碳化硅是应用最广泛、最经济的耐火材料，又称为金刚砂或耐火砂。

> **知识链接**
>
> ### 硅的用途
>
> 高纯的单晶硅是重要的半导体材料，广泛应用的二极管、三极管、晶闸管和各种集成电路都是用硅做的原材料。
>
> 将陶瓷和金属硅混合烧结，制成金属陶瓷复合材料，耐高温，富韧性，可以切割。航天飞机能抵挡住高速穿行稠密大气时摩擦产生的高温，全靠硅瓦拼砌成的外壳。
>
> 纯二氧化硅拉制出高透明度的光纤。光纤通信容量高，一根头发丝那么细的玻璃纤维，可以同时传输256路电话，不受电、磁干扰，具有高度的保密性。
>
> 有机硅塑料是极好的防水涂布材料。在地下隧道壁喷涂有机硅，可以一劳永逸地解决渗水问题。在古文物、雕塑的外表，涂一层薄薄的有机硅塑料，可以防止青苔滋生，抵挡风吹雨淋和风化。天安门广场上的人民英雄纪念碑，便是经过有机硅塑料处理表面的，因此永远洁白、清新。
>
> 金属硅是工业提纯的单质硅，主要用于生产硅橡胶、硅树脂等有机硅、制取高纯度的半导体材料以及配制有特殊用途的合金等。

五、硼族元素硼和铝

硼族元素指元素周期表中ⅢA族所有元素，目前共计硼（B）、铝（Al）、镓（Ga）、铟（In）、铊（Tl）五种元素，铝为自然界分布最广泛的金属元素。硼族元素原子的价电子构型为ns^2np^1，价电子数少于价电子轨道数，它们为缺电子原子，它们的最高氧化态为+3。硼约占地壳组成的0.001%，它在自然界中主要矿石是硼砂（$Na_2B_4O_7 \cdot 10H_2O$）、白硼钙石（$Ca_2B_6O_{11} \cdot 5H_2O$）和镁钙石（$Mg_2B_2O_5$）。我国西藏自治区许多含硼盐湖，蒸发干涸后有大量硼砂晶体堆积。

（一）硼

单质硼是原子晶体。由于硼原子的缺电子特征，它的晶体结构在所有元素中具有最特殊的复杂性。无定形硼是暗棕色粉末。结晶硼具有光泽的黄色到灰色晶体，硬度接近金刚石。硼的密度约为$2.37g/cm^3$，熔点为2303K，沸点为4203K。单质硼主要用来制造硼钢。含硼的微量元素肥料叫作硼素肥料（简称硼肥），能促进作物体内碳水化合物的运送，增强抗病害能力，并有利于开花结果。这种肥料对甜菜、油料作物有特别良好的作用。

1. 硼的化学性质 硼是非金属元素，它的氢氧化物（H_3BO_3 硼酸）是弱酸。硼的最外层有三个电子只能形成 +3 价的化合物。成键时进行 sp^2 轨道杂化，形成共价键。

（1）与氧的反应 在常温下，无论是潮湿的或干燥的空气都不能跟硼作用。在高温（1000K 左右）下，硼能在纯氧或空气中燃烧，放出大量热。

$$4B + 3O_2 =\!=\!= 2B_2O_3$$

（2）与卤素的反应 硼与氟常温下发生反应。硼与氯、溴、碘要在加热时才反应。

$$2B + 3X_2 =\!=\!= 2BX_3$$

（3）与氮的反应 氮化硼的结构像石墨，它不溶于水，熔点很高（3270K 左右），化学性极稳定，在高温下也不跟氧作用。

$$2B + N_2 =\!=\!= 2BN$$

（4）与金属的反应 硼化物的性质和碳化物、硅化物相似。大多数硼化物跟水不发生作用。只有硼化铍和硼化镁能跟水作用，产生氢气和多种硼烷的混合物。

$$2B + 3Mg =\!=\!= Mg_3B_2$$

（5）与硫的反应

$$2B + 3S =\!=\!= B_2S_3$$

B_2S_3 跟水剧烈作用，产生硫化氢和硼酸。

（6）与浓硫酸、浓硝酸、浓碱的反应 硼跟稀酸、稀碱不发生反应。

$$B + 3HNO_3(浓) =\!=\!= H_3BO_3 + 3NO_2\uparrow$$

$$2B + 2KOH(浓) + 2H_2O =\!=\!= 2KBO_2 + 3H_2\uparrow$$

2. 氧化硼 溶解于水，生成硼酸。

$$B_2O_3 + 3H_2O =\!=\!= 2H_3BO_3$$

硼酸加热脱水，最后生成玻璃状态的氧化硼。在较低温度和减压条件下脱水，得到的是白色粉末状的氧化硼。它有很强的吸湿性，在潮湿的空气中能迅速同水结合而生成硼酸，所以它用作脱水剂。在气态时，氧化硼是由单分子组成的。

氧化硼是两性氧化物，它能跟金属氧化物（碱性氧化物）在高温下化合，生成有各种特殊颜色的透明的偏硼酸盐（硼玻璃）。例如在氧化焰中：

$$CuO + B_2O_3 =\!=\!= Cu(BO_2)_2 蓝色$$

它也能跟有些非金属氧化物（酸性氧化物）化合，生成盐类，例如：

$$P_2O_5 + B_2O_3 =\!=\!= 2BPO_4$$

3. 硼酸（H_3BO_3） 是白色闪亮鳞片状晶体。工业上常用硫酸分解硼的矿石（例如硼镁石，$Mg_2B_2O_5 \cdot H_2O$）的方法来制取。硼酸易溶于热水（373K 时在水里的溶解度是 28.7g/100g H_2O），微溶于冷水，在冷水中的溶解度较小（293K 时是 4.9g/100g H_2O）。

$$Mg_2B_2O_5 \cdot H_2O + 2H_2SO_4 =\!=\!= 2MgSO_4 + 2H_3BO_3$$

硼酸是一元弱酸，其酸性并不是它在溶液中电离出 H^+，而是由于硼原子的缺电子性，提供空轨道接受水分子中的 OH^- 的孤对电子，释放出 H^+，溶液显酸性。

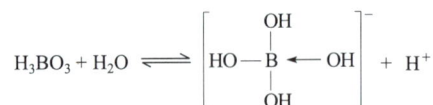

$$H_3BO_3 + H_2O \rightleftharpoons \left[\begin{array}{c} OH \\ | \\ HO-B\leftarrow OH \\ | \\ OH \end{array} \right]^- + H^+$$

硼酸与甘油或其他多元醇反应时，生成稳定的配合物，使得酸性极大增强。

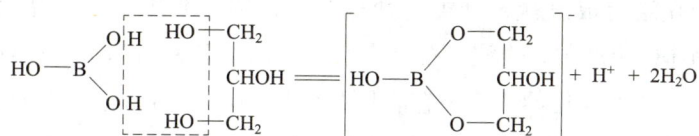

$$\underset{\text{HO—B}}{\overset{\text{O}\;\;\text{H}}{\underset{\text{O}\;\;\text{H}}{}}} + \underset{\text{HO—CH}_2}{\underset{\text{CHOH}}{\text{HO—CH}_2}} \Longleftrightarrow \left[\underset{\text{HO—B}}{\overset{\text{O—CH}_2}{\underset{\text{O—CH}_2}{}}} \text{CHOH} \right]^- + \text{H}^+ + 2\text{H}_2\text{O}$$

硼酸在食品工业和医药上用作防腐剂，它有微弱的抑菌作用，刺激性小，适宜用于皮肤、黏膜和创面的杀菌消炎。2%~5% 硼酸水溶液可用于洗眼、漱口等；10% 的硼酸软膏用于治疗皮肤溃疡等；用硼酸与甘油制成的甘油酯可用于治疗中耳炎。

4. 硼砂（$Na_2B_4O_7 \cdot 10H_2O$） 最常用的硼酸盐是硼砂，硼砂是无色或白色晶体，在冷水中溶解度较小，易溶于沸水中，溶液因酸根离子水解显碱性。

$$Na_2B_4O_7 + 3H_2O \Longleftrightarrow 2NaBO_2 + 2H_3BO_3$$
$$2NaBO_2 + 4H_2O \Longleftrightarrow 2NaOH + 2H_3BO_3$$

硼砂在干燥的空气中易风化失去结晶水。硼砂与金属氧化物或金属盐类一起灼烧，可生成偏硼酸复盐，这些复盐常具有特殊颜色，可用于鉴别某些金属离子，在分析化学中称为硼砂珠试验。

硼砂可作为外用药物，其作用与硼酸相似。硼砂内服刺激胃液分泌，由硼砂制成的冰硼散、复方硼砂含漱剂用于治疗咽喉炎、口腔炎。

（二）铝

铝，银白色轻金属，有延展性，铝在空气中表面会形成致密的氧化物薄膜，保护内层铝不再发生氧化作用。铝粉或铝箔在空气中加热能猛烈燃烧，发出炫目的白色火焰。铝难溶于水，易溶于稀硫酸、硝酸、盐酸、氢氧化钠和氢氧化钾溶液。铝元素在地壳中的含量仅次于氧和硅，居第三位，是地壳中含量最丰富的金属元素。因铝及铝合金具有质轻、耐氧化、强度高的特性，铝合金在航空、建筑、汽车行业有着广泛的应用。

1. 氧化铝（Al_2O_3） 为白色无定形粉末，氧化铝有两种形态：$\alpha - Al_2O_3$ 和 $\gamma - Al_2O_3$。$\alpha - Al_2O_3$ 称为刚玉，是存在于自然界的天然宝石，由于含有不同的杂质而有多种颜色，含微量铬的则呈红色，称为红宝石；含有钛、铁的呈蓝色，称为蓝宝石。刚玉在硬度上仅次于金刚石，化学性质极不活泼，除溶于熔融碱外，与所有试剂都不反应。$\gamma - Al_2O_3$ 可溶于稀酸，又称活性氧化铝，可用作吸附剂和催化剂。

2. 氢氧化铝 在铝盐溶液中加入氨水或碱液，可得到凝胶状的白色无定形氢氧化铝沉淀。氢氧化铝是两性氢氧化物，碱性略强于酸性，但仍属于弱碱，既可与酸反应，也与强碱反应。

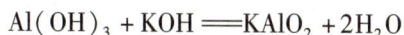

$$Al(OH)_3 + 3HNO_3 = Al(NO_3)_3 + 3H_2O$$
$$Al(OH)_3 + KOH = KAlO_2 + 2H_2O$$

氢氧化铝制成凝胶或片剂，作为内服药，具有中和胃酸的作用，作用缓慢而持久，$Al(OH)_3$ 凝胶具有保护溃疡面并有吸附作用。

3. 铝盐 常见的铝盐有卤化铝与硫酸铝。

（1）卤化铝 铝能生成三卤化物（AlX_3），其中 AlF_3 为离子化合物，$AlCl_3$、$AlBr_3$ 和 AlI_3 为共价化合物。铝的卤化物中 $AlCl_3$ 最重要，由于铝盐容易水解，所以在水溶液中不能制得无水三氯化铝。无水三氯化铝为无色晶体，加热到 $178℃$ 时升华。气态 $AlCl_3$ 是具有双聚分子的缔合结构。无水三氯化铝能溶于几乎所有有机溶剂，主要用途是作为有机合成和石油工业的催化剂。

（2）硫酸铝 无水硫酸铝白色粉末，易溶于水。在常温下自溶液中析出的硫酸铝为含结晶水的

无色针状晶体 $Al_2(SO_4)_3 \cdot 18H_2O$。硫酸铝的水溶液因铝离子的水解而呈酸性。硫酸铝易与碱金属（除锂外）或铵的硫酸盐结合成复盐，这类复盐称为矾，例如明矾（又称铝钾矾）$KAl(SO_4)_2 \cdot 12H_2O$。明矾为无色晶体，味微甜而酸涩，在干燥空气中风化失去结晶水，在潮湿空气中溶化淌水。明矾是常用的沉淀剂，其中起作用的 Al^{3+}，它能和水发生反应，生成氢氧化铝吸附能力很强，可以吸附水中的悬浮杂质而形成沉淀，使水澄清，所以明矾可用作净水剂。

铝盐具有水解作用，生成氢氧化铝胶状沉淀，胶状氢氧化铝有很强的吸附性能，可以吸附色素、染料、杂质、微生物等。例如明矾可作为漆染剂、净水剂和泡沫灭火剂等。明矾具有抗菌、收敛作用，有解毒杀虫、燥湿止痒、清热消痰、止血止泻的功效。外科用煅明矾作伤口的收敛止血剂，也用于治疗皮炎或湿疹。中医上用明矾治疗高脂血症、十二指肠溃疡、肺结核咯血等疾病。但明矾里因含铝，有毒副作用，尤其对大脑有损害，会引起脑萎缩、痴呆等症状，因此国家明令禁止使用铝制品作餐具及用明矾作为食品添加剂。

目标检测

答案解析

一、选择题

（一）单项选择题

1. 同周期碱土金属与碱金属比较，碱土金属性质描述错误的是（　　）

    A. 硬度更大 　　　　　　　　B. 熔点更低 　　　　　　　　C. 电负性更大

    D. 原子半径更小 　　　　　　E. 密度更大

2. 能直接为高空或海底作业人员提供氧气的是（　　）

    A. CaO 　　　　　　　　　　B. Li_2O 　　　　　　　　　C. Na_2O

    D. Na_2O_2 　　　　　　　　E. Na_2CO_3

3. 工业上把溶有较多（　　）的水称为硬水

    A. 钙、镁盐 　　　　　　　　B. 钠、钾盐 　　　　　　　　C. 银盐

    D. 重金属离子 　　　　　　　E. 铜盐

4. 使血红蛋白失去携带 O_2 能力的毒物是（　　）

    A. NH_3 　　　　　　　　　B. SO_2 　　　　　　　　　C. CO

    D. CO_2 　　　　　　　　　E. HCl

5. 可作为重金属离子中毒解毒剂的是（　　）

    A. Na_2S 　　　　　　　　　B. NaCl 　　　　　　　　　C. $Na_2S_2O_3$

    D. Na_2SO_4 　　　　　　　　E. Na_2SO_3

6. 暂时硬水中含有的是（　　）

    A. $MgCl_2$ 　　　　　　　　B. $MgSO_4$ 　　　　　　　　C. $Mg(HCO_3)_2$

    D. $CaCl_2$ 　　　　　　　　E. NaCl

（二）多项选择题

7. 下列对热不稳定的物质是（　　）

    A. NH_4Cl 　　　　　　　　B. $NaHCO_3$ 　　　　　　　C. NaCl

    D. $KClO_3$ 　　　　　　　　E. KCl

8. 下列物质分子中，分子的构型均为三角锥形的物质是（　　）

    A. NH_3 　　　　　　　　　B. PH_3 　　　　　　　　　C. CO

D. CO_2　　　　　　　　　　　E. BF_3

9. 下列盐的水溶液显碱性的是（　　）

　　A. NaH_2PO_4　　　　　　　B. Na_2HPO_4　　　　　　　C. Na_3PO_4

　　D. $NaHCO_3$　　　　　　　　E. NH_4Cl

10. 下列不是三元酸的是（　　）

　　A. H_3PO_4　　　　　　　　B. H_3PO_3　　　　　　　　C. H_3PO_2

　　D. H_2CO_3　　　　　　　　E. HCl

二、思考题

1. 为什么加热煮沸可以使暂时硬水软化？

2. 为什么漂白粉置于空气中容易失效？

书网融合……

重点小结　　　　 微课　　　　 习题

第十一章 副族元素

学习目标

知识目标：通过本章的学习，掌握铬、锰、铁、铂、铜、锌、汞、钛、铀等几种重要副族元素单质和化合物的性质；熟悉 d 区、ds 区元素的电子层结构、元素通性和基本性质；了解 f 区元素的电子层结构、元素通性和基本性质。

能力目标：具备识别和判断 d 区、ds 区、f 区元素的能力；具备鉴别重要副族元素的能力。

素质目标：通过本章的学习，树立科学严谨工作态度和实事求是、诚实守信的学习作风。

情境导入

情境：在生活中存在着大量的副族元素，它们围绕在我们的身边，影响着人们的衣食住行。工业生产中广泛应用钛、镍、钨等金属，它们可以制造出大到飞机、轮船、火箭，小到电池、手表、灯丝等物品；生物体中副族元素也发挥着重要作用，铜锌等是很多生物催化剂——酶的活性中心，铁是血红蛋白的重要组成成分，帮助运输氧气。在环境保护、能源、材料、医学、农业等方面都存在副族元素的身影，它们影响和见证了人类的发展与进步。

讨论：1. 什么是副族元素？它在元素周期表的什么位置？

2. 副族元素都是金属吗？它们的电子层结构是怎样的？

元素周期表中 d 电子壳层和 f 电子壳层未充满的元素都属于副族元素，在周期表中位于 s 区和 p 区元素之间，所以也被称为过渡元素。为了与主族元素区分，用 B 表示，包括 ⅠB ～ ⅦB 和Ⅷ族元素。其中ⅢB ～ Ⅷ族元素被称为 d 区元素，d 区元素的外围电子构型是 $(n-1)d^{1～9}ns^{1～2}$（Pd 例外）。ds 区元素是指 ⅠB、ⅡB 族元素，ds 区元素的外围电子构型是 $(n-1)d^{10}ns^{1～2}$。镧系（Ln）和锕系（An）元素则被称为 f 区元素，它们的最后一个电子填充在 $(n-2)f$ 亚层上，也被称为内过渡元素。过渡元素都是金属，所以也称为过渡金属。

第一节　d 区元素和 ds 区元素

PPT

一、d 区元素和 ds 区元素的通性 微课

（一）金属物理性质

d 区、ds 区元素单质均为金属，外观多为银白色或灰白色，有光泽。它们的主要物理特性是熔点高、沸点高、密度大、硬度大、导电性和导热性良好、具有磁性。

（二）多种氧化态

由于 ns、$(n-1)d$ 电子都可参与成键，因此过渡元素具有多种氧化态，一般从 +2 到与族数相同的最高氧化值（Ⅷ族元素除外，仅 Ru 和 Os 有 +8 氧化数），而且两相邻氧化数之间的差值多为 1。这种表现以第四周期的 d 区、ds 区元素最为典型（表 11-1）。

表 11 –1　第四周期 d 区、ds 区元素的氧化态和部分水合离子颜色

元素	价电子结构	氧化态	部分水合离子颜色
Sc	$3d^1 4s^2$	+2, +3	Sc^{3+} 无色
Ti	$3d^2 4s^2$	+2, +3, +4	Ti^{2+} 褐色, Ti^{3+} 紫红色, Ti^{4+} 无色
V	$3d^3 4s^2$	+2, +3, +4, +5	V^{2+} 紫色, V^{3+} 绿色
Cr	$3d^5 4s^1$	+2, +3, +4, +5, +6	Cr^{3+} 蓝紫色, $CrO_4^{2-}/Cr_2O_7^{2-}$ 黄色/红棕色
Mn	$3d^5 4s^2$	+2, +3, +4, +5, +6, +7	Mn^{2+} 肉红色, Mn^{3+} 红色, MnO_4^- 紫红色
Fe	$3d^6 4s^2$	+2, +3, +4, +5, +6	Fe^{2+} 浅绿色, Fe^{3+} 淡紫色
Co	$3d^7 4s^2$	+2, +3, +4	Co^{2+} 粉红色
Ni	$3d^8 4s^2$	+2, +3, +4	Ni^{2+} 绿色
Cu	$3d^{10} 4s^1$	+1, +2	Cu^+ 无色, Cu^{2+} 蓝色
Zn	$3d^{10} 4s^2$	+2	Zn^{2+} 无色

（三）颜色特征

d 区、ds 区元素的水合离子或配合物大多是有颜色的，主要的原因可能是过渡元素离子的 d 轨道未填满电子，d 电子跃迁吸收不同波长可见光，显示出互补可见光的颜色（表 11 –1）。

（四）氧化物及其水合物酸碱性

过渡元素氧化物及其水合物的酸碱性变化规律如下。

（1）从左到右，同周期元素（ⅢB～ⅦB 族）最高氧化态氧化物及其水合物的酸性增强。

（2）自上而下，同族元素相同氧化态氧化物及其水合物的碱性增强。

（3）同一元素高氧化态氧化物及其水合物的酸性大于其低氧化态氧化物及其水合物酸性。例如，不同氧化态锰的氧化物的酸碱性变化情况见表 11 –2。

表 11 –2　锰的氧化物的酸碱性

锰的氧化态	+2	+3	+4	+5	+6
氧化物	MnO	Mn_2O_3	MnO_2	MnO_3	Mn_2O_7
水合物	$Mn(OH)_2$	$Mn(OH)_3$	$Mn(OH)_4$	H_2MnO_4	$HMnO_4$
酸碱性	碱性	弱碱性	两性	酸性	强酸性

（五）配位性

d 区、ds 区过渡元素易形成配合物，可与诸多无机配体或有机配体形成稳定的配合物。例如，第四周期过渡金属均易与 NH_3、SCN^-、CN^- 等常见配体形成配合物，还能与 CO 形成羰基配合物，如 $Fe(CO)_5$、$Ni(CO)_4$ 等。

二、d 区元素和 ds 区元素的电子层结构特征

d 区元素的价电子构型一般是 $(n-1)d^{1\sim9}ns^{1\sim2}$（Pd 为 $5s^0$），原子最外层 ns 轨道只有 1～2 个 s 电子（Pd 无 5s 电子），次外层分别有 1~9 个电子。ds 区元素的价电子构型为 $(n-1)d^{10}ns^{1\sim2}$，原子次外层轨道为全满状态，原子最外层 ns 轨道也只有 1~2 个 s 电子。

三、d 区元素和 ds 区元素基本性质的变化特征

（一）原子半径

d 区、ds 区元素的原子半径一般较小。在同周期中，随着原子序数的递增，原子半径依次减少。到Ⅷ族元素后，原子半径又有所增大。从上到下，同族 d 区、ds 区元素的原子半径增大不显著，尤其是第五、六周期元素由于镧系收缩的原因，原子半径十分接近。

（二）电负性、电离能和金属性

d 区、ds 区元素的电负性相差不大。总的变化趋势是：从左到右或从上到下，电负性和电离能逐渐增大，但时有交错。这是由其电子层构型特征所决定的。

d 区、ds 区元素的金属性变化规律亦不显著，同周期元素（锰除外）从左到右金属性依次减弱。同族元素从上到下，元素的金属性逐渐减弱。

四、铬和锰

铬是周期表ⅥB 族第一种元素。锰和铬相邻，是周期表ⅦB 族元素。

（一）单质性质

铬表面易形成氧化膜而呈钝态，所以金属活泼性较差。有钝化膜的铬在浓 H_2SO_4，甚至在王水中也不溶解。铬缓慢溶于稀盐酸生成蓝色 Cr^{2+} 溶液，与空气接触则很快氧化成绿色的 Cr^{3+}。

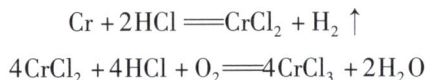

$$Cr + 2HCl = CrCl_2 + H_2 \uparrow$$

$$4CrCl_2 + 4HCl + O_2 = 4CrCl_3 + 2H_2O$$

单质锰的化学性质活泼，在空气中可形成一层致密的氧化物薄膜，高温下可直接与卤素、碳和硫等非金属化合。常温下，锰能缓慢地溶于水或稀酸并放出氢气。

$$Mn + 2H_2O = Mn(OH)_2 \downarrow + H_2 \uparrow$$

（二）铬的重要化合物

1. 铬（Ⅲ）化合物　Cr（Ⅲ）具有较强的稳定性、强水解性、强配位性，常见可溶性盐有氯化铬（$CrCl_3$）和铬酸钾 $[Cr_2(SO_4)_3]$。Cr（Ⅲ）盐溶液与适量碱液反应可析出灰绿色的胶状沉淀 $Cr(OH)_3$，过量则生成亚铬酸盐。亚铬酸盐可在碱性溶液中被 H_2O_2 或 Na_2O_2 氧化，生成 Cr（Ⅵ）酸盐。此反应可用于 Cr^{3+} 的鉴别。

$$Cr^{3+} + 4OH^- = CrO_2^- + 2H_2O$$

$$2CrO_2^- + 3H_2O_2 + 2OH^- = 2CrO_4^{2-} + 4H_2O$$

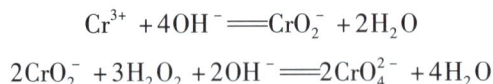

2. 铬（Ⅵ）的化合物　Cr（Ⅵ）常见的为铬酸盐与重铬酸盐。CrO_4^{2-} 与 $Cr_2O_7^{2-}$ 在水溶液中存在着如下平衡。

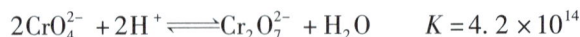

$$2CrO_4^{2-} + 2H^+ \rightleftharpoons Cr_2O_7^{2-} + H_2O \qquad K = 4.2 \times 10^{14}$$

在酸性溶液中，主要以 $Cr_2O_7^{2-}$ 形式存在；在碱性溶液中，则以 CrO_4^{2-} 形式为主。

重要的可溶性铬酸盐有铬酸钾（K_2CrO_4）和铬酸钠（Na_2CrO_4）；重要的重铬酸盐有重铬酸钾（$K_2Cr_2O_7$）和重铬酸钠（$Na_2Cr_2O_7$），其主要性质如下。

（1）沉淀反应　向铬酸盐溶液或重铬酸盐溶液中加入沉淀剂，生成的都是铬酸盐沉淀。

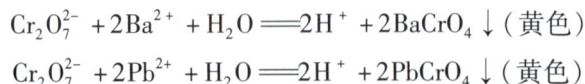

$$Cr_2O_7^{2-} + 2Ba^{2+} + H_2O = 2H^+ + 2BaCrO_4 \downarrow （黄色）$$

$$Cr_2O_7^{2-} + 2Pb^{2+} + H_2O = 2H^+ + 2PbCrO_4 \downarrow （黄色）$$

$$CrO_4^{2-} + 2Ag^+ \rightleftharpoons Ag_2CrO_4 \downarrow （砖红色）$$

实验室中常利用 Ba^{2+}、Pb^{2+}、Ag^+ 来检验 CrO_4^{2-} 的存在。

（2）氧化性 在酸性溶液中，$Cr_2O_7^{2-}$ 和 CrO_4^{2-} 是强氧化剂。如在冷溶液中 $Cr_2O_7^{2-}$ 可氧化 H_2S、H_2SO_3 和 HI 等，在加热时可氧化 HBr 和 HCl。在这些反应中，$Cr_2O_7^{2-}$ 的还原产物都是 Cr^{3+}。

$$Cr_2O_7^{2-} + 6I^- + 14H^+ \rightleftharpoons 2Cr^{3+} + 3I_2 \downarrow + 7H_2O$$
$$Cr_2O_7^{2-} + 3SO_3^{2-} + 8H^+ \rightleftharpoons 2Cr^{3+} + 3SO_4^{2-} + 4H_2O$$

（三）锰的重要化合物

1. 锰（Ⅱ）的化合物 锰（Ⅱ）的强酸盐多数易溶于水，如 $MnCl_2$、$Mn(NO_3)_2$ 等，而其弱酸盐多难溶于水，如 $MnCO_3$、MnS 等。MnS 可溶于稀盐酸，常据此鉴别 Mn^{2+}。

$$Mn^{2+} + S^{2-} \rightleftharpoons MnS \downarrow （肉红色）$$
$$MnS + 2H^+ \rightleftharpoons Mn^{2+} + H_2S$$

Mn^{2+} 在酸性溶液中稳定。但在强氧化剂如 $NaBiO_3$ 等存在时，Mn^{2+} 被氧化成 MnO_4^-。该反应非常灵敏，常用来鉴定 Mn^{2+}。

$$2Mn^{2+} + 5NaBiO_3 + 14H^+ \rightleftharpoons 2MnO_4^-（紫红色） + 5Bi^{3+} + 5Na^+ + 7H_2O$$

在碱性溶液中，Mn（Ⅱ）的还原性较强，极易被氧化。如向 Mn^{2+} 溶液中加入 OH^-，可以析出白色胶状 $Mn(OH)_2$ 沉淀。在空气中放置片刻，沉淀很快由白色变成棕色。

$$Mn^{2+} + 2OH^- \rightleftharpoons Mn(OH)_2 \downarrow （白色）$$
$$2Mn(OH)_2 + O_2 \rightleftharpoons 2MnO(OH)_2（棕色）$$

2. 锰（Ⅶ）的化合物 常见的为高锰酸钾（$KMnO_4$），俗称灰锰氧，易溶于水而使溶液呈现 MnO_4^- 特有的紫红色，其具有如下性质。

（1）不稳定性 $KMnO_4$ 固体的热稳定性较差，加热至200℃以上就能分解放出 O_2，是实验室常用的一种制备少量 O_2 的简便方法。

$$2KMnO_4 \rightleftharpoons K_2MnO_4 + MnO_2 + O_2 \uparrow$$

（2）强氧化性 $KMnO_4$ 具有强氧化性，其还原产物类型与溶液的酸碱度有关。

在酸性溶液中，MnO_4^- 被还原成肉红色的 Mn^{2+}。

$$2MnO_4^- + 5SO_3^{2-} + 6H^+ \rightleftharpoons 2Mn^{2+} + 5SO_4^{2-} + 3H_2O$$

在中性或弱碱性溶液中，MnO_4^- 被还原成棕色的 MnO_2 沉淀。

$$2MnO_4^- + 3SO_3^{2-} + H_2O \rightleftharpoons 2MnO_2 \downarrow + 3SO_4^{2-} + 2OH^-$$

在强碱性溶液中，MnO_4^- 被还原成绿色的 MnO_4^{2-}。

$$2MnO_4^- + SO_3^{2-} + 2OH^- \rightleftharpoons 2MnO_4^{2-} + SO_4^{2-} + H_2O$$

（四）常用药物

1. $CrCl_3 \cdot 6H_2O$ 临床上用于治疗糖尿病和动脉粥样硬化症。

2. $KMnO_4$ 强氧化剂，日常生活中常被用来消毒杀菌。$KMnO_4$ 的稀溶液可用于浸洗水果、餐具等，临床上用作消毒防腐剂和洗胃。

3. 锰福地吡三钠注射液 诊断用磁共振（MRI）造影剂。

五、铁和铂

铁、钴和镍是第四周期第Ⅷ元素，它们的性质非常相似，所以常被称为铁系元素。第五和第六周期的过渡元素钌、铑、钯、锇、铱、铂的性质也比较相似，称为铂系元素。

（一）单质性质

单质铁是光亮的银白色金属，具有良好的延展性、导电性和导热性。铁在潮湿的空气中会生成 $Fe_2O_3 \cdot nH_2O$（俗称铁锈）。铁溶于稀盐酸和稀硫酸形成 Fe^{2+}，在热的稀硝酸中形成 Fe^{3+}。冷的浓硝酸和浓硫酸等氧化性强酸能使铁的表面钝化。

铂俗称白金，是惰性金属，常温下只能溶解于王水中。在高温下，它可与碳、硫、磷和过氧化钠等反应，在氧化剂存在下可与熔融的苛性碱反应。

（二）铁的重要化合物

1. 铁（Ⅱ）盐　常见的可溶性 Fe（Ⅱ）盐有硫酸亚铁（$FeSO_4 \cdot 7H_2O$，俗称绿矾）、二氯化铁（$FeCl_2$）等，主要的性质如下。

（1）还原性　Fe^{2+} 与碱作用析出白色 $Fe(OH)_2$ 沉淀，在空气中迅速被氧化变成灰绿色，最后成为红棕色的 $Fe(OH)_3$。

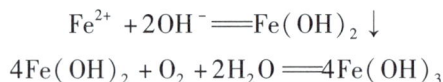
$$Fe^{2+} + 2OH^- =\!\!= Fe(OH)_2 \downarrow$$
$$4Fe(OH)_2 + O_2 + 2H_2O =\!\!= 4Fe(OH)_3$$

（2）配合物　Fe^{2+} 具有非常强的形成配合物的倾向，常见的有六氰合铁(Ⅱ) 酸钾 $K_4[Fe(CN)_6]$，又称亚铁氰化钾，俗名黄血盐。在溶液中，$[Fe(CN)_6]^{4-}$ 能与 Fe^{3+} 生成深蓝色的普鲁士蓝沉淀，可用于 Fe^{3+} 的鉴定。

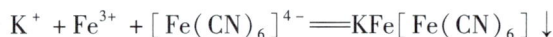
$$K^+ + Fe^{3+} + [Fe(CN)_6]^{4-} =\!\!= KFe[Fe(CN)_6] \downarrow$$

2. 铁（Ⅲ）盐　Fe（Ⅲ）的常见化合物有氧化铁（Fe_2O_3）和可溶性的三氯化铁（$FeCl_3$）、硫酸铁 $[Fe_2(SO_4)_3]$。Fe^{3+} 有如下性质。

（1）氧化性　在酸性介质中，Fe^{3+} 可将 H_2S、KI、$SnCl_2$ 等物质氧化。

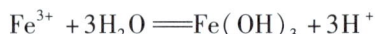
$$2Fe^{3+} + 2I^- =\!\!= 2Fe^{2+} + I_2$$

（2）水解性　Fe（Ⅲ）盐易水解，水溶液显酸性。在生产中，常用加热的方法，使 Fe^{3+} 水解析出 $Fe(OH)_3$ 沉淀，来除去产品中的杂质铁。用 $FeCl_3$ 或 $Fe_2(SO_4)_3$ 作净水剂，也是利用上述性质。

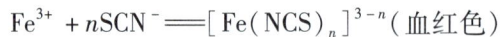
$$Fe^{3+} + 3H_2O =\!\!= Fe(OH)_3 + 3H^+$$

（3）配位性　在 Fe^{3+} 的溶液中，加入 KSCN 或 NH_4SCN，可形成血红色配合物。这一反应非常灵敏，常用来检验 Fe^{3+} 的存在。

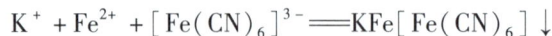
$$Fe^{3+} + nSCN^- =\!\!= [Fe(NCS)_n]^{3-n}（血红色）$$

在黄血盐中通入 Cl_2 等氧化剂，可得到六氰合铁（Ⅲ）酸钾 $K_3[Fe(CN)_6]$，简称铁氰化钾，俗名赤血盐。$[Fe(CN)_6]^{3-}$ 可与 Fe^{2+} 作用，生成滕氏蓝沉淀，可用于 Fe^{2+} 的鉴别。

$$K^+ + Fe^{2+} + [Fe(CN)_6]^{3-} =\!\!= KFe[Fe(CN)_6] \downarrow$$

（三）铂的重要化合物

铂与王水作用或四氯化铂与盐酸作用生成氯铂酸。

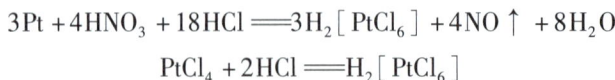
$$3Pt + 4HNO_3 + 18HCl =\!\!= 3H_2[PtCl_6] + 4NO \uparrow + 8H_2O$$
$$PtCl_4 + 2HCl =\!\!= H_2[PtCl_6]$$

氯铂酸的钾盐、铵盐等是难溶于水的黄色晶体，可以通过在氯铂酸溶液里加入 NH_4Cl 或 KCl 得到。这一性质可以用来鉴定 K^+、NH_4^+ 等离子。

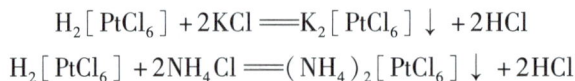
$$H_2[PtCl_6] + 2KCl =\!\!= K_2[PtCl_6] \downarrow + 2HCl$$
$$H_2[PtCl_6] + 2NH_4Cl =\!\!= (NH_4)_2[PtCl_6] \downarrow + 2HCl$$

（四）相关药物

1. $FeSO_4$ 是临床最常用的补铁剂，主要用于治疗缺铁性贫血。制备时为防止被空气氧化，需把片剂压膜以隔绝空气，把糖浆剂调为酸性。口服的补铁药物有琥珀酸亚铁、葡萄糖酸亚铁、乳酸亚铁、富马酸亚铁等。可用于注射的补铁药有右旋糖酐铁、山梨醇铁等。

2. $FeCl_3$ 能引起蛋白质的迅速凝聚，在医疗上作为伤口的止血剂。

3. 铂类配合物 顺铂及其衍生物卡铂、奥沙利铂等用于癌症的治疗。

> **知识链接**
>
> #### 铂类药物
>
> 过渡金属元素铂在医学领域中扮演着重要的角色，尤其是作为抗癌药物的关键成分。
>
> 铂类药物的发展历程可以追溯到 1965 年，当时 Barnett Rosenberg 发现了顺铂对细胞增殖的抑制作用，从而开启了铂作为抗癌药物的使用。顺铂、卡铂、奥沙利铂等铂配合物是目前医学领域常用的抗癌药物。随着研究的深入，新的铂类药物也不断被开发出来，新一代的铂化合物可能具有更少的副作用，并且有足够的 DNA 交联活性来杀死缺乏适当 DNA 修复的肿瘤细胞。这些药物的开发基于对不同 DNA 损伤反应机制的理解，旨在提供更有效的治疗方案，同时减少对正常细胞的伤害。
>
> 铂类药物的发展和应用展示了过渡金属元素铂在医学领域的巨大潜力，通过不断创新和研究，这些药物为癌症治疗提供了重要的选择，同时也为患者带来了希望。

六、铜、锌、汞

铜、银、金是周期系中ⅠB族元素，通常称为铜族元素。锌、镉、汞是周期系中ⅡB族元素，通常称为锌族元素。

（一）单质性质

1. 铜 铜的化学性质比较稳定。在常温下与潮湿的空气反应，铜表面可逐渐生成一层绿色的铜锈（碱式碳酸铜）。铜与非氧化性稀酸不反应，只能溶于硝酸、热盐酸和热的浓硫酸中。

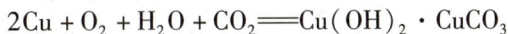

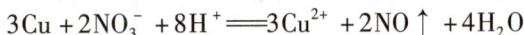

$$2Cu + O_2 + H_2O + CO_2 = Cu(OH)_2 \cdot CuCO_3$$

$$3Cu + 2NO_3^- + 8H^+ = 3Cu^{2+} + 2NO\uparrow + 4H_2O$$

2. 锌 单质锌是银白色的金属，化学性质比较活泼。在空气中，锌表面能生成一层致密的氧化物或碱式碳酸盐的膜，使其不易被腐蚀。

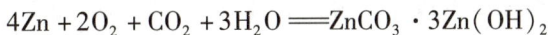

$$4Zn + 2O_2 + CO_2 + 3H_2O = ZnCO_3 \cdot 3Zn(OH)_2$$

锌能与稀盐酸、稀硫酸反应，也可与碱性溶液反应，是典型的两性金属。锌还能与氨水作用生成锌氨配离子。

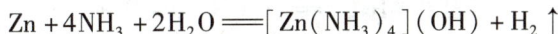

$$Zn + 2NaOH + 2H_2O = Na_2[Zn(OH)_4] + H_2\uparrow$$

$$Zn + 4NH_3 + 2H_2O = [Zn(NH_3)_4](OH) + H_2\uparrow$$

3. 汞 是室温下唯一的液体金属，容易挥发。汞的化学性质不活泼。加热条件下汞可与 O_2 反应生成氧化汞。常温下，汞与硫粉混合即可生成 HgS。汞不能与非氧化性酸反应，但可与氧化性酸反应生成汞盐。

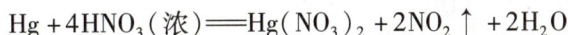

$$Hg + 4HNO_3(浓) = Hg(NO_3)_2 + 2NO_2\uparrow + 2H_2O$$

冷硝酸与过量的汞反应生成亚汞。

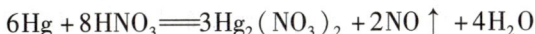

$$6Hg + 8HNO_3 = 3Hg_2(NO_3)_2 + 2NO\uparrow + 4H_2O$$

知识链接

汞的安全使用

汞蒸气的毒性很大，吸入人体会中毒。因此接触和使用汞时应十分小心，一切操作都必须在通风橱中进行，严禁将汞直接盛放在敞开的容器中，临时存放在广口瓶中的少量汞，必须在汞面上覆盖 10% 的 NaCl 溶液。使用汞时万一不慎洒落，必须尽量将汞收集起来，或把硫粉撒在有汞的地方使之生成 HgS，防止有毒的汞蒸气进入空气中。若空气中已有汞蒸气，可以把碘升华为气体，使汞蒸气与碘蒸气相遇，生成 HgI_2，以除去空气中的汞蒸气。

（二）铜的化合物

1. 铜（Ⅰ）化合物　在酸性溶液中，Cu^+ 不稳定，易发生歧化反应，生成 Cu^{2+} 和 Cu。该歧化反应的平衡常数较大，反应进行的倾向很强。

$$2Cu^+ \Longrightarrow Cu^{2+} + Cu \qquad K = 1.4 \times 10^6$$

Cu_2O 可溶于氨水和氢卤酸等配合剂中，形成稳定的无色配合物，溶于稀酸时极易发生歧化反应。

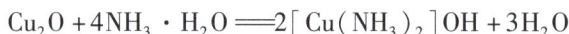

$$Cu_2O + 4NH_3 \cdot H_2O == 2[Cu(NH_3)_2]OH + 3H_2O$$
$$Cu_2O + H_2SO_4 == CuSO_4 + Cu \downarrow + H_2O$$

$CuCl$ 在潮湿空气中被迅速氧化，颜色由白色变绿色。$CuCl$ 能溶于氨水、浓盐酸以及 NaCl、KCl 溶液，并生成相应的配合物。

$$4CuCl + O_2 + 4H_2O == CuCl_2 \cdot 3CuO \cdot 3H_2O + 2HCl$$

2. 铜（Ⅱ）化合物　Cu^{2+} 盐多数不溶于水，可溶于水的有硫酸铜（$CuSO_4 \cdot 5H_2O$）、氯化铜（$CuCl_2$）和硝酸铜 $[Cu(NO_3)_2]$ 等。Cu^{2+} 有如下性质。

（1）氧化性　在酸性介质中，Cu^{2+} 可将 I^- 氧化为 I_2。

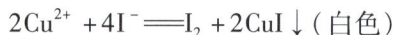

$$2Cu^{2+} + 4I^- == I_2 + 2CuI \downarrow（白色）$$

（2）配位性　Cu^{2+} 具有很强的配位能力，适量氨水反应可生成淡蓝色絮状 $Cu(OH)_2$ 沉淀，与过量氨水反应则沉淀溶解，生成深蓝色的 $[Cu(NH_3)_4]^{2+}$。此反应可用于 Cu^{2+} 的鉴别。

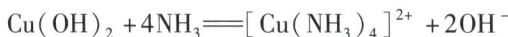

$$Cu^{2+} + 2NH_3 \cdot H_2O == Cu(OH)_2 \downarrow + 2NH_4^+$$
$$Cu(OH)_2 + 4NH_3 == [Cu(NH_3)_4]^{2+} + 2OH^-$$

（三）锌的化合物

$Zn(OH)_2$ 是难溶于水的白色固体物质，具有明显的两性，与酸反应生成相应的盐，与碱反应生成四羟合锌（Ⅱ）离子。溶于氨水中形成配合物。

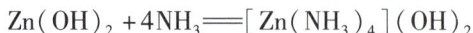

$$Zn(OH)_2 + 2NaOH == Na_2[Zn(OH)_4]$$
$$Zn(OH)_2 + 4NH_3 == [Zn(NH_3)_4](OH)_2$$

$ZnCl_2$ 易溶于水，由于 Zn^{2+} 水解而呈酸性。

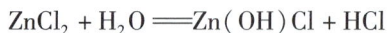

$$ZnCl_2 + H_2O == Zn(OH)Cl + HCl$$

在 $ZnCl_2$ 浓溶液中可形成酸性比较强的配位酸。该配位酸能溶解金属表面氧化物，故在焊接金属时用于清洁金属表面。

$$ZnCl_2 + H_2O == H[ZnCl_2(OH)]（羟基二氯合锌酸）$$
$$2H[ZnCl_2(OH)] + FeO == Fe[ZnCl_2(OH)]_2 + H_2O$$

（四）汞的化合物

亚汞离子是双原子离子 Hg_2^{2+}，两个汞原子之间以共价键结合。Hg_2^{2+} 与 Cu^+ 不同，在溶液中 Hg_2^{2+}

和 Hg 转化为 Hg_2^{2+} 是自发过程。

$$Hg^{2+} + Hg \rightleftharpoons Hg_2^{2+} \quad K = 69.4$$

由于反应的平衡常数较大，平衡强烈偏向于生成 Hg_2^{2+} 的一方。为使 Hg_2^{2+} 的歧化反应能够进行，必须降低溶液中 Hg^{2+} 的浓度，如使之变为某些难溶物或难解离的配合物。

$$Hg_2^{2+} + 2OH^- == HgO\downarrow + Hg\downarrow + H_2O$$

$$Hg_2^{2+} + S^{2-} == HgS\downarrow + Hg\downarrow$$

在 Hg^{2+} 溶液中通入 H_2S 也可得到红色 HgS。HgS 是最难溶的金属硫化物，它不溶于盐酸及硝酸，只溶于王水或 Na_2S 浓溶液中。

$$Hg^{2+} + H_2S == HgS\downarrow + 2H^+$$

$$HgS + S^{2-} == [HgS_2]^{2-}$$

Hg^{2+} 在酸性溶液中具有氧化性，适量的 $SnCl_2$ 可将其还原为 Hg_2^{2+}。如果 $SnCl_2$ 过量，生成的 Hg_2Cl_2 可进一步被 $SnCl_2$ 还原为 Hg。

$$2HgCl_2 + SnCl_2(少量) == Hg_2Cl_2\downarrow(白色) + SnCl_4$$

$$Hg_2Cl_2 + SnCl_2 == 2Hg\downarrow(黑色) + SnCl_4$$

Hg^{2+} 与适量 I^- 反应生成橙红色 HgI_2 沉淀。HgI_2 在过量 I^- 作用下生成无色配离子 $[HgI_4]^{2-}$。Hg_2^{2+} 与适量 I^- 反应生成黄绿色 Hg_2I_2 沉淀。Hg_2I_2 与过量 I^- 发生歧化反应也生成 $[HgI_4]^{2-}$ 配离子。

$$Hg^{2+} + 2I^- == HgI_2\downarrow(橙红色)$$

$$HgI_2 + 2I^- == [HgI_4]^{2-}(无色)$$

$$Hg_2^{2+} + 2I^- == Hg_2I_2\downarrow(黄绿色)$$

$$Hg_2I_2 + 2I^- == [HgI_4]^{2-}(无色) + Hg(黑色)$$

（五）相关药物

1. $CuSO_4$ 硫酸铜外用治疗各种真菌感染引起的皮肤病。

2. ZnO 氧化锌常被调成软膏剂、混悬剂和复方散剂等，用于治疗各种皮炎和湿疹等。

3. $ZnSO_4$ 硫酸锌外用可做滴眼液治疗结膜炎，内服治疗锌缺乏引起的疾病。常用的补锌药物还有葡萄糖酸锌、甘草酸锌、枸橼酸锌等。

4. HgS（红色） 红色硫化汞又称辰砂或朱砂，具有安神、镇静、抑菌、杀虫等作用。内服用于治疗惊厥、癫痫、失眠等，配成外用复方制剂具有消肿、解毒、止痛的作用。

5. $HgCl_2$ 和 Hg_2Cl_2 氯化汞俗名升汞，主要用作医疗器械的消毒。氯化亚汞味略甜，俗称甘汞，内服可作缓泻剂，外用治疗慢性溃疡及皮肤病。

6. HgO（黄色） 氧化汞亦称黄降汞，具有很强的杀菌能力。1% 的黄降汞用于治疗眼部疾病。

> **知识链接**
>
> #### "汞" 过是非
>
> 汞俗称水银，是银白色液体，常温下即可蒸发。汞的物理化学性质使其在多个领域中有着重要的应用。汞在医药领域的应用历史悠久，曾被用作杀菌剂和消毒剂。例如在中药中，汞具有消毒、泻下、利尿、杀虫、灭虱的功效，常用于治疗皮肤疥疮、顽癣、头虱等。然而，由于汞具有强烈的神经毒性，其使用受到严格限制，现代医学中已较少使用。汞在工业中的应用非常广泛，包括化学、电气、仪表及军事工业等。汞及其化合物还用于制造杀虫剂、防腐剂，以及在绘画、化妆品和印刷业中作为颜料、涂料使用。

尽管汞的应用广泛，但由于其强烈的神经毒性，在使用、保管和处理不当的情况下可能会产生汞污染的风险。因此，对于汞的使用和管理需要采取严格的措施，以减少其对环境和人体的潜在危害。

第二节　f 区元素

PPT

f 区元素包括镧系和锕系元素。镧系包括从镧（La）到镥（Lu）的 15 种元素，用符号 Ln 表示。锕系包括从锕（Ac）到铹（Lr）的 15 种元素，用符号 An 表示。ⅢB 族元素钪（Sc）、钇（Y）与镧系元素在自然界中常共生于某些矿物中，它们的氧化态特征和性质也相似，因此钪、钇和镧系元素一起被称作稀土元素，以符号 RE 表示。

知识链接

"稀土"不"稀"

"稀土"一词源于稀土元素的矿物分布稀散，氧化物和氢氧化物难溶于水，与碱土金属相应的化合物的性质类似。实际上，稀土元素在地壳中的含量并不稀少，如铈、钇、镧、钕等元素在地壳中的丰度与常见元素锌、锡、铅等差不多。而我国是稀土储量最大的国家，稀土生产能力位居世界第一位。

锕系元素都是放射性元素。其中位于 92 号元素铀以后的锕系元素都是由人工合成的方法制备的，又称超铀元素。

一、镧系、锕系元素的通性

（一）金属活泼性

镧系元素和锕系元素单质都是非常活泼的金属，它们都能和空气中的氧直接反应，导致变色，因此应该隔绝空气保存。镧系金属的活泼性顺序由 La 到 Lu 递减，但差距较小。

（二）氧化态

镧系元素的特征氧化数是 +3，常见氧化数还有 +2 或 +4。锕系元素中由 Ac 到 Am 为止的元素存在多种氧化态。随原子序数增加，Cm 以后的元素呈现低氧化态，比较稳定的氧化态为 +3。

（三）离子颜色

多数 Ln^{3+} 具有一定的颜色，这与离子中的未成对电子数有关，对于 4f 亚层未充满的镧系金属离子，其颜色主要来源于电子发生的 f–f 跃迁以及 d–f 跃迁和配体 – 金属电荷迁移。锕系元素的离子颜色的变化规律与镧系元素相似。

二、镧系、锕系元素的电子层结构特征

镧系元素的外层电子构型是 $4f^{0 \sim 14}5d^{0 \sim 1}6s^2$，它们的外层和次外层的电子构型基本相同。锕系元素的价电子层构型与镧系元素相似，其外层电子构型为 $5f^{0 \sim 14}6d^{0 \sim 2}7s^2$。

三、镧系、锕系元素基本性质的变化特征

图 11 –1 列出了镧系元素的原子半径和离子半径的变化图。总的变化趋势是，随着 Ln 原子序数

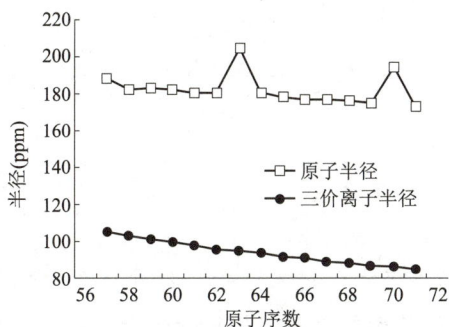

图 11-1　镧系元素的原子半径和其三价离子半径

的增大，Ln 原子半径缓慢减小，这种现象称为"镧系收缩"。镧系收缩是因为随着核电荷的增加而相应增加的电子填入外数第三层的 4f 轨道，该轨道对核电荷有较大的屏蔽作用，导致随着原子序数的增加，最外层电子受核的吸引增加缓慢，原子半径缓慢缩小。多数相邻镧系元素原子半径之差只有 1pm 左右。只有 63 号元素铕和 70 号元素镱的原子半径出现两个峰值。

锕系元素最外层的电子构型基本相同，锕以后的元素电子依次填充在 5f 内电子层。由于 5f 电子与 4f 电子一样，对外层电子的屏蔽作用强而相互间屏蔽作用差，原子半径和离子半径随有效核电荷增加而减少，这种现象称为"锕系收缩"。类似于镧系收缩，但锕系收缩一般比镧系收缩的程度要大，特别是前面 4 个元素尤为显著。

四、钍和铀

（一）钍及其化合物

单质钍呈现银白色光泽，具有放射性。钍的性质非常活泼，在空气中可生成保护性氧化膜，还可以与非金属，如 H_2、C 等反应，与非氧化性酸、沸水反应放出 H_2，与碱不反应。

硝酸钍是制备其他钍盐的原料。在钍盐中加入不同试剂可析出不同沉淀，如氢氧化物、过氧化物、硫酸盐、氟化物、草酸盐和磷酸盐等，后四种盐即使在 6mol/L 强酸性溶液中也不溶。

（二）铀及其化合物

铀单质是一种具有银白色光泽和放射性的金属，性质活泼，可与空气中的氧作用而生成黑色的非保护性的氧化膜，也可与其他非金属直接化合。粉末状的铀在空气中会发生自燃。铀易溶于盐酸和硝酸，不与碱作用。

在化合物中，氧化值为 +6 的铀最稳定，比较重要的是 UF_6。UF_6 是无色晶体，在干燥空气中稳定，但遇水蒸气即水解。

$$UF_6 + 2H_2O = UO_2F_2 + 4HF$$

UF_6 具有高挥发性，利用 $^{238}UF_6$ 和 $^{235}UF_6$ 蒸气扩散速度的差别，使 ^{238}U 和 ^{235}U 分离，从而得到铀 -235 核燃料。

五、镧系和锕系元素生物学效应

稀土元素不是生命必需元素，但是其广泛存在于动植物体内，并具有一定的生物化效应。稀土元素的硝酸盐等化合物可作为微量元素肥料施于农作物，以提高农作物产量和防病虫害。畜牧业使用稀土元素制作猪、羊、鸡等饲料添加剂，以促进畜禽生长。

在医药方面，部分稀土元素化合物可供药用。口服微量钪、镧、铈的氧化物及氯化物，可改善脑血液循环和防护细胞不受侵害。1950 年前后，草酸铈作为止吐药用于临床，其后还作为治疗消化道疾病的药物被载入多国药典。1982 年英国 Martindale 药典将硝酸铈作为治疗烧伤药物收载。氯化铈对治疗皮肤病有良好的效果。稀土元素同位素还用于肝癌、白血病、骨癌等严重疾病的放射治疗和示踪治疗。临床上使用的部分含稀土元素的药物有：治疗烧伤的"烧伤宁"，2.2% $Ce(NO_3)_3$ + 1% 磺胺嘧啶银。$[Gd(DTPA)(H_2O)]^{2-}$ 作为磁共振成像造影剂，用于肿瘤的诊断。磺基水杨酸稀土药物有很好的镇痛、镇静和解热作用。

知识链接

稀土危害

近年来人们对稀土研究的深入，稀土的地位逐渐提高，并被广泛应用，但随之而来的，稀土的负面效应也开始进入人们的视野。

长期接触稀土可能导致皮肤红疹、瘙痒等过敏反应；稀土若大量进入体内可能导致弥漫性腹膜炎，严重时可能引起呼吸困难；稀土元素在肝脏中蓄积，可能导致肝细胞损伤和肝代谢紊乱。在稀土开采过程中使用的化学原料，会对山体及水土造成严重污染，影响动植物生长，同时在开采过程中使用的化学物质直接排入水体，也会导致水资源和生态环境受损；稀土开采破坏山体植被，还可能导致水土流失和山体滑坡等自然灾害。

随着科技的发展，人们对稀土的需求也在不断增长。如何有效、安全地利用这些宝贵资源，将是需要面对的重要问题。

目标检测

答案解析

一、选择题

（一）单项选择题

1. 在 HNO_3 介质中，欲使 Mn^{2+} 氧化成 MnO_4^-，可加（ ）

　　A. $KClO_3$　　　　　　　　B. H_2O_2　　　　　　　　C. 王水

　　D. $NaBiO_3$　　　　　　　E. 浓 HCl

2. +3 价铬在过量强碱溶液中的存在形式是（ ）

　　A. $Cr(OH)_3$　　　　　　　B. CrO_2^-　　　　　　　C. Cr^{3+}

　　D. CrO_4^{2-}　　　　　　　E. $[Cr(H_2O)_6]^{3+}$

3. 铁在潮湿空气中会生锈，铁锈的成分通常表示为（ ）

　　A. Fe_2O_3　　　　　　　　B. Fe_3O_4　　　　　　　C. $FeO \cdot H_2O$

　　D. $Fe_2O_3 \cdot nH_2O$　　　　E. FeO

4. 下列元素中为锕系元素的是（ ）

　　A. At　　　　　　　　　　B. Tm　　　　　　　　　　C. Md

　　D. Pm　　　　　　　　　　E. Sm

5. 下列物质能被氨水溶解的是（ ）

　　A. $Al(OH)_3$　　　　　　　B. $Cu(OH)_2$　　　　　　C. $Fe(OH)_3$

　　D. AgI　　　　　　　　　E. CuI

6. 下列过渡元素中能呈现最高氧化数的化合物是（ ）

　　A. Fe　　　　　　　　　　B. Co　　　　　　　　　　C. Ni

　　D. Mn　　　　　　　　　　E. Cu

（二）多项选择题

7. 向硫酸铜中加入氨水的过程中，可能得到的物质有（ ）

　　A. $Cu(OH)_2$　　　　　　　B. $Cu_2(OH)_2SO_4$　　　　C. $[Cu(NH_3)_4]^{2+}$

D. $\left[Cu(H_2O)_4 \right]^{2+}$ E. CuO

8. 向含有 Ag^+、Cd^{2+}、Al^{3+}、Zn^{2+}、Hg_2^{2+} 的溶液中滴加稀盐酸能析出沉淀的是（　　）

A. Ag^+ B. Cd^{2+} C. Zn^{2+}

D. Cu^{2+} E. Hg_2^{2+}

9. 在酸性介质中使 Mn^{2+} 氧化为 MnO_4^- 应选用的氧化剂为（　　）

A. PbO_2 B. $K_2Cr_2O_7$ C. $NaBiO_3$

D. H_2O_2 E. O_2

10. 下列属于稀土元素的是（　　）

A. La   B. Ce   C. Sm

D. Er   E. Sn

二、思考题

1. 有一白色沉淀，加入 2mol 氨水，沉淀溶解，再加 KBr 溶液即析出浅黄色沉淀，此沉淀可溶于 $Na_2S_2O_3$ 溶液中，再加入 KI 溶液又可见黄色沉淀，此沉淀溶于 KCN 溶液中，最后加入 Na_2S 溶液，析出黑色沉淀。

（1）白色沉淀为何物？

（2）写出各步反应方程式。

2. 化合物 A 是一种黑色固体，不溶于水、稀 HAc 及稀 NaOH 溶液中，而易溶于热 HCl 溶液中，生成一种绿色溶液 B。将溶液 B 和铜丝一起煮沸，即逐渐生成土黄色溶液 C。若用较大量水稀释溶液 C，可生成沉淀 D。D 可溶于氨水中生成无色溶液 E。无色溶液 E 在空气中迅速变成蓝色溶液 F。向 F 中加入 KCN，可生成无色溶液 G。向 G 中加入锌粉生成红色沉淀 H，H 不溶于稀酸或稀碱，但可溶于热 HNO_3 中生成蓝色溶液 I。向 I 中缓慢加入 NaOH 溶液生成沉淀 J。将 J 过滤、取出后，强热又可得到原化合物 A。请写出 A ~ J 的化学式。

书网融合……

重点小结   微课   习题

实　验

实验一　化学实验基本操作

【实验目的】

1. 掌握玻璃仪器的洗涤、干燥和药品的取用。
2. 熟悉仪器的装配、加热方法和天平的使用。
3. 了解溶解、蒸发、过滤、结晶等基本操作。

【实验器材】

1. 仪器　试管、烧杯、量筒、玻璃漏斗、布氏漏斗、酒精灯、玻璃管、玻璃棒、胶头滴管、蒸发皿、坩埚、橡皮塞、橡皮管、铁架台、十字夹、烧瓶夹、试管刷、试管夹、坩埚钳、镊子、剪刀、药匙、钻孔器、三角锉或砂轮、石棉网、托盘天平、电子天平、电热干燥箱。

2. 试剂　粗食盐、NaOH 溶液。

3. 其他　蒸馏水、滤纸、称量纸、火柴、去污粉或洗衣粉。

【实验内容】

一、玻璃仪器的洗涤和干燥

实验用过的试管、烧杯、锥形瓶等玻璃仪器及导管、塞子等均应立即洗刷干净，否则将可能影响实验结果的准确性。通常玻璃仪器洗净的标准是内壁附着的水很均匀，既不聚集成滴，也不成股流下。已洗净的玻璃仪器，不能再用布或软纸擦拭，以免纤维留在器壁上而污染仪器。

（一）玻璃仪器的洗涤

洗涤玻璃仪器的方法很多，根据洗涤方式不同，可以分为冲洗、刷洗、浸洗、淋洗、润洗和超声波洗等。根据实验污物的性质及污染程度的不同，可以采用下列洗涤方法。

1. 用清水洗　仪器上的尘土、可溶性污物，可以用水直接冲洗。洗涤时，先向容器中加入约占容积1/2的水，振荡后将水倒掉。

2. 用去污粉、肥皂或合成洗涤剂洗　仪器上附有油污和有机物时，可以用去污粉、洗衣粉或热的碳酸钠溶液刷洗。洗涤时，先用水将仪器湿润，沾上洗涤剂用毛刷连续冲刷污处几次（内外壁都要刷洗干净），再用蒸馏水冲洗2~3次。毛刷应轻轻转动并上下移动，用力不宜过猛，以防将仪器底部戳破。

3. 用铬酸洗液洗　一些口小或管细的玻璃仪器很难用上述方法洗涤，可以用重铬酸洗液润洗。将仪器倾斜并慢慢转动，使内壁全部被洗液浸润，反复操作数次后将洗液倒回原瓶，再用自来水清洗，最后用蒸馏水冲洗2~3次。

洗液为强腐蚀性液体，使用时应注意安全，勿与皮肤接触以免灼伤。洗液可以反复使用，但如果变为绿色（被还原成 Cr^{3+}）即已失效，不能再用。

4. 用特殊试剂洗　有些污物用一般洗涤液不能去除，可以根据它们的性质选用特殊试剂进行处理。如仪器上附有铜、银时，可以用稀硝酸洗；附有二氧化锰时，可以用硫酸亚铁的酸性溶液或浓盐酸洗；附有硫化物时，可以用王水洗等。

5. 用有机溶剂洗　乙醇、乙醚、丙酮、汽油、石油醚等有机溶剂可以洗涤各种油污，但有机物多易燃，使用时需要注意防火安全。

实验中应根据实际情况和实验内容来决定洗涤程度，如定量实验对仪器的洁净度要求较高，一般用自来水和洗涤剂清洗后，还要用蒸馏水淋洗及待测液润洗。而无机制备实验或定性实验对仪器的洁净度要求较低，只需洗刷干净，不必再用蒸馏水洗涤。

（二）玻璃仪器的干燥

玻璃仪器的干燥方法主要有晾干法、烘干法、烤干法、吹干法、润干法等。

1. 晾干法　不急用的玻璃仪器，洗净后可以倒置在干燥的玻璃柜中或仪器架上，使残存在仪器内壁的水分自然挥发而干燥。

2. 烘干法　干燥较多仪器时，可以使用电热干燥箱或烘箱（实验图 1 - 1）。将洗净的仪器沥干水后，口朝下放入烘箱内的隔板上，关好门，调节烘箱温度在 100 ~ 120℃，恒温约半小时即可完成干燥。注意木塞、橡皮塞、玻璃塞均应与仪器分开干燥，而厚壁玻璃仪器（如吸滤瓶）和带刻度的仪器不能放在烘箱内干燥。

实验图 1 - 1　电热干燥箱

3. 烤干法　在石棉网上用小火烤干或在火焰上移动加热使水分迅速蒸发而进行的干燥。此法适用于可加热或耐高温的仪器，如试管、烧杯、烧瓶、蒸发皿等。加热前仪器外壁要擦干，用小火烤，使仪器受热均匀。

4. 吹干法　使用电吹风、气流吹干器等干燥，一般先用热风，后用冷风。

5. 润干法　带刻度的计量仪器（如量筒、吸量管、容量瓶等）、急用的玻璃仪器或不适合放入烘箱内的较大仪器均可用润干法干燥。具体步骤为：向已洗净沥干水的玻璃仪器中加入少量（3 ~ 5ml）易挥发的有机溶剂（如乙醇、丙酮等），倾斜并转动仪器，待溶剂全部浸润仪器内壁后倒出，擦干仪器外壁，自然晾干或用电吹风吹干。

二、物质的加热

（一）加热的仪器

1. 酒精灯　是以酒精为燃料的加热工具。酒精灯由灯壶、灯绳、灯芯管和灯帽组成，其加热温度可达 400 ~ 600℃。酒精灯的火焰分为焰心、内焰和外焰三部分（实验图 1 - 2），外焰的温度最高，内焰次之，焰心温度最低。

使用酒精灯前，先检查灯芯，若顶端已烧焦或不平整，要用镊子向上拉，剪去焦处。灯中如缺少乙醇，可取出灯芯嘴，但灯绳不可全部取出，用玻璃漏斗添加乙醇，乙醇添加量应为灯壶容积的 1/3 ~ 2/3；燃着的酒精灯若需添加乙醇，必须先熄火，否则容易失火。点燃酒精灯时，绝对不能拿燃烧着的酒精灯去点燃另一盏酒精灯。熄灭酒精灯时，不能用嘴吹，否则容易使灯中乙醇燃烧而发生危险，必须用灯帽盖灭。酒精灯不用时，必须盖好灯帽，以免乙醇挥发后不易点燃。

2. 酒精喷灯 燃烧温度通常可达 700~1000℃。酒精喷灯是金属制的，其构造如实验图 1-3 所示。使用前，先在预热盆内加满乙醇并点燃，用以加热铜质灯管。待盆内乙醇快燃尽时，打开开关，使铜质灯管内气化的乙醇与来自气孔的空气混合，用火柴在灯管处点燃，即可得到温度较高的火焰。调节开关螺丝，可以控制喷灯火焰的大小；使用完毕时向右旋紧开关，使火焰熄灭。需要注意：在打开开关点火之前，灯管必须充分灼热，否则乙醇在灯管内不能全部气化，会有液态乙醇由管口喷出，形成"火雨"，如果发生上述情况必须马上关闭开关。酒精喷灯不用时，要关好储罐开关，以防乙醇漏失，造成危险。

实验图 1-2 酒精灯火焰的温度

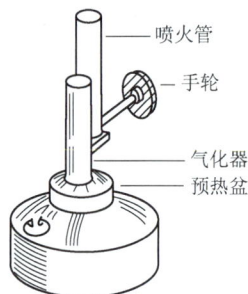

实验图 1-3 酒精喷灯的构造

3. 电加热器 实验室常用的电加热器有电炉、电磁炉、电加热套、电热恒温水浴锅等，它们的加热温度可以通过调节外接电阻来控制，如果有配套使用的控温器，便可自动控制加热温度。使用电炉加热时，需要垫上石棉网，以保证容器受热均匀。电热恒温水浴锅是进行水浴加热的设备。

（二）加热的方法

化学实验有时需要加热，常用的加热方式有直接加热、间接加热等。

1. 直接加热 若被加热物质在高温下稳定且不易燃，可以将其盛放在试管、烧瓶、烧杯等器皿中，用酒精灯、电炉、电加热套等直接加热。

给装有液体的试管直接加热时，所盛液体不得超过试管容积的 1/3，用试管夹夹在距管口 1/4~1/3 处，直接放在火焰上加热（实验图 1-4）。加热时，试管口应向上倾斜 45°，管口不能对着他人或自己的脸部，先用小火对试管均匀受热，从加热液体的中上部慢慢向下移动，并不时地左右移动，以防集中加热某一部位，引起暴沸，使液体冲出管外。

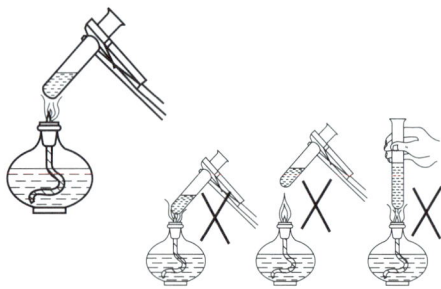

实验图 1-4 液体加热

给装有少量固体的试管直接加热时，可用试管夹或铁夹固定（实验图 1-5）。加热时，试管口必须稍微向下倾斜，以免凝结在试管口的水汽聚集后回流至灼热的管底，使试管炸裂。

加热较多固体时，可将其放在坩埚中进行灼烧（实验图 1-6）。加热时，先用小火预热，再加大火力使坩埚烧至红热。用坩埚钳夹取坩埚时，钳的尖端要事先预热，以免灼热的坩埚遇到冷的坩埚钳引起爆裂。坩埚钳用后，应使尖端向上放在桌面上（如果温度高，应放在石棉网上，如实验图 1-7 所示），以免弄脏钳的尖端。

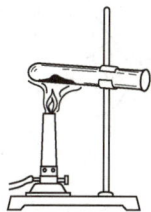

実验图 1－5　固体在试管中加热　　実验图 1－6　在坩埚中灼烧　　実验图 1－7　坩埚钳的放置

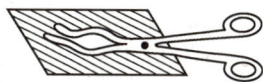

2. 间接加热　若被加热物质对热不稳定，易发生氧化、分解等反应时，为使其受热均匀，可以使用特定热浴间接加热。常用的热浴有水浴、油浴、砂浴等。

（1）**水浴**　是利用受热的水或产生的蒸汽对受热仪器及物质进行的加热。水浴的优点是加热方便、安全，适用于沸点低且受热温度不超过100℃的物质。

（2）**油浴**　适用于温度为100～250℃的加热需要，常用的油浴介质有甘油、植物油、液体石蜡、硅油等。油浴的优点是加热均匀、温度易于控制，但价格较高且有一定的污染。

（3）**砂浴**　适用于温度为250～350℃的加热需要，其特点是升温较缓慢，停止加热后散热也较慢。

三、仪器的装配

（一）玻璃管的加工

1. 截断玻璃管和玻璃棒　将玻璃管平放在桌面上，用三角铁锉（或砂轮）的棱，按一个方向在要截断处锉出一个凹痕，然后双手持玻璃管两端，使凹痕朝外，用两个拇指在凹痕的后面轻轻向外推，玻璃管即折断（实验图 1－8）。玻璃管的断面较锋利，容易划破手，也难于塞入橡皮塞圆孔中或橡皮管内，故截断的玻璃管应放在酒精喷灯的火焰上烧至变红，冷却后管口即变平滑，这叫熔光或圆口。玻璃棒的截断、熔光方法与玻璃管相同。

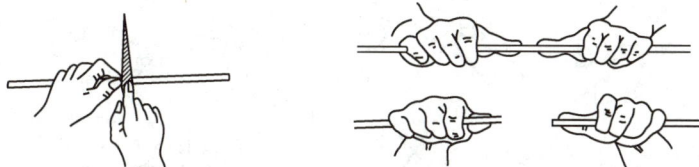

実验图 1－8　截断玻璃管或玻璃棒

2. 弯曲玻璃管　双手持一根长约20cm玻璃管的两端，在酒精喷灯的火焰上不停地旋转预热，然后再集中灼热要弯曲的部位。当玻璃管烧至发黄变软时，移离火焰，按要求弯成所需的角度（实验图 1－9）。玻璃管弯好后，两个"臂"应在同一水平面上，弯曲处为流线型、无皱褶的自然弯曲。弯好的热玻璃管不能直接放在实验台上，要稍冷后再放在石棉网上继续冷却，否则会烫坏台面。

3. 拉玻璃尖嘴　加热方法与弯玻璃管基本相同，但要烧得更软些，玻璃管受热面积也不要太大。当玻璃管烧至红黄色时，移离火焰，两手水平地向相反方向拉，边拉边转动玻璃管。拉到所需的细度时，一手持玻璃管，使玻璃管自然下垂。冷却后按需要截断，即为两个玻璃尖嘴。

（二）塞子的钻孔

在橡皮塞上钻孔，要用钻孔器。钻孔器是一组直径不同的金属管，一端有柄，另一端有锋利的刃口，还有一个带圆头的铁条，用来捅出钻孔时进入钻孔器中的橡皮。

给橡皮塞钻孔时，应选用比欲插入的管稍大的钻孔器，将塞子小头向上直立在实验台面上。为防止钻孔后损坏台面，最好垫上小木块。用左手拿住塞子，右手按住钻孔器的手柄，在选定位置上使钻

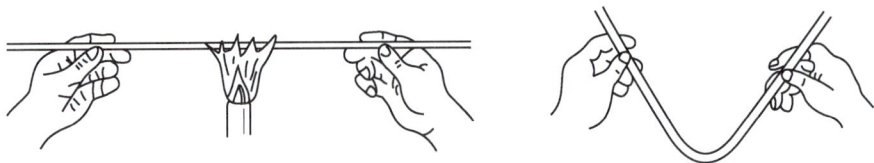

实验图 1 - 9 弯制玻璃管

孔器与塞面垂直，并以顺时针方向不断向下转动，直至钻穿为止（实验图 1 - 10），最后将钻孔器中的橡皮捅出。为了减少摩擦，钻孔前可在钻孔器的刃口上沾些肥皂水或清水。

实验图 1 - 10 塞子的钻孔

（三）仪器和配件的连接

1. 橡皮管套在玻璃管上 左手拿橡皮管，右手拿着用清水或肥皂水浸湿过的玻璃管，使玻璃管口对准橡皮管口，稍稍用力将玻璃管旋入橡皮管内 1～2cm。若用一段橡皮管连接两段玻璃管时，橡皮管应越短越好，并使两端接口处于平行状态。

2. 烧瓶口塞上橡皮塞 左手握住烧瓶颈，右手拿橡皮塞，慢慢转动着塞入瓶口，使塞子的 1/3 露在瓶口外。切不可使烧瓶立在台面上，而将塞子压进去，否则容易压破烧瓶。将塞子塞入试管口也是同样的方法。

3. 玻璃管插入橡皮塞 左手拿塞子，右手拿着用清水或肥皂水浸湿过的玻璃管，使玻璃管口的一端与塞孔相对，稍稍用力转动向前推入玻璃管，并穿过塞孔至所需的长度为止。若手拿在离管口较远的部位，转动时用力不均匀，容易折断导管并划伤皮肤。另外，决不能手握导管的弯曲处或以弯管为手柄来转动玻璃管，以免造成导管的弯曲处碎裂（实验图 1 - 11）。

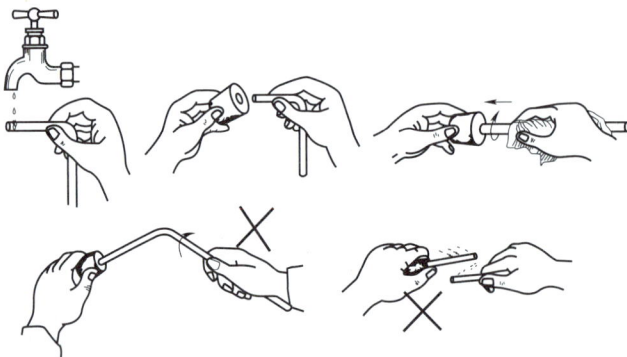

实验图 1 - 11 玻璃管插入橡皮塞

将温度计插入塞孔也是同样的方法，但需要特别小心，以防水银球破裂，对健康造成危害。

（四）检查装置的气密性

检查带有橡皮塞和导气管烧瓶（或试管）的气密性时，可以将导气管的一端浸入水中，用双手或热毛巾紧贴烧瓶（或试管）外壁，使容器内的空气受热膨胀。如果装置不漏气，导管口会有气泡冒出，而移开手或热毛巾，待容器冷却后，水能升入导管内，形成一段水柱。如果没有上述现象，说明此套装置漏气，应该查明漏气的原因，及时处理。

四、试剂的取用

化学试剂根据杂质含量的多少，可以分为优级纯（一级，G. R）、分析纯（二级，A. R）、化学纯

（三级，C. R）和实验试剂（四级，L. R）四种规格。根据实验的不同要求，可选用不同级别的试剂。

固体试剂一般装在广口瓶内，液体试剂盛放在细口瓶或滴瓶内，见光易分解的试剂盛放在棕色瓶内。每个试剂瓶上都贴有标签，其上标有试剂的名称、浓度和配制日期。

实验所用的药品，可能有毒性和腐蚀性，故一律不能用口去尝药品的味道，也不能用手直接接触药品。

（一）固体试剂的取用

取粉末状或小颗粒的药品，要用洁净的药匙。向试管中加入粉末状药品时，为了避免药粉沾在试管口和管壁上，可将试管倾斜或平放，将盛有药品的药匙（实验图 1 - 12）或用洁净的硬纸片折成"V"字形纸槽（实验图 1 - 13）小心地送入试管底部，然后将试管直立，使药品全部落到底部。

取块状药品或金属颗粒，要用洁净的镊子。装入试管时，先将试管平放，颗粒放入试管口，再将试管慢慢竖立，使颗粒缓慢地滑到试管底部（实验图 1 - 14）。

实验图 1 - 12　用药匙送固体试剂　　　　实验图 1 - 13　用纸片送固体试剂　　　　实验图 1 - 14　块状固体慢慢滑下

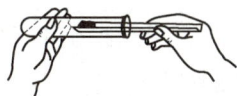

取用药品的药匙和镊子，每次用完，必须擦洗干净，绝不能用沾有某种药品的药匙或镊子再另取药品。注意多取的药品不能倒回原瓶，可放在指定的容器中供他人使用。

（二）液体试剂的取用

取用液体药品时，用倾注法。先取下瓶塞倒放在实验台面上，用右手握住试剂瓶，标签向着手心，逐渐倾斜试剂瓶，使试剂沿着洁净的试管壁流入试管或沿着洁净的玻璃棒注入烧杯（实验图 1 - 15）。倾倒完毕，将试剂瓶口在容器上靠一下，再逐渐竖起瓶子，以免残留在瓶口的液滴流到瓶的外壁。盖好瓶塞的试剂瓶要放回原处，放时瓶上的标签要朝向自己。

取用少量或几滴液体药品，可以用胶头滴管。先用中指和无名指夹住滴管，拇指和示指捏住胶头，压出胶头里的空气，将玻璃尖嘴插入盛放液体的试剂瓶中，放松拇指和示指，液体吸入尖嘴，再将胶头滴管移出试剂瓶，垂直放置于接受液体的容器口上方，其尖嘴不能接触容器壁，轻轻挤压滴管的胶头，使液体流出（实验图 1 - 16），用完的滴管应插回原滴瓶（不用清洗）。若胶头滴管中已吸入液体时，不能将尖嘴朝上，以免液体流入后腐蚀胶头。

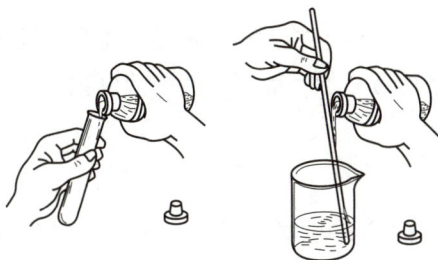

（a）正确　　　（b）不正确

实验图 1 - 15　液体的倾注　　　　　　　　实验图 1 - 16　液体滴入试管的操作

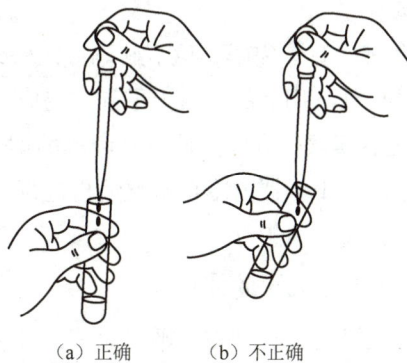

取用一定数量液体药品，可以用量筒。量取时，量筒必须放平稳，视线与量筒内液体的凹液面最低处保持水平，再读出所取液体的体积数，如果视线倾斜则容易产生较大误差，如实验图 1 – 17 所示。

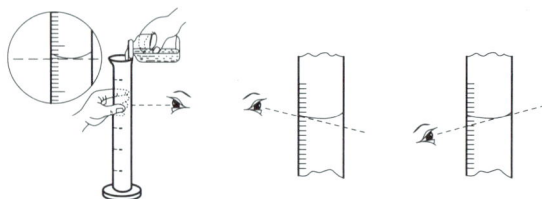

实验图 1 – 17　观察量筒内液体的体积

五、称量操作

（一）托盘天平的使用

托盘天平又称台秤，是常用的称重器具，用于精确度不高的称量，一般能称准到 0.1g 或 0.2g。托盘天平的构造如实验图 1 – 18 所示，用法如下。

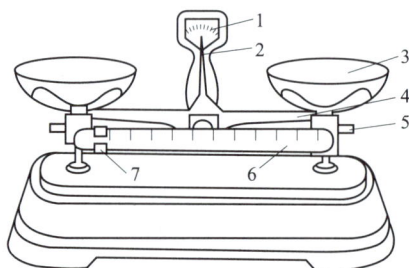

实验图 1 – 18　托盘天平

1. 刻度盘；2. 指针；3. 托盘；4. 横梁；5. 平衡调节螺丝；6. 游码标尺；7. 游码

1. 调整零点　称量前，将托盘天平放在水平工作台上，游码移至标尺左端的"0"位置，调节天平两端的平衡螺母，使指针停留在刻度盘的中间位置，或者指针左右摆动相同的角度。

2. 称量　称量时，左托盘放被称量物品，右托盘放砝码。物品不准直接放在托盘上称量，应放在称量纸或玻璃器皿上，用镊子夹取砝码，先放大的，后放小的，10g 或 5g 以下的可移动游码。游码也要用镊子拨动，游码标尺每小格为 0.1g 或 0.2g，直至天平达到平衡为止，记录所加砝码和游码的总质量。

3. 整理　称量完毕，取下砝码放入砝码盒中，将游码移回"0"处，两个托盘叠放在一侧，以防托盘天平摆动。用完的托盘天平和砝码应保持干净、清洁，并放回指定位置。

4. 注意事项　有腐蚀性或易潮解的固体应放在表面皿、烧杯或称量瓶上称量。过冷或过热的物品，应先放在干燥器内冷至室温后再进行称量。待称量药品的总质量不能超过天平的荷载。称量过程中，不可再碰平衡螺母。

（二）电子天平的使用

电子天平是根据电磁力平衡原理，可直接称量物品质量的仪器（实验图 1 – 19）。电子天平具有称量准确可靠、精密度高、显示快速清晰等特点，用法如下。

1. 调水平　电子天平开机前，先观察天平后部水平仪内的水泡是否位于圆环的中央，水泡若偏移，需调整天平的地脚螺栓。

2. 预热 电子天平初次接通电源或长时间断电再开机时，至少需要预热30分钟。

3. 校准 电子天平第一次使用前，一般都应进行校准操作。

4. 称量 校准操作完成后，电子天平便可以进行称量。在托盘上放置称量纸，按显示屏两侧的 Tare 键去皮，待显示器上显示为 0 时，将待称量物品放在称量盘的中部，稳定后即可读出称量物品的质量。

5. 称量完毕 短时间内不再使用的电子天平，可关闭天平的显示器，并做好清洁。如果天平长期不用，可以切断电源，将其存放在干燥、通风、无尘的环境中。

实验图 1-19 电子天平

6. 注意事项 电子天平应放在稳定的工作台上称量，避免振动、气流及阳光照射。易挥发和具有腐蚀性的物品应放在密闭容器中进行称量，以防腐蚀和破坏天平。电子天平不可过载使用，否则容易损坏天平。

六、溶解、结晶和固液分离

（一）溶解

用某溶剂溶解固体药品时，常用加热和搅拌等方法以加速溶解。若固体颗粒较大时，溶解前可以用研钵将其研细。为避免烧杯内溶液因溅出而损失，应使溶剂沿着玻璃棒或顺着烧杯内壁慢慢流入，再用玻璃棒不断搅拌，使药品完全溶解。搅拌时转速不要太快，使玻璃棒在液体中均匀地转圈，勿使玻璃棒碰到容器内壁而发出响声。对于溶解时会产生气体的药品，可先加少量水使其润湿成糊状，用表面皿将烧杯盖好，再用滴管自杯嘴逐滴加入溶剂，以防产生的气体将粉状药品带出。对于需要加热溶解的药品，为防止溶液受热沸腾而溅出，在容器上方也用表面皿盖住，加热后再用蒸馏水冲洗表面皿和烧杯内壁。

（二）结晶

蒸发或冷却可以使溶液中的溶质结晶析出。

1. 蒸发 用加热的方法从溶液中除去部分溶剂，从而提高溶液浓度或使溶质析出的操作称为蒸发（实验图 1-20）。蒸发浓缩一般是在水浴上进行的，若溶液太稀且物质对热稳定，可以先放在石棉网上直接加热蒸发，再用水浴蒸发。常用的蒸发容器是蒸发皿，蒸发皿内所盛液体的量不应超过其容量的 2/3。随着水分的蒸发，溶液逐渐被浓缩，浓缩的程度取决于溶质的溶解度及对晶粒大小的要求。若物质的溶解度较大且随温度的下降而变小时，只需蒸发到溶液出现晶膜即可停止；若物质的溶解度随温度变化不大时，为了获得较多的晶体，需要在晶膜出现后继续蒸发。

实验图 1-20 蒸发操作

2. 结晶 将溶液放在冷水浴或冰浴中不断搅拌迅速冷却，可以得到颗粒细小的晶体。若要得到粗大均匀的晶体，可以在室温或保温下静止，缓慢地冷却。晶体细小，里面所包裹的杂质少，但表面积大，吸附于表面的杂质就多。晶体粗大则反之。结晶不易析出时，可以用玻璃棒摩擦容器内壁或放入少许晶种以促进结晶。

（三）固液分离

化学实验室中分离和洗涤沉淀常采用倾析法、过滤法和离心分离法。

1. 倾析法 当沉淀的晶体颗粒和密度均较大时，静止后能很快沉降至容器底部的，可以用倾析法分离（实验图 1-21）。待溶液和沉淀分层后，倾斜容器使上层清液沿着玻璃棒小心倾入另一容器，即达到分离的目的。若沉淀需要洗涤，则往盛有沉淀的容器中加入少量洗涤剂，充分搅拌，静止，待沉淀物沉下，倾去洗涤剂，重复操作 2~3 次，即可将沉淀基本洗干净。

实验图 1-21　倾析法操作

2. 过滤法　过滤是进行固、液分离最常用的操作方法。当溶液与沉淀的混合物通过过滤器时，沉淀留在过滤器中，溶液则通过过滤器而滤入容器中，过滤所得的溶液称为滤液。常用的过滤方法有常压过滤、减压过滤和热过滤等。

（1）常压过滤　此方法最为简便和常用，其装置如实验图 1-22 所示。过滤器为贴有滤纸的玻璃漏斗。先将滤纸对折两次（若为方形，则应剪成扇形），再展开成圆锥形，将圆锥形的滤纸尖端向下，放入漏斗内，若滤纸与漏斗不密合，应改变滤纸折叠的角度。将三层滤纸的外面两层撕去一角，用示指按住三层滤纸一边，使滤纸边缘比漏斗边缘稍低 3~5mm，用少量蒸馏水润湿滤纸，并紧贴漏斗内壁上。用玻璃棒轻压滤纸，赶走滤纸与漏斗壁间的气泡。

将过滤器放在漏斗架或铁架台的铁圈上，调整高度，使漏斗下端出口长的一边紧贴烧杯内壁。倾倒液体时，玻璃棒下端与三层处的滤纸轻轻接触，让液体从烧杯嘴沿着玻璃棒慢慢流入漏斗。先转移溶液，后转移沉淀，每次转移量，不能超过滤纸容量的 2/3。如果过滤后所得的滤液仍浑浊，应再过滤一次，直至滤液澄清。

若沉淀需要洗涤，可以用洗瓶从滤纸上部沿漏斗壁螺旋向下淋洗，绝对不能快速浇在沉淀上，重复 2~3 次，即可洗去杂质。

（2）减压过滤　又称抽滤或吸滤，其装置如实验图 1-23 所示。减压过滤是利用水泵或油泵将吸滤瓶中的空气抽出，使其减压，让布氏漏斗内的液面与瓶之间产生压力差，从而提高过滤速度，将沉淀抽吸的比较干燥的操作方法。但此法不适合于过滤胶状沉淀和颗粒太小的沉淀。过滤前，先将滤纸剪成直径略小于布氏漏斗内径的圆形，平铺在布氏漏斗的瓷板上，用少量蒸馏水润湿滤纸，慢慢抽吸，使滤纸紧贴在漏斗的瓷板上，再进行过滤，溶液和沉淀的转移操作与常压过滤相似。过滤完毕，应先拔掉吸滤瓶上的橡皮管，再关闭水泵或油泵。

实验图 1-22　常压过滤装置图

实验图 1-23　减压过滤装置图
1. 布氏漏斗；2. 吸滤瓶；3. 安全瓶；4. 水泵

洗涤沉淀时，应停止抽滤，加入少量洗涤液，使其缓缓地通过沉淀物进入吸滤瓶，再将沉淀抽吸干燥。

（3）热过滤　在过滤操作中，若溶液冷却时，溶质便会在滤纸上析出结晶，就需要进行热过滤。热过滤前，应将漏斗和吸滤瓶在蒸汽浴上加热，再进行抽滤。抽滤过程中，吸滤瓶可以放在热水中加热，抽滤速度必须要快。

【思考题】

1. 玻璃仪器洗净的标准是什么？
2. 取用固体和液体药品时应该注意什么？
3. $CuSO_4$ 溶液浓缩时为什么不能蒸干？
4. 常压过滤与减压过滤有哪些不同之处？

（李伟娜）

实验二　溶液的配制 e 微课

【实验目的】

1. 掌握对一定浓度溶液的配制和溶液稀释的方法。
2. 学会固体试剂的正确取用和液体试剂的正确倾倒。
3. 学会正确使用托盘天平和量筒等仪器。

【实验原理】

1. 一定质量浓度溶液的配制　根据所配溶液质量浓度及体积，计算出所需溶质的质量。用天平称取所需质量的溶质，转移至烧杯中加入少量纯化水使其充分溶解，再转移至定容容器中，加纯化水到需要的体积，混合均匀即得所需浓度溶液。

2. 一定物质的量浓度溶液的配制　根据所配制溶液的物质的量浓度及体积，计算出所需溶质的质量。用天平称量所需量的固体溶质（或用量筒量取一定量的液体溶质）。将所取溶质放入烧杯中，加入少量的纯化水搅动使其完全溶解后，转移至定容容器中，用纯化水稀释至所需体积，混合均匀即得所需浓度溶液。

3. 溶液的稀释　根据溶液稀释前后溶质的量不变有：$c_1 V_1 = c_2 V_2$，计算出所需浓溶液的体积，然后用量筒量取一定体积的浓溶液，再加纯化水至需要配制的稀溶液的体积，混合均匀即得。

【实验器材】

1. 仪器　托盘天平、量筒（100ml、50ml、10ml）、烧杯（200ml、100ml）、试剂瓶（200ml）、玻璃棒、药匙、100ml 容量瓶、10ml 移液管。

2. 试剂　浓盐酸、固体 NaCl、95% 的乙醇、1.000mol/L 醋酸溶液。

【实验内容】

1. 配制 100ml 0.9% 氯化钠溶液（9g/L NaCl 溶液）

（1）计算　计算出配制 9g/L 0.9% 氯化钠溶液 100ml 所需的 NaCl 的质量。

（2）称量　在托盘天平上称出所需质量的 NaCl。

（3）溶解　将称得的 NaCl 放入 100ml 烧杯中，加入少量纯化水将其溶解。

（4）转移　将烧杯中溶液倒入100ml量筒中，再加少量纯化水冲洗烧杯2~3次，洗液也倒入量筒中。

（5）定容　在量筒中，加水稀释到100ml刻度线，搅匀，即得9g/L 0.9%氯化钠溶液100ml。

将配好的溶液倒入指定的回收瓶中。

2. 1.0mol/L 盐酸溶液（50ml）的配制

（1）计算　计算出配制50ml 1.0mol/L盐酸需质量分数为0.36、密度为1.18kg/L浓盐酸的体积。

（2）量取　在通风橱中，加适量水于100ml烧杯中，用小量筒量取所需浓盐酸倒入其中，待冷却后，将溶液转移至50ml量筒中，洗涤小烧杯2~3次，洗涤液一并倒入量筒。

（3）定容　在量筒中加纯化水使溶液的总体积为50ml，混合均匀。

将配制好的溶液倒入试剂瓶中，贴上标签，备用。

3. φ_B=75%的乙醇（50ml）的配制

（1）计算　计算配制50ml φ_B=75%乙醇需要 φ_B=95%医用乙醇的体积。

（2）量取　用50ml量筒量取所需体积的医用乙醇。

（3）定容　在量筒中加纯化水使溶液的总体积为50ml，搅拌均匀。

将配置好的溶液倒入试剂瓶中，贴上标签，备用。

4. 0.1000mol/L 醋酸溶液（100ml）的配制

（1）计算　计算出配制100ml 0.1000mol/L醋酸溶液需要1.000mol/L醋酸溶液的体积。

（2）量取　用移液管吸取所需体积的1.000mol/L醋酸溶液，置于100ml容量瓶中。

（3）定容　加纯化水至容量瓶100ml刻度线，盖上塞子，振摇。

将配制好的溶液倒入试剂瓶中，贴上标签，备用。

【思考题】

1. 在用固体试剂配制溶液时，为什么要将烧杯的洗涤液也倒入定容容器？

2. 为什么配制硫酸溶液时要将浓硫酸慢慢加入到水中并不断搅拌，而不能将水倒入浓硫酸中？

（姜　鹤）

实验三　药用氯化钠的制备

【实验目的】

1. 掌握称量、溶解、过滤、沉淀、蒸发、结晶、干燥等基本操作。

2. 熟悉药用氯化钠的制备方法。

3. 了解药用氯化钠的制备原理。

【实验原理】

药用氯化钠是由粗盐提纯而制得的。粗盐中含有不溶性杂质（如泥沙）和可溶性杂质（主要是 Ca^{2+}、Mg^{2+}、K^+、SO_4^{2-} 等），可根据杂质的性质，采用适宜的方法，除去这些杂质。

不溶性杂质可通过溶解过滤的方法除去；可溶性杂质可通过加相应试剂生成沉淀再过滤除去，原理如下。

1. **SO_4^{2-}**　可通过加入过量的 $BaCl_2$，生成 $BaSO_4$ 沉淀。

$$Ba^{2+} + SO_4^{2-} = BaSO_4 \downarrow$$

2. **Ca^{2+}、Mg^{2+} 及过量 Ba^{2+}**　可加入 Na_2CO_3 与 NaOH 分别生成相应的沉淀。

$$Ca^{2+} + CO_3^{2-} = CaCO_3 \downarrow \qquad Mg^{2+} + CO_3^{2-} = MgCO_3 \downarrow$$

$$Ba^{2+} + CO_3^{2-} = BaCO_3 \downarrow \qquad Mg^{2+} + 2OH^- = Mg(OH)_2 \downarrow$$

3. **除可溶性杂质过程中引入 CO_3^{2-} 和 OH^-**　通过加入 HCl，生成 CO_2 和水除去。

$$CO_3^{2-} + 2H^+ = H_2O + CO_2 \uparrow \qquad H^+ + OH^- = H_2O$$

4. **其他可溶性杂质**　如 Br^-、I^-、K^+ 等离子，利用溶解度不同，在浓缩、结晶时使其残留在母液中，通过过滤而除去。

【实验器材】

1. **仪器与材料**　天平、蒸发皿、量筒、烧杯、玻璃棒、玻璃漏斗、真空泵、抽滤瓶、布氏漏斗、研钵、pH 试纸、电炉、酒精灯、铁架台、铁圈。

2. **试剂**　粗食盐、1mol/L 氯化钡溶液、2mol/L 氢氧化钠溶液、饱和碳酸钠溶液、2mol/L 盐酸溶液、纯化水。

【实验内容】

食盐的精制

1. **除挥发性杂质、有机杂质、不溶性杂质**　称取粗盐适量，置研钵中研细，称取 10g，置蒸发皿中，在电炉上小火炒至无爆裂声，将其转移至烧杯中，加入 40ml 水，加热搅拌，使粗盐完全溶解，趁热过滤，用 4ml 热水洗涤滤渣，洗液并入滤液。

2. **除 SO_4^{2-} 离子**　将滤液加热至近沸，逐滴加入 1mol/L $BaCl_2$ 溶液，边加边搅拌，直至不再有沉淀生成为止，静置，检查 SO_4^{2-} 是否沉淀完全。待沉淀完全后，继续加热煮沸数分钟，稍冷后，过滤，弃去沉淀，滤液备用。

3. **除 Ca^{2+}、Mg^{2+}、Ba^{2+} 等离子**　在上述步骤 2 所得滤液中，加入饱和碳酸钠溶液至不再产生白色沉淀，用 2mol/L 氢氧化钠溶液调节 pH 为 10～11。将溶液加热至沸腾，待沉淀完全后过滤，沉淀弃去。

4. **蒸发、浓缩、结晶**　将上述 3 所得滤液转移至蒸发皿中，用 2mol/L 盐酸溶液调节 pH 为 4～5，缓慢加热使滤液蒸发浓缩至稠糊状（不可蒸干），趁热用布氏漏斗抽滤，母液弃去，氯化钠粗品备用。

5. **重结晶、干燥**　取氯化钠粗品溶解、蒸发、结晶，将所得精制氯化钠转移至蒸发皿中小火炒干，得成品氯化钠。

6. **计算回收率**　将成品氯化钠冷却至室温，称重，计算回收率。

$$回收率(\%) = 成品氯化钠质量/粗盐质量 \times 100\%$$

【思考题】

1. 粗盐精制中加试剂的顺序是氯化钡、碳酸钠、盐酸，是否可以改变加入顺序？
2. 粗盐中的 CO_3^{2-}、Br^-、I^-、K^+ 等离子是如何除去的？

（崔海燕）

实验四 硫酸亚铁铵的制备

【实验目的】

1. 掌握用目测比色法检验产品的质量等级。
2. 掌握水浴加热、蒸发、浓缩、结晶、减压过滤等基本操作。
3. 了解硫酸亚铁铵的一般特征。

【实验原理】

硫酸亚铁铵俗称莫尔盐，浅绿色透明晶体，易溶于水，空气中比一般的亚铁铵盐稳定，不易被氧化。由于硫酸亚铁铵在水中的溶解度（0~60℃）比组成它的简单盐（硫酸铵和硫酸亚铁）要小，因此，只要将它们按一定的比例在水中溶解、混合，即可制得硫酸亚铁铵的晶体，其方法如下。

（1）将金属铁溶于稀硫酸，制备硫酸亚铁。

$$Fe + H_2SO_4 = FeSO_4 + H_2$$

（2）将制得的硫酸亚铁溶液与等物质的量的（NH$_4$）$_2$SO$_4$在溶液中混合，经加热浓缩，冷却后得到溶解度较小的硫酸亚铁铵。

$$FeSO_4 + (NH_4)_2SO_4 + 6H_2O = FeSO_4 \cdot (NH_4)_2SO_4 \cdot 6H_2O$$

如果溶液的酸性减弱，则亚铁盐（或铁盐）的水解度将会增大，在制备 $FeSO_4 \cdot (NH_4)_2SO_4 \cdot 6H_2O$ 的过程中，为了使 Fe^{2+} 不被氧化和水解，溶液需要保持足够的酸度。产品中主要的杂质是 Fe^{3+}，产品质量的等级也常以 Fe^{3+} 含量多少来评定，本实验采用目测比色法。

【实验器材】

1. 仪器 台式天平、烧杯（100ml，2个）、表面皿、蒸发皿、石棉网、铁架、铁圈、水浴锅（可用大烧杯代替）、锥形瓶（150ml、250ml 各一个）、玻璃棒、药匙、洗耳球、白瓷板、吸滤瓶、洗瓶、真空抽气机、布氏漏斗、移液管（5ml、10ml 各一根）、比色管（25ml）、量筒（10ml、50ml）。

2. 试剂 铁屑、3mol/L 硫酸、（NH$_4$）$_2$SO$_4$（固体）、3mol/L HCl、25% KSCN、Fe^{3+} 标准溶液。

【实验内容】

1. 硫酸亚铁的制备 称取2g铁屑放在250ml锥形瓶中，加入15ml 3mol/L 的H$_2$SO$_4$（记下液面），置电炉上加热（在通风橱中），并不停摇动（不能蒸干，可适当添水），当溶液呈灰绿色不冒气泡时（瓶底无黑渣），趁热过滤，将滤液转移到蒸发皿中（残渣可用少量水洗2~3次）。

2. 硫酸亚铁铵的制备 称硫酸铵4.3g，放在盛有硫酸亚铁溶液的蒸发皿中，溶解后，在蒸发皿中放入一洁净铁钉，水浴上加热蒸发浓缩，到晶膜出现，静置，冷却，结晶，抽滤，晶体放在两张干滤纸间压干，称重。

3. 计算产率 称取2g铁屑，理论产率为14.0g。计算方法如下：根据反应式1mol铁屑得到1mol硫酸亚铁铵，而在反应中实际用（NH$_4$）$_2$SO$_4$为4.3g，理论产量取 $4.3/132.2 \times 392 = 12.8g$ 合适。

$$产率\% = 实际产量(g)/理论产量(g) \times 100\%$$

4. 质量检测 称1.0g产品，放在25ml比色管中，加15ml不含氧的纯化水溶解，再加入1ml 3mol/L的盐酸，加入1ml 25% KSCN，稀释至刻度，摇匀，与标准色阶对比，判断等级。

【注意事项】

1. 硫酸亚铁的制备　因实验条件有限，此步可将锥形瓶直接置于电热板上加热，但加热时要适当补水（保持15ml左右），水太少$FeSO_4$容易析出，太多，下一步缓慢。

2. 过滤$FeSO_4$时，注意讲解漏斗的使用方法。

3. 硫酸亚铁铵的制备　加入硫酸铵后，应搅拌使其溶解后再往下进行。应在水浴上加热，防止失去结晶水。

4. 布氏漏斗中放滤纸时，应先将滤纸湿润再过滤。

5. 抽滤时应先去布氏漏斗，再关电源。

6. 稀释硫酸时，对将浓硫酸倒入水中等实验基本操作讲解清楚。

【思考题】

1. 在硫酸亚铁的制备过程中，为什么要控制溶液的pH不大于1？

2. 在减压过滤操作时，应注意哪些事项？步骤有哪些？

（姜 鹤）

实验五　化学反应速率的测定

【实验目的】

1. 掌握化学反应速率的测定方法。

2. 了解浓度、温度、催化剂对化学反应速率的影响。

【实验原理】

在水溶液中，过二硫酸铵和碘化钾发生下列的反应。

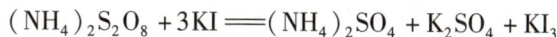
$$(NH_4)_2S_2O_8 + 3KI \xrightarrow{\quad\quad} (NH_4)_2SO_4 + K_2SO_4 + KI_3$$

即

$$S_2O_8^{2-} + 3I^- = 2SO_4^{2-} + I_3^- \tag{1}$$

在Δt时间内$S_2O_8^{2-}$的浓度改变为$\Delta c(S_2O_8^{2-})$，则该反应的平均速率可以表示为

$$\bar{v} = \left| \frac{\Delta c(S_2O_8^{2-})}{\Delta t} \right|$$

为了测出反应在Δt时间内$S_2O_8^{2-}$浓度变化值，可在混合$(NH_4)_2S_2O_8$与KI溶液的同时，加入一定体积已知浓度的$Na_2S_2O_3$溶液及淀粉溶液，这样在反应（1）继续的同时，还可以发生下列反应。

$$2S_2O_3^{2-} + I_3^- \xrightarrow{\quad\quad} S_4O_6^{2-} + 3I^- \tag{2}$$

由于反应（2）的速率远远快于反应（1），所以反应（1）生成的I_3^-立即与$S_2O_3^{2-}$反应，生成无色的$S_4O_6^{2-}$和I^-，一旦$Na_2S_2O_3$耗尽，反应（1）继续生成的I_3^-就会立即与淀粉反应，使溶液显蓝色，

此时记录发生此反应所用的时间 Δt。

从反应（1）和（2）可以看出 $S_2O_8^{2-}$ 浓度减少的量等于 $S_2O_3^{2-}$ 浓度减少量的一半，即 $\Delta c(S_2O_8^{2-}) = \frac{1}{2}\Delta c(S_2O_3^{2-})$。在 Δt 时间内 $S_2O_3^{2-}$ 基本全部耗尽，浓度近似等于零，所以 $\Delta c(S_2O_3^{2-})$ 浓度实质等于 $Na_2S_2O_3$ 的起始浓度。可根据下面公式直接算出反应（1）的平均速率。

$$\bar{v} = \left| \frac{\Delta c(S_2O_8^{2-})}{\Delta t} \right| = \left| \frac{\Delta c(S_2O_3^{2-})}{2\Delta t} \right|$$

【实验器材】

1. 仪器　吸量管（1.00ml、2.00ml）、试管（18mm × 180mm）、烧杯（50ml）、温度计（0 ~ 100℃）、恒温水浴锅、铁架台、秒表。

2. 试剂　（NH$_4$）$_2$S$_2$O$_8$ 溶液（0.2mol/L）、KI 溶液（0.2mol/L）、淀粉溶液（2g/L）、KNO$_3$ 溶液（0.2mol/L）、Na$_2$S$_2$O$_3$ 溶液（0.01mol/L）、Cu(NO$_3$)$_2$ 溶液（0.02mol/L）。

【实验内容】

1. 浓度对反应速率的影响　在室温下，准备好四支吸量管（建议量程 2.00ml 的两个，量程 1.00ml 两个），标好序号①（量程 2.00ml）、②（量程 1.00ml）、③（量程 1.00ml）、④（量程 2.00ml）。用①、②、③号吸量管分别量取 0.2mol/L KI 溶液 2.00ml、0.01mol/L Na$_2$S$_2$O$_3$ 溶液 1.00ml、2g/L 淀粉溶液 0.5ml，将三种溶液都放入一支干燥洁净的试管中，混合均匀；用④号吸量管量取 0.2mol/L（NH$_4$）$_2$S$_2$O$_8$ 溶液 2.00ml，将其迅速放入上述盛有混合溶液的试管中，立即计时，不断振摇试管，当溶液刚出现蓝色时，停止计时。将反应时间和温度记录到实验表 5 - 1 中。

用同样的方法，按照实验表 5 - 1 用量进行 2、3 号实验。

实验表 5 - 1　浓度对反应速率的影响

反应温度（℃）		1	2	3
实验编号				
试剂用量（ml）	0.2mol/L KI	2.0	2.0	2.0
	0.01mol/L Na$_2$S$_2$O$_3$ 溶液	1.0	1.0	1.0
	2g/L 淀粉溶液	0.5	0.5	0.5
	0.2mol/L KNO$_3$ 溶液	0.0	0.0	0.0
	0.2mol/L（NH$_4$）$_2$S$_2$O$_8$ 溶液	2.0	1.0	0.5
反应物起始浓度（mol/L）	KI 溶液			
	Na$_2$S$_2$O$_3$ 溶液			
	（NH$_4$）$_2$S$_2$O$_8$ 溶液			
	$\Delta t/s$			
	$\Delta c(S_2O_3^{2-})$（mol/L）			
	$\Delta c(S_2O_8^{2-})$（mol/L）			
	$\bar{v} = \left\| \dfrac{\Delta c(S_2O_8^{2-})}{\Delta t} \right\|$			

2. 温度对化学反应速率的影响　按照实验表 5 - 1 中实验编号 2 的用量，量取 KI 溶液、Na$_2$S$_2$O$_3$ 溶液、淀粉溶液、KNO$_3$ 溶液于一支试管中，准备另一支试管加入（NH$_4$）$_2$S$_2$O$_8$ 溶液，将两支试管同时放在恒温水浴锅中加热。待两种溶液的温度都高于室温 10℃ 左右时，迅速将（NH$_4$）$_2$S$_2$O$_8$ 溶

液倒入 KI 的混合溶液中，立即计时，不断振摇试管，当溶液刚出现蓝色时，停止计时，记录反应时间。

同理，调节恒温水浴锅温度高于室温 20℃ 左右，按照上面实验步骤重复 1 次，记录反应时间。计算比较实验编号 2 在三种不同温度下的反应速率，填入实验表 5 - 2 中。

实验表 5 - 2　温度对化学反应速率的影响

	2	4	5
T（℃）	室温	室温 +10℃	室温 +20℃
Δt（s）			
$\bar{v}$ [mol/(L·s)]			

3. 催化剂对反应速率的影响　按照实验表 5 - 1 中实验编号 2 的用量，将 KI 溶液、$Na_2S_2O_3$ 溶液、淀粉溶液、KNO_3 溶液加入到试管中，加入 2 滴 0.02mol/L Cu（NO_3）溶液，摇匀后迅速加入（NH_4）$_2S_2O_8$ 溶液，立即计时，不断振摇试管，当溶液刚出现蓝色时，停止计时，记录反应时间。计算此时的反应速率，填入实验表 5 - 3 中，并与不加催化剂的反应速率进行比较，得出结论。

实验表 5 - 3　催化剂对反应速率的影响

	2	6
Δt（s）		
$\bar{v}$ [mol/(L·s)]		

【思考题】

1. 根据实验结果，总结浓度、温度、催化剂对反应速率及反应速率常数的影响。
2. 本试验中 $Na_2S_2O_3$ 的用量过多或过少，对实验结果有什么影响？

（吕　佳）

实验六　氧化还原反应与原电池

【实验目的】

1. 掌握常见的氧化剂和还原剂及其氧化还原反应。
2. 熟悉电极电势与氧化还原反应的关系，以及溶液浓度、介质的酸度对氧化还原反应的影响。
3. 了解原电池的组成与反应。

【实验原理】

氧化还原反应是组成原电池的两个氧化还原电对之间传递电子的反应，每个电对给出或接受电子的能力取决于该电对电极电势的高低。在氧化还原反应中，电极电势高的氧化还原电对的氧化态是强氧化剂；电极电势低的氧化还原电对的还原态是强还原剂。

氧化还原电对电极电势的高低可用 Nernst 方程式表示。

$$\varphi = \varphi^{\ominus} + \frac{2.303RT}{nF} \lg \frac{[氧化态]}{[还原态]}$$

$\varphi^{\ominus}$是标准电极电势，其大小取决于氧化还原电对的本性。而影响电极电势 φ 的其他因素，如浓度、介质酸度、沉淀生成、配位反应等可通过影响浓度项$\frac{2.303RT}{nF}\lg\frac{[氧化态]}{[还原态]}$来改变氧化还原电对的电极电势的大小。电极电势的大小是衡量电对氧化型/还原型（如 Fe^{3+}/Fe^{2+}、Br_2/Br^-、I_2/I^-）氧化还原能力的依据，电极电势愈大表明电对中氧化型物质氧化能力愈强，而还原型物质还原能力愈弱，电极电势大的氧化型物质能氧化电极电势比其小的还原型物质。

氧化还原反应是反应前后氧化数发生变化的反应，其实质是氧化剂和还原剂之间发生了电子转移或偏移的结果。理论上任何一个氧化还原反应都可以设计成一个原电池。电池电动势（E）等于电池正极电极电势 $\varphi_{(+)}$ 与负极电极电势 $\varphi_{(-)}$ 之差。

$$E = \varphi_{(+)} - \varphi_{(-)}$$

一个自发进行的氧化还原反应必须 $E>0$，即 $\varphi_{(+)}>\varphi_{(-)}$。因此 $\varphi_{(+)}>\varphi_{(-)}$ 是氧化还原反应能否自发进行的判据。

【实验器材】

1. 仪器 烧杯、试管、酒精灯、盐桥、点滴板、伏特计、铜丝、锌片、铜片。

2. 试剂 0.1mol/L FeCl₃溶液、0.5mol/L SnCl₂溶液、3% H₂O₂溶液、0.05mol/L KMnO₄溶液、3mol/L H₂SO₄溶液、0.1mol/L K₂Cr₂O₇溶液、0.1mol/L KI 溶液、1mol/L HCl 溶液、2mol/L Na₂S₂O₃溶液、0.05mol/L Na₂C₂O₄溶液、6mol/L NaOH 溶液、0.3mol/L Na₂SO₃溶液、0.1mol/L KBr 溶液、0.1mol/L NH₄Fe(SO₄)₂溶液、0.1mol/L (NH₄)₂Fe(SO₄)₂溶液、1mol/L CuSO₄溶液、1mol/L ZnSO₄溶液、淀粉溶液、CCl₄溶液。

【实验内容】

（一）常见的氧化还原反应

1. Fe³⁺的氧化性与 Fe²⁺的还原性 在试管中加入 5 滴 0.1mol/L FeCl₃溶液，然后逐滴加入 0.5mol/L SnCl₂溶液，边加边摇直至黄色褪去，随后滴加3% H₂O₂，观察溶液颜色变化并解释。

2. KMnO₄和 H₂O₂的反应 向一支试管中加入 3 滴 0.05mol/L KMnO₄溶液，10 滴 3mol/L H₂SO₄溶液，然后逐滴加入3% H₂O₂，直至紫色褪去，说明原因。

3. K₂Cr₂O₇与 KI 及 Na₂S₂O₃与 I₂的反应 取一支试管依次加入 1 滴 0.1mol/L K₂Cr₂O₇溶液，2 滴 0.1mol/L KI 溶液，观察试管中是否有反应发生，继续加入淀粉溶液 3 滴，颜色是否发生变化，再加 10 滴 1mol/L HCl 溶液后，用 5ml 纯化水稀释，观察溶液的颜色，往此溶液中加入数滴 2mol/L Na₂S₂O₃溶液，仔细观察溶液的颜色变化，写出有关反应的方程式。

4. KMnO₄与 Na₂C₂O₄的反应 在一支试管中加入 5 滴 0.05mol/L KMnO₄溶液，10 滴 3mol/L H₂SO₄溶液，20 滴 0.05mol/L Na₂C₂O₄溶液，混合均匀后在酒精灯上微热，观察现象并写出有关反应方程式。

（二）酸度对氧化还原反应的影响

1. 酸度对氧化还原产物的影响 取三支试管，各加入 1 滴 0.05mol/L KMnO₄溶液。在第一支试管中加入 2 滴 6mol/L NaOH 溶液，第二支试管中加入 2 滴 3mol/L H₂SO₄溶液，第三支试管中加入纯化水 2 滴，然后在三支试管中各加入 0.3mol/L Na₂SO₃ 3 滴，观察各管的颜色变化并写出有关反应方程式。

2. 酸度对氧化还原反应速率的影响　在两支试管中各加入 10 滴 0.1mol/L KBr 溶液，2 滴 0.05mol/L $KMnO_4$ 溶液，其中一支试管中加入 10 滴 3mol/L H_2SO_4 溶液，另一支入加 1 滴，观察比较两支试管中紫色褪去的快慢。

（三）电极电势与氧化还原反应的方向

1. 将 10 滴 0.1mol/L KI 溶液和 2 滴 0.1mol/L $FeCl_3$ 溶液在试管中混匀后，加入 20 滴 CCl_4，充分振荡，观察 CCl_4 层的颜色有何变化。

2. 用 0.1mol/L KBr 溶液代替 0.1mol/L KI 溶液进行同样的实验和观察，为避免水层颜色的干扰，可用吸管小心吸去水层，以便观察 CCl_4 层的颜色。

根据以上两支试管试验的结果，定性地比较 Br_2/Br^-、I_2/I^-、Fe^{3+}/Fe^{2+} 三个电对电极电势的相对高低，并指出哪个电对的氧化态是最强的氧化剂，哪个电对的还原态是最强的还原剂。

（四）浓度对氧化还原反应的影响

取两支试管，各加入 20 滴 CCl_4 和 0.1mol/L $NH_4Fe(SO_4)_2$ 溶液 10 滴，其中一支再加入 10 滴 0.1mol/L $(NH_4)_2Fe(SO_4)_2$ 溶液，然后两支试管都加入 10 滴 0.1mol/L KI 溶液，振荡后观察两支试管中 CCl_4 层中颜色的深浅有何不同，说明原因。

（五）原电池

往两个 50ml 的小烧杯中分别加入 20ml 1mol/L $ZnSO_4$ 溶液和 20ml 1mol/L $CuSO_4$ 溶液。在 $CuSO_4$ 溶液中插入铜片，在 $ZnSO_4$ 溶液中插入锌片组成两个电极，用盐桥把 2 只烧杯的溶液连通，锌片与铜片的导线分别与伏特计的负极和正极相连，立即观察伏特计上指针的偏转，记下读数。

【注意事项】

1. 在制作原电池时，若导线（铜丝）与电极接触处或导线另一头有锈蚀，需用砂纸擦净。

2. 盐桥的制作　用 2g 的琼脂和 30g KCl 溶于 100ml 纯化水中，加热煮沸后，趁热倒入 U 形管，倒满两边，冷却即可成为盐桥。

【思考题】

1. $KMnO_4$ 与 $Na_2C_2O_4$ 反应时，为何不能用 HCl 作酸性介质？为什么 $KMnO_4$ 能氧化盐酸中的 Cl^- 而不能氧化 NaCl 中的 Cl^-？

2. 为什么 H_2O_2 既可作氧化剂，又可作还原剂？

3. 结合实验，总结哪些因素可以影响氧化还原反应进行的方向？

（王红波）

实验七　缓冲溶液的配制和性质

【实验目的】

1. 掌握缓冲溶液的配制原理、方法和操作技术。
2. 验证缓冲溶液的性质。
3. 了解万能指示剂的配制和性质。

【实验原理】

缓冲溶液通常由共轭酸碱对按照一定比例混合而成,具有抵抗适量酸碱的冲击或者稀释而保持溶液的 pH 相对稳定的能力。配制缓冲溶液时,应首先选择与所需 pH 最接近的 pK_a 对应的缓冲对,按照缓冲溶液 pH 计算公式求出缓冲比。

$$pH = pK_a + \lg \frac{n(B^-)}{n(HB)}$$

缓冲溶液的缓冲能力与总浓度和缓冲比直接相关:总浓度一定时,缓冲比等于 1∶1 时缓冲能力最强;缓冲比一定时,总浓度越大,缓冲能力越强。本实验中可通过万能指示剂的变色情况进行验证。例如,分别向甲乙两种溶液中加入 5 滴盐酸,甲溶液由黄绿色变为橙色,而乙溶液颜色保持不变,则可以证明乙溶液缓冲能力更强;或者,分别向甲乙两种溶液中滴加盐酸,甲溶液由黄绿色变为红色时,共加入 5 滴盐酸,而乙溶液由黄绿色变为红色时,共加入 10 滴盐酸,则可以证明乙溶液缓冲能力更强。

万能指示剂配制方法:甲基红 65mg、百里酚蓝 25mg、酚酞 250mg、溴百里酚蓝 400mg,溶于 400ml 乙醇中,稀释后用 0.1mol/L NaOH 溶液中和为黄绿色,最后加水至溶液总体积为 1000ml。

万能指示剂变色情况如实验表 7 – 1 所示。

实验表 7 – 1　万能指示剂颜色改变与 pH 的对应关系

溶液 pH	1	2	3	4	5	6	7	8	9	10	11	12	13	14
溶液颜色		红			橙	黄	黄绿	青绿	蓝			紫		

【实验器材】

1. 仪器　试管、玻璃棒、精密 pH 试纸、移液管、烧杯、洗耳球、胶头滴管、量筒、容量瓶。

2. 试剂　0.1mol/L Na_2HPO_4、0.1mol/L KH_2PO_4、0.1mol/L NaOH、0.1mol/L HCl、万能指示剂、纯化水、试剂瓶标签。

【实验内容】

(一) 缓冲溶液的配制

取 4 个小烧杯,编号 a、b、c、d,然后按照实验表 7 – 2 中比例分别配制四份缓冲溶液,计算所配溶液的 pH,结果填入实验表 7 – 2 中。

实验表 7 – 2　不同缓冲溶液的 pH

实验记录	缓冲溶液 a	缓冲溶液 b	缓冲溶液 c	缓冲溶液 d
Na_2HPO_4（ml）	9.50	0.50	5.00	0.50
KH_2PO_4（ml）	0.50	9.50	5.00	0.50
纯化水（ml）	0	0	0	9.00
pH				

(二) 缓冲溶液的抗酸作用

取 5 支小试管,编号 1、2、3、4、5,分别按照实验表 7 – 3 要求加入试样,记录初始颜色,然后逐滴加入盐酸，记录溶液颜色变红时所加入盐酸的滴数，结果记入实验表7–3中。

实验表 7 – 3　缓冲溶液的抗酸作用

实验记录	试管 1	试管 2	试管 3	试管 4	试管 5
加入试样	蒸馏水 2ml；万能指示剂 1 滴	缓冲溶液 a 2ml；万能指示剂 1 滴	缓冲溶液 b 2ml；万能指示剂 1 滴	缓冲溶液 c 2ml；万能指示剂 1 滴	缓冲溶液 d 2ml；万能指示剂 1 滴
溶液颜色					
溶液颜色变红时加入盐酸的滴数					

（三）缓冲溶液的抗碱作用

另取 5 支小试管，编号 6、7、8、9、10，分别按照实验表 7 – 4 要求加入试样，记录初始颜色，然后逐滴加入氢氧化钠溶液，记录溶液颜色变紫色时所加入氢氧化钠的滴数，结果记入实验表 7 – 4 中。

实验表 7 – 4　缓冲溶液的抗碱作用

实验记录	试管 6	试管 7	试管 8	试管 9	试管 10
加入试样	蒸馏水 2ml；万能指示剂 1 滴	缓冲溶液 a 2 ml；万能指示剂 1 滴	缓冲溶液 b 2 ml；万能指示剂 1 滴	缓冲溶液 c 2ml；万能指示剂 1 滴	缓冲溶液 d 2 ml；万能指示剂 1 滴
溶液颜色					
溶液颜色变紫色时加入氢氧化钠的滴数					

【思考题】

1. 由上述实验结果分析影响缓冲溶液的缓冲容量的因素。

2. 请从下面给定试剂中选择一组来配制 500ml pH 为 7.0 的缓冲溶液，并写出配制方法。已知：HAc 的 $pK_a = 4.75$，H_3PO_4 的 $pK_{a_1} = 2.12$，$pK_{a_2} = 7.21$，$pK_{a_3} = 12.66$，NH_3 的 $pK_b = 4.75$。

给定试剂：0.1mol/L HAc、1mol/L HAc、0.1mol/L NaAc、1mol/L NaAc、0.1mol/L Na_2HPO_4、0.1mol/L NaH_2PO_4、0.1mol/L 氨水、0.1mol/L NH_4Cl、0.1mol/L NaOH、1mol/L NaOH、0.1mol/L HCl。

3. 请说明如何利用 0.1mol/L 氨水和 0.1mol/L HCl 溶液配制 500ml pH 为 9.25 的缓冲溶液。

4. 除了万能指示剂，还有哪些办法可以用来跟踪记录实验过程中溶液 pH 的变化情况。

（刘洪波）

实验八　凝固点降低法测定摩尔质量

【实验目的】

1. 掌握凝固点降低法测定物质摩尔质量的原理和方法。

2. 学会用过冷法测定凝固点的操作。

3. 通过本实验加深对稀溶液依数性的认识。

【实验原理】

固体溶剂与溶液平衡时温度称为溶液的凝固点。含非挥发性溶质稀溶液的凝固点低于纯溶剂的凝固点，凝固点降低是稀溶液依数性的一种表现。当确定了溶剂的种类和数量后，溶剂凝固点降低值仅取决于所含溶质分子的数目。

稀溶液具有依数性，它与溶液质量摩尔浓度的关系为

$$\Delta T_f = T_f^* - T_f = K_f \times b_B$$

式中，ΔT_f 为凝固点降低值；T_f^*、T_f 分别为纯溶剂、溶液的凝固点；b_B 为溶液的质量摩尔浓度；K_f 为凝固点降低常数，它只与所用溶剂的特性有关。如果稀溶液是由质量为 m_B 的溶质溶于质量为 m_A 的溶剂中而构成，则上式可写为

$$\Delta T_f = K_f \cdot \frac{1000 m_B}{M \cdot m_A}$$

即

$$M_B = \frac{K_f m_B}{\Delta T_f m_A}$$

式中，K_f 为溶剂的凝固点降低常数，$K \cdot kg/mol$；M_B 为溶质的摩尔质量，g/mol。

如果已知溶液的 K_f 值，则可通过实验测出溶液的凝固点降低值 ΔT_f，利用上式即可求出溶质的摩尔质量。

通过实验分别测出纯溶剂和溶液的凝固点。而凝固点的测定采用过冷法。对于纯溶剂，将溶剂逐渐降低至过冷（由于新相形成需要一定的能量，故结晶并不析出），温度降低至一定值时出现结晶，当晶体生成时，放出的热量使体系温度回升，而后温度保持相对恒定。对于纯溶剂来说，在一定压力下，凝固点是固定不变的，但实际过程中，当液体温度达到或稍低于其凝固点时，晶体并不析出，这就是所谓的过冷现象。此时若加以搅拌或加入晶种，促使晶核产生，则大量晶体会迅速形成，并放出凝固热，使体系温度迅速回升到稳定的平衡温度。待液体全部凝固后温度再逐渐下降。相对恒定的温度即为凝固点。

对于溶液来说，除温度外还有溶液浓度的影响。当溶液温度回升后，由于不断析出溶剂晶体，所以溶液的浓度逐渐增大，凝固点会逐渐降低。将回升的最高点温度作为凝固点。

【实验器材】

1. 仪器 台称、烧杯、铁架台、测定管、温度计、铁夹、玻璃棒、搅拌器、移液管（25ml）。

2. 试剂 粗食盐、葡萄糖（分析纯）。

3. 其他 冰块。

【实验内容】

（一）仪器装置

仪器装置如实验图 8-1 所示，搅拌棒应套在温度计外，制冷剂液面要高于测定管内液面。在室温下，用台秤称取 2.4g

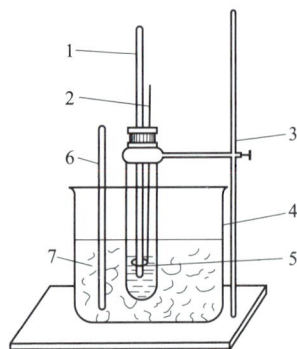

实验图 8-1 凝固点测定装置

1. 温度计；2. 细搅拌棒；3. 铁架台；
4. 烧杯；5. 测定管；6. 粗搅拌棒；7. 冰盐水

葡萄糖置于干燥洁净的测定管中，用移液管移取 25.00ml 纯化水沿管壁加入测定管中，轻轻振荡至完全溶解。安装双孔胶塞及温度计和搅拌棒，将测定管插入冰盐水中。用直形搅拌棒搅动冰盐水，同时用环形搅拌棒搅动溶液，保持恒定。

（二）葡萄糖溶液凝固点的测定

观察温度计的变化，此时温度逐渐降低，当温度降低到最低点之后，温度开始回升，说明此时晶体已经在析出。直到升至最高点又逐渐下降，此最高温度即为溶液的凝固点，记下温度值。

将上面所用溶液融化后，重复上述操作测定葡萄糖溶液的凝固点。如此再重复数次，直到取得三个偏差不超过 ±0.1℃ 的值。取其平均值作为葡萄糖溶液的凝固点。

（三）溶剂凝固点的测定

洗涤测定管，然后加入 25ml 纯化水，按上述方法测定水的凝固点，取其平均值作为纯溶剂水的凝固点。

（四）计算葡萄糖的摩尔质量

将所得数据代入上述公式中计算出葡萄糖的摩尔质量。

【思考题】

1. 为了提高实验的准确度，是否可用增加溶质浓度的方法提高准确度？
2. 测定凝固点时，纯溶剂温度回升后有一恒定阶段，而溶液没有，为什么？
3. 为什么会产生过冷现象？

（姜　鹤）

实验九　醋酸解离常数的测定

【实验目的】

1. 利用氢氧化钠标准溶液准确标定醋酸的浓度。
2. 通过稀释准确配制系列浓度的醋酸溶液。
3. 熟练使用 pH 计测定醋酸溶液的 pH。
4. 通过实验掌握测定醋酸解离常数的原理、方法并计算。

【实验原理】

醋酸是弱酸，在水溶液中部分可逆的解离成离子：$HAc \rightleftharpoons H^+ + Ac^-$。达到平衡时，其解离平衡常数表达式为

$$K_a = \frac{[Ac^-][H^+]}{[HAc]}$$

对于没有外加酸碱的醋酸溶液，设未解离时总浓度为 c，达到解离平衡时：$[H^+] = [Ac^-]$，未解离的 $[HAc] = c - [H^+]$，带入上述表达式中可得

$$K_a = \frac{[Ac^-][H^+]}{[HAc]} = \frac{[H^+]^2}{c - [H^+]}$$

式中的 [H⁺] 可由 pH 计测定 pH 后，进行反对数运算得到。

【实验器材】

1. 仪器　50ml 烧杯、250ml 烧杯、玻璃棒、滴管、滴定台、50ml 容量瓶、25ml 移液管、250ml 锥形瓶、50ml 碱式滴定管、洗瓶、洗耳球、移液管架、pH 计、温度计、精密 pH 试纸。

2. 试剂　0.2mol/L 醋酸、0.2000mol/L 氢氧化钠标准溶液、纯化水、标准缓冲溶液。

【实验内容】

（一）醋酸溶液浓度的标定

用移液管移取浓度约为 0.2mol/L 的醋酸溶液 25.00ml，放入 250ml 锥形瓶中，加入酚酞指示剂 2 滴，用 0.2000mol/L 的氢氧化钠标准溶液滴定至浅红色且 30 秒内不褪色即为终点。记录消耗的氢氧化钠标准溶液的体积，平行测定三次，计算消耗氢氧化钠标准溶液体积的平均值，计算醋酸溶液的准确浓度，将数据填入实验表 9 - 1。

实验表 9 - 1　醋酸溶液浓度的标定

实验记录	测量次数		
	第一次	第二次	第三次
醋酸溶液体积（ml）			
NaOH 溶液初始刻度（ml）			
NaOH 溶液终点刻度（ml）			
消耗 NaOH 溶液体积（ml）			
消耗 NaOH 溶液体积的平均值（ml）			
NaOH 标准溶液浓度（mol/L）			
醋酸溶液浓度（mol/L）			

（二）不同浓度的醋酸溶液的配制

用移液管分别量取 2.50ml、5.00ml、10.00ml、25.00ml 已知准确浓度的醋酸溶液，依次放入 4 个 50ml 的容量瓶中，加纯化水稀释至容量瓶刻度，摇匀，标记为醋酸 1、2、3、4，待用。然后将四种配好的溶液的浓度填入实验表 9 - 2 中。

（三）醋酸溶液 pH 的测定

将第二步配制好的醋酸 1、2、3、4 分别倒入四个干燥的 50ml 小烧杯中，测量溶液的温度之后，分别用精密 pH 试纸粗测溶液的 pH，再根据所测得的温度和 pH 选择合适的标准缓冲溶液调节 pH 计，最后按照由稀到浓的顺序，用 pH 计依次测定醋酸 1、2、3、4 的准确 pH，记录实验数据，计算，将数据填入实验表 9 - 2 中。

实验表 9 - 2　醋酸溶液 pH 的测定

实验记录	测量次数			
	第一次	第二次	第三次	第四次
醋酸的浓度（mol/L）				
溶液的温度（℃）				
醋酸粗略 pH				

续表

实验记录	测量次数			
	第一次	第二次	第三次	第四次
醋酸准确 pH				
$[H^+]$（mol/L）				
醋酸的解离常数 K_a				
解离常数的平均值				

【注意事项】

1. 滴定终点醋酸溶液呈浅红色，30 秒内不褪色即可，30 秒后褪色是正常现象，不必再补充滴定氢氧化钠。

2. 注意移液管、碱式滴定管的规范使用和用容量瓶稀释溶液时的准确操作。

3. 用精密 pH 试纸进行粗测时，用干净的玻璃棒蘸取溶液少许，点在干燥的 pH 试纸上，显色后，和比色卡比对，不能将试纸直接浸入溶液中。

4. pH 计的型号不同，请按说明书要求的程序操作，正确使用仪器，确保所测 pH 准确。其主要使用环节包括仪器预热、功能选择、调节斜率旋钮、调节温度旋钮、缓冲溶液定位、正式测定。测定不同溶液时，pH 计的玻璃电极要用纯化水清洗并吸干水后浸入待测溶液，待读数稳定记录（详细内容见溶液 pH 的测定实验）。

【思考题】

1. 怎样选择、配制和使用标准缓冲溶液？

2. 怎样选择和使用 pH 计测定溶液的 pH？

3. 如果每个小组有三名同学，怎样分工合作才能使实验做得又快又好而且每个人又能得到充分实验技能训练？

（孔建飞）

实验十　配合物的制备和性质

【实验目的】

1. 学会硫酸四氨合铜（Ⅱ）配合物的制备。

2. 掌握配位化合物的组成、配离子与简单离子的区别。

3. 熟悉影响配位平衡移动的因素。

【实验原理】

配位化合物一般由内界和外界两部分组成，中心离子和配体构成配位化合物内界，带相反电荷的离子为外界。大多数的易溶配合物在水溶液中可完全解离为配离子和外界离子。配离子在水溶液中较稳定，不易电离，但复盐就能完全电离成简单的离子。

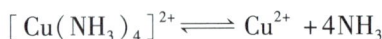

$$[Cu(NH_3)_4]^{2+} \rightleftharpoons Cu^{2+} + 4NH_3$$

配离子的稳定性是相对的，在水溶液中能微弱地解离成简单离子，有条件地形成配位平衡。当外界条件改变时，如改变溶液的酸碱性、加入沉淀剂或配位剂等时，平衡会发生移动。

【实验准备】

1. 仪器 试管、试管架、表面皿、酒精灯、广泛 pH 试纸、滤纸。

2. 试剂 $0.1mol/L$ $CuSO_4$、$1mol/L$ HCl、$1mol/L$ $NaOH$、$0.1mol/L$ $AgNO_3$、$0.1mol/L$ $BaCl_2$、$6mol/L$ $NH_3 \cdot H_2O$、$0.1mol/L$ $K_3[Fe(CN)_6]$、$0.1mol/L$ $KSCN$、$0.1mol/L$ $NH_4Fe(SO_4)_2$、$0.1mol/L$ $NaCl$、$0.1mol/L$ $FeCl_3$、$0.1mol/L$ KBr、$0.1mol/L$ $Na_2S_2O_3$、$0.1mol/L$ KI、$0.1mol/L$ Na_2S、$0.1mol/L$ KCN。

【实验内容】

（一）配位化合物的制备和组成

1. 配位化合物的制备 取 1 支试管，加入 5ml $0.1mol/L$ $CuSO_4$ 溶液，然后逐滴加入 $6mol/L$ $NH_3 \cdot H_2O$，产生沉淀后仍继续滴加氨水至溶液变为深蓝色，再多加几滴，平均分为 3 份，留作后面的试验用。

2. 配位化合物的组成 取 6 支试管，依次编号为 1~6，按实验记录表 10-1 所示加入试剂，将实验现象填入表中，并根据实验结果，分析自制配位化合物的内界和外界。

（二）配合物与复盐的区别

1. 取 1 支试管，加入 3 滴 $0.1mol/L$ $K_3[Fe(CN)_6]$，再加入 10 滴 $0.1mol/L$ $KSCN$，观察现象并解释原因。

2. 取 1 支试管，加入 3 滴 $0.1mol/L$ $NH_4Fe(SO4)_2$，再加入 10 滴 $0.1mol/L$ $KSCN$，观察现象并解释原因。

（三）配位平衡与其他平衡的相互转化

1. 溶液 pH 影响 取 1 支试管，加入 0.5ml $0.1mol/L$ $FeCl_3$ 溶液和 1ml $0.1mol/L$ $KSCN$，把自制配合物平均分成两份，一份中加数滴 $1mol/L$ HCl，另一份中加数滴 $1mol/L$ $NaOH$，观察溶液颜色变化并解释现象。

2. 与沉淀平衡之间的转化 取 1 支试管，加入 1ml $0.1mol/L$ $AgNO_3$ 和 1ml $0.1mol/L$ $NaCl$ 生成沉淀，离心分离，弃去清液，用纯化水洗涤沉淀两次后，加入 $6mol/L$ $NH_3 \cdot H_2O$ 使沉淀刚好溶解，再加 5 滴 $0.1mol/L$ KBr，观察实验现象并分析原因，然后再滴加 $0.1mol/L$ $Na_2S_2O_3$ 溶液，边加边摇，直至沉淀刚好溶解，再滴加 $0.1mol/L$ KI，观察现象并分析原因。

3. 配位平衡之间的转化 取 1 支试管，加入 1ml $0.1mol/L$ $AgNO_3$ 和 1ml $0.1mol/L$ $NaCl$ 生成沉淀，再加入 $6mol/L$ $NH_3 \cdot H_2O$，使沉淀刚好溶解，然后加入 5 滴 $0.1mol/L$ KCN，试管口放一条润湿的广泛 pH 试纸，加热试管，观察现象。

实验表 10 – 1　实验记录

实验内容	实验步骤	加入试剂		实验现象	解释原因
配合物的制备和组成	配合物的组成	$CuSO_4$ 10 滴	1mol/L NaOH 3 滴		
		$CuSO_4$ 10 滴	0.1mol/L $BaCl_2$ 3 滴		
		$CuSO_4$ 10 滴	0.1mol/L Na_2S 3 滴		
		自制配合物一份	1mol/L NaOH 3 滴		
		自制配合物一份	0.1mol/L $BaCl_2$ 3 滴		
		自制配合物一份	0.1mol/L Na_2S 3 滴		
配合物和复盐的区别		0.1mol/L $K_3[Fe(CN)_6]$ 3 滴	0.1mol/L KSCN 10 滴		
		0.1mol/L $NH_4Fe(SO_4)_2$ 3 滴	0.1mol/L KSCN 10 滴		
配位平衡与其他平衡之间的转化	溶液 pH 影响	自制配合物	1mol/L HCl 数滴		
		自制配合物	1mol/L NaOH 数滴		
	与沉淀平衡转化	自制 AgCl 沉淀	加入 6mol/L $NH_3 \cdot H_2O$ 使沉淀刚好溶解，再加 5 滴 0.1mol/L KBr 继续滴加 0.1mol/L $Na_2S_2O_3$ 溶液直至沉淀刚好溶解，再加 0.1mol/L KI		
	配位平衡之间转化	自制 AgCl 沉淀	加入 6mol/L $NH_3 \cdot H_2O$ 使沉淀刚好溶解，然后加入 5 滴 0.1mol/L KCN，试管口放一条润湿的广泛 pH 试纸，加热试管		

【思考题】

1. 配位化合物与复盐的区别是什么？如何用实验证明？
2. 影响配位平衡的因素有哪些？

（伍　乔）

实验十一　主族元素性质实验

【实验目的】

1. 掌握钠、钾、镁、钙的主要性质；过氧化氢的性质及其鉴定方法；硫代硫酸盐的性质。
2. 熟悉萃取和分液的操作。
3. 了解碳酸盐的热稳定性；硼酸的性质、氢氧化铝的性质。

【实验原理】

1. 钠、钾、镁、钙是典型的金属元素，其单质化学性质很活泼，能与非金属和许多化合物反应。钠、钾的氢氧化物是易溶于水的强碱，氢氧化镁、氢氧化钙在水中的溶解度较小，碱性也比氢氧化钠、氢氧化钾要弱。

2. 过氧化氢中氧的氧化数为 -1，过氧化氢既有氧化性，又有还原性。

3. 硫代硫酸盐有较强的还原性，还具有较强的配位能力。

4. 碳酸的正盐的稳定性大于酸式碳酸盐。

5. 硼酸为一元弱酸。硼酸与甘油结合后，酸性明显增强。利用硼酸的特性反应可鉴别硼酸和硼酸盐。

6. 氢氧化铝具有两性，既可溶于盐酸，也可溶于氢氧化钠，还可溶于氨水。

7. 萃取是利用系统中组分在溶剂中有不同的溶解度来分离混合物的操作。碘不易溶于水，易溶于四氯化碳。可利用四氯化碳从水中萃取分离碘。

【实验用品】

1. 仪器 试管、烧杯、镊子、小刀、pH 试纸、蒸发皿、表面皿、胶头滴管、20ml 分液漏斗、角匙、玻璃棒、铁架台、酒精灯、具塞玻璃弯管、火柴。

2. 试剂 钠粒、$NaHCO_3$ 固体、Na_2CO_3 固体、2mol/L 盐酸、澄清石灰水、1mol/L NaCl 溶液、1mol/L KCl 溶液、饱和醋酸铀酰锌溶液、饱和亚硝酸钴钠溶液、镁条、1mol/L $MgSO_4$ 溶液、2mol/L $NH_3 \cdot H_2O$ 溶液、饱和 NH_4Cl 溶液、0.1mol/L $MgCl_2$ 溶液、0.1mol/L $CaCl_2$ 溶液、0.1mol/L Na_2CO_3 溶液、2mol/L HAc 溶液、酚酞试剂、1mol/L H_2SO_4 溶液、30g/L H_2O_2 溶液、0.1mol/L KI 溶液、淀粉液、0.01mol/L $KMnO_4$ 溶液、乙醚、0.1mol/L $K_2Cr_2O_7$ 溶液、0.1mol/L $Na_2S_2O_3$ 溶液、氯水、0.5mol/L $AgNO_3$ 溶液、硼砂饱和溶液、浓硫酸、冰水、H_3BO_3 固体、甘油、甲基橙指示剂、0.5mol/L $Al_2(SO_4)_3$ 溶液、6mol/L $NH_3 \cdot H_2O$ 溶液、6mol/L NaOH 溶液、6mol/L HCl 溶液、碘水、淀粉 - 碘化钾试纸、CCl_4 溶液。

【实验内容】

（一）钠、钾、镁、钙的性质

1. 钠单质的性质

（1）与水的反应 在小烧杯中加入 20～30ml 水，用镊子从煤油中取出一小块金属钠，用干燥的滤纸将钠表面的煤油吸干，用小刀取米粒大小的钠。观察新鲜表面的颜色及变化。将金属钠放入水中，迅速用表面皿盖好烧杯，观察现象。反应完后，往烧杯里滴入 1～2 滴酚酞试液，观察现象。

（2）取一绿豆大小的金属钠，用滤纸吸干表面的煤油，放在蒸发皿中加热。钠开始燃烧时即停止加热，观察产物的颜色和状态，写出反应式。产物冷却后，用玻璃棒轻轻捣碎产物，转移入试管中，加入少量水，检验管口有无氧气放出，pH 试纸检验溶液 pH。

2. 碳酸钠和碳酸氢钠的反应 取 2 支试管，分别加入少量的碳酸钠固体、碳酸氢钠固体，再向每支试管中加入适量 2mol/L 盐酸，将放出的气体分别通往澄清的石灰水，观察现象，写出反应式。

3. 钠离子和钾离子的鉴定

（1）钠盐 取 1mol/L NaCl 溶液 3～4 滴，加入 2mol/L HAc 1～2 滴，滴加饱和醋酸铀酰锌溶液 10～12 滴，用玻璃棒摩擦试管内壁，观察现象。

（2）钾盐 取 1mol/L KCl 溶液 3～4 滴，加入 4～5 滴饱和亚硝酸钴钠溶液，用玻璃棒搅拌，并摩擦试管内壁，观察现象。

4. 单质镁和氢氧化镁的反应

（1）镁燃烧的反应 取一小段镁条，用砂纸除去表面氧化层，点燃，观察燃烧现象、生成物的颜色和状态。写出反应式。

（2）镁和水的反应　取两小段镁条，除去表面氧化膜后，分别投入盛有约 2ml 冷水和热水的两支试管中，观察现象，对比反应的不同，加入 1 滴酚酞试液，观察溶液颜色有无变化，写出反应式。

（3）氢氧化镁的制备和性质　取一支试管，加入 1mol/L $MgSO_4$ 溶液 0.5ml，加入 2mol/L $NH_3 \cdot H_2O$ 溶液 1ml，观察有无沉淀生成。将得到的产物分别装入 3 支试管中，分别加入 2mol/L HCl 溶液、2mol/L NaOH、饱和 NH_4Cl 溶液，观察现象，写现有关反应式。

5. 碳酸镁、碳酸钙的生成　取 2 支试管，分别加入浓度均为 0.1mol/L $MgCl_2$、0.1mol/L $CaCl_2$ 溶液各 1ml，再分别加入 0.1mol/L Na_2CO_3 溶液各 1ml，观察有无沉淀生成，然后再分别加入 2ml 2mol/L HAc，观察现象。写出有关反应式。

（二）过氧化氢的性质和检验

1. 氧化性　在小试管中加入 0.1mol/L KI 溶液约 1ml，用 1mol/L H_2SO_4 酸化后，加入 2~3 滴 30g/L H_2O_2 溶液，观察有何变化。再加入 2 滴淀粉液，有何现象，解释之。

2. 还原性　在一试管里加入 0.01mol/L $KMnO_4$ 溶液约 1ml，用 1mol/L H_2SO_4 酸化后，逐滴加入 30g/L H_2O_2 溶液，边滴边振摇，至溶液颜色消失为止。写出反应式。

3. 过氧化氢的检验　取一支试管，加入 2ml 纯化水，加入 1ml 乙醚，0.1mol/L $K_2Cr_2O_7$ 溶液和 1mol/L H_2SO_4 溶液各 1 滴，再加入 3~5 滴过氧化氢溶液。充分振荡，观察水层和乙醚层中的颜色变化。

（三）硫代硫酸盐的性质

1. 硫代硫酸钠与 Cl_2 的反应　取 1ml 0.1mol/L $Na_2S_2O_3$ 溶液于一试管中，加入 2ml 氯水，充分振荡，检验溶液中有无生成 SO_4^{2-} 生成。

2. 硫代硫酸钠与 I_2 的反应　取 1ml 0.1mol/L $Na_2S_2O_3$ 溶液于一试管中，，加入 2ml 碘水，充分振荡，检验溶液中有无 SO_4^{2-} 生成。

3. 硫代硫酸钠的配位反应　取 0.5mol/L $AgNO_3$ 溶液于一试管中，滴加 0.1mol/L $Na_2S_2O_3$ 溶液，边滴边振荡，直至生成的沉淀完全溶解，解释之。

（四）碳酸盐的稳定性

在大试管中装入 3g $NaHCO_3$ 固体，将大试管固定在铁架台上，管口连一具塞玻璃弯管，玻璃管另一端插入装有澄清石灰水试管或小烧杯，用酒精灯加热，观察石灰水有何变化。

用同样的方法加热 3g Na_2CO_3 固体，比较两者稳定性的大小。

（五）硼酸的性质和检验

1. 硼酸的生成　取 1ml 硼砂饱和溶液，测其 pH。在该溶液中加入 0.5ml 浓硫酸，用冰水冷却，观察有无晶体析出。离心分离，弃去溶液，用少量冰水洗涤晶体 2~3 次，再用 0.5ml 水使之溶解。用 pH 试纸测其 pH，与硼砂溶液比较。

2. 硼酸的性质　在一试管中加入少量 H_3BO_3 固体和 6ml 纯化水，微热，使固体溶解。将溶液分装于 2 支试管中，在一试管中加几滴甘油，混匀。各加 1 滴甲基橙指示剂，观察溶液的颜色。比较颜色的差异并解释。

（六）氢氧化铝的性质

在 3 支试管中分别加入 0.5ml 0.5mol/L $Al_2(SO_4)_3$ 溶液，再滴加 0.5ml 2mol/L $NH_3 \cdot H_2O$，生成沉淀，然后离心分离，再弃去上清液。在 3 支试管中分别加入 6mol/L $NH_3 \cdot H_2O$、6mol/L NaOH 和 6mol/L HCl 溶液。观察现象，写出反应式。

（七）萃取

用量筒取 10ml 碘水，用碘化钾淀粉试纸检验。把碘水倒入分液漏斗，加入 4ml CCl_4，振荡，静置，待分层后进行分液操作，用小烧杯接 CCl_4 溶液，回收。再用淀粉 – 碘化钾试纸检验萃取后的碘水，与萃取前的结果比较。

【注意事项】

1. 做钠反应实验时，钠的取用量不宜过多，应在能够做出现象的少量即可，取用时要用镊子夹取。钠剧烈反应时，切忌凑近观察，以免被灼伤。

2. 切忌用手直接接触金属钠。未用完的钠粒不能乱丢，可加少量乙醇使其缓慢分解。

3. 在进行钠实验时，需经老师指导或示范后才能进行实验。

4. 镁条在空气中的燃烧，应除净镁条表面的氧化膜，并且镁条厚度应小于 2mm，镁条燃烧时应用镊子夹牢，或置于耐高温的面板（例如陶瓷材料的蒸发皿）上，点燃后，应保持一定距离观察。

【思考题】

1. 如何去除粗食盐中的 Ca^{2+}、Mg^{2+}、SO_4^{2+} 杂质？

2. 如何检验硫代硫酸钠与 I_2 的反应液中是否含有 SO_4^{2-}？

3. 为什么不能用磨口玻璃瓶盛装碱液？

4. 硼酸溶液加甘油后为什么 pH 降低？

（王司雷）

实验十二　d 区与 ds 区元素性质实验

【实验目的】

1. 熟悉 d 区与 ds 区元素主要氢氧化物的生成与性质。

2. 掌握 d 区元素主要化合物的氧化性。

3. 掌握 d 区与 ds 区常见离子的检验方法。

【实验原理】

d 区元素的外围电子构型是 $(n-1)d^{1\sim9}ns^{1\sim2}$，由于 $(n-1)d$ 电子参与成键，d 区元素绝大多数具有多种价态，如铬（+2，+3）、铁（+2，+3）、钴（+2、+3）、镍（+2、+3）、锰（+2，+4，+7），且水溶液中离子多数具有颜色。d 区元素易形成配位化合物，难溶性盐也较多，水溶液中的高价离子常以含氧酸根形式存在。ds 区元素的外围电子构型是 $(n-1)d^{10}ns^{1\sim2}$，其离子一般具有较强的氧化性，易形成配位化合物。可利用 ds 区元素多数化合物难溶于水的特点进行离子鉴定。

（一）氢氧化物的生成与性质

锰、铁、钴、镍、铜和锌的 +2 价氢氧化物和铬、铁和钴的 +3 价氢氧化物均难溶于水，且具有特征颜色。其中 $Mn(OH)_2$ 和 $Fe(OH)_3$ 容易被空气中的 O_2 所氧化、变色。$Co(OH)_2$ 也能被空气中

的 O_2 缓慢氧化而变色。

$$Mn^{2+} + 2OH^- == Mn(OH)_2 \downarrow (白色)$$

$$2Mn(OH)_2 + O_2 == 2MnO(OH)_2 (棕色)$$

$$Fe^{2+} + 2OH^- == Fe(OH)_2 \downarrow (白色)$$

$$4Fe(OH)_2 + O_2 + 2H_2O == 4Fe(OH)_3 (棕色)$$

$$Cu^{2+} + 2OH^- == Cu(OH)_2 \downarrow (浅蓝色)$$

$$Zn^{2+} + 2OH^- == Zn(OH)_2 \downarrow (白色)$$

$$Cr^{3+} + 3OH^- == Cr(OH)_3 \downarrow (灰绿色)$$

$$Co^{2+} + 2OH^- == Co(OH)_2 \downarrow (粉红)$$

$$4Co(OH)_2 + O_2 + 2H_2O == 4Co(OH)_3 (褐色)$$

$$Ni^{2+} + 2OH^- == Ni(OH)_2 \downarrow (绿色)$$

（二）$K_2Cr_2O_7$、$KMnO_4$的氧化性

$K_2Cr_2O_7$是橙红色晶体，在酸性溶液中有较强的氧化性。

$$Cr_2O_7^{2-} + 3SO_3^{2-} + 8H^+ == 2Cr^{3+} + 3SO_4^{2-} + 4H_2O$$

$$Cr_2O_7^{2-} + 3H_2O_2 + 8H^+ == 2Cr^{3+} + 3O_2 \uparrow + 7H_2O$$

$KMnO_4$是紫红色晶体，具有氧化性，它的还原产物与溶液的酸碱性有关。

$$2MnO_4^- + 5SO_3^{2-} + 6H^+ == 2Mn^{2+} (肉红色) + 5SO_4^{2-} + 3H_2O$$

$$2MnO_4^- + 3SO_3^{2-} + H_2O == 2MnO_2 \downarrow (棕色) + 3SO_4^{2-} + 2OH^-$$

$$2MnO_4^- + SO_3^{2-} + 2OH^- == 2MnO_4^{2-} (绿色) + SO_4^{2-} + H_2O$$

$$2MnO_4^- + 3Mn^{2+} + 2H_2O == 5MnO_2 \downarrow + 4H^+$$

（三）d 区、ds 区元素常见离子的鉴定方法

d 区、ds 区元素能形成多种配合物。一些配合物稳定且具有特征颜色，可用于相应离子的鉴定。常用的离子鉴别反应式如下。

1. CrO_4^{2-} 的鉴定

$$CrO_4^{2-} + Ba^{2+} == BaCrO_4 \downarrow (黄色)$$

2. Mn^{2+} 的鉴定

$$2Mn^{2+} + 5NaBiO_3 + 14H^+ == 2MnO_4^- (紫红色) + 5Bi^{3+} + 5Na^+ + 7H_2O$$

3. Fe^{2+} 的鉴定

$$K^+ + Fe^{2+} + [Fe(CN)_6]^{3-} == KFe[Fe(CN)_6] \downarrow (蓝色)$$

4. Fe^{3+} 的鉴定

$$Fe^{3+} + nSCN^- == [Fe(SCN)_n]^{3-n} (血红色)$$

$$K^+ + Fe^{3+} + [Fe(CN)_6]^{4-} == KFe[Fe(CN)_6] \downarrow (深蓝色)$$

5. Cu^{2+} 的鉴定

$$Cu^{2+} + 2NH_3 \cdot H_2O == Cu(OH)_2 \downarrow + 2NH_4^+$$

$$Cu(OH)_2 + 4NH_3 == [Cu(NH_3)_4]^{2+} (深蓝色) + 2OH^-$$

6. Co^{2+} 的鉴定

$$Co^{2+} + KSCN \rightleftharpoons [Co(SCN)_4]^{2-} (蓝色)$$

在水中易分解，但可在乙醚或丙酮等有机溶剂中稳定存在。

7. Ni^{2+} 的鉴定 Ni^{2+}遇到丁二酮肟，在弱碱性条件下会产生红色沉淀，从而鉴定镍离子。

【实验器材】

1. 仪器 试管、试管夹、烧杯、玻璃棒、滴管、酒精灯。

2. 试剂 NaOH（2mol/L、0.1mol/L）；H_2SO_4（2mol/L、0.1mol/L）；$CrCl_3$、K_2CrO_4、$K_2Cr_2O_7$、Na_2SO_3、$CuSO_4$、$ZnSO_4$、$MnSO_4$、H_2O_2、$BaCl_2$、Na_2SO_3、$K_4[Fe(CN)_6]$、$FeCl_3$、$KMnO_4$、$K_3[Fe(CN)_6]$、KSCN 皆为 0.1mol/L；$NH_3 \cdot H_2O$（2mol/L）；HNO_3（6mol/L）；$FeSO_4 \cdot 7H_2O$（固体）；$NaBiO_3$（固体）、$CoCl_2$（0.5mol/L）、$NiSO_4$（0.5mol/L）、丁二酮肟、丙酮。

【实验内容】

（一）氢氧化物的生成与性质

1. $Cr(OH)_3$ 的生成和两性 以 0.1mol/L $CrCl_3$ 溶液和 2mol/L NaOH 溶液作用，观察沉淀的生成和颜色。将沉淀分成两份，分别滴加 0.1mol/L NaOH 溶液和 2mol/L H_2SO_4 溶液，观察沉淀是否溶解。

2. $Mn(OH)_2$ 的生成和还原性 在试管中加入少量 0.1mol/L $MnSO_4$ 溶液，再加入 2mol/L NaOH 溶液，观察沉淀的生成和颜色。振摇试管，观察沉淀颜色的变化。

3. $Fe(OH)_2$ 的生成和还原性 在试管中加 2ml 纯化水和 1～2 滴 2mol/L H_2SO_4 酸化，煮沸片刻，然后在其中溶解几粒 $FeSO_4 \cdot 7H_2O$ 固体（配成 $FeSO_4$ 溶液），同时在另一支试管中煮沸 1ml 2mol/L NaOH 溶液，迅速用吸管吸入 NaOH 溶液，并将吸管插入 $FeSO_4$ 溶液底部，慢慢放出 NaOH 溶液（注意避免搅动溶液而带入空气），不摇动试管，观察现象。然后再边摇边观察沉淀颜色的变化。

4. $Cu(OH)_2$、$Zn(OH)_2$ 的生成和两性 分别用 0.1mol/L 的 $CuSO_4$ 溶液、$ZnSO_4$ 溶液与 2mol/L NaOH 溶液作用，观察所得沉淀的颜色和形状。将沉淀分为两份，分别滴加 0.1mol/L NaOH 溶液和 2mol/L H_2SO_4 溶液，观察现象。将含 $Cu(OH)_2$ 的悬浊液加热，观察现象。

5. $Co(OH)_2$、$Ni(OH)_2$ 的生成和性质 分别用 0.5mol/L 的 $CoCl_2$ 溶液、$NiSO_4$ 溶液与 2mol/L NaOH 溶液作用，观察所得沉淀的颜色和形状。离心分离，弃取上清液，将沉淀在空气中放置，观察现象。

（二）$K_2Cr_2O_7$、$KMnO_4$ 的氧化性

1. $K_2Cr_2O_7$ 的氧化性 向少量 0.1mol/L $K_2Cr_2O_7$ 溶液中滴加 0.1mol/L 的 H_2O_2 溶液，观察颜色变化。向 5 滴 0.1mol/L $K_2Cr_2O_7$ 溶液中加入 5 滴 0.1mol/L H_2SO_4 溶液酸化，再加入 15 滴 0.1mol/L Na_2SO_3 溶液，观察溶液颜色的变化。

2. $KMnO_4$ 的氧化性 以 0.1mol/L Na_2SO_3 溶液为还原剂，分别以 0.1mol/L NaOH 和 H_2SO_4 及 H_2O 为介质，与 0.1mol/L $KMnO_4$ 反应，观察溶液颜色变化和沉淀生成情况。在 0.1mol/L $KMnO_4$ 的溶液中，滴加 0.1mol/L $MnSO_4$ 溶液，观察沉淀的颜色。

（三）重要配合物及离子鉴定

1. CrO_4^{2-} 的鉴定 向 0.1mol/L K_2CrO_4 溶液中滴加 0.1mol/L 的 $BaCl_2$ 溶液，观察现象。

2. Mn^{2+} 的鉴定 在几滴 0.1mol/L $MnSO_4$ 溶液中，加入数滴 6mol/L HNO_3 溶液，再加入少量 $NaBiO_3$ 固体，摇动试管，静置，观察上层清液的颜色。

3. Fe^{2+} 的鉴定 在试管中加 2ml 纯化水和 1～2 滴 2mol/L H_2SO_4 酸化，煮沸片刻，然后在其中溶解几粒 $FeSO_4 \cdot 7H_2O$ 晶体（配成 $FeSO_4$ 溶液），加入 0.1mol/L $K_3[Fe(CN)_6]$ 溶液，观察现象。

4. Fe^{3+} 的鉴定 在少量 0.1mol/L $FeCl_3$ 溶液中分别加入 0.1mol/L KSCN 和 0.1mol/L $K_4[Fe(CN)_6]$ 溶液，观察现象。

5. Cu²⁺ 的鉴定　向 0.1mol/L CuSO₄ 溶液中加入氨水直至过量，观察沉淀生成和溶解及颜色变化情况。

6. Co²⁺ 的鉴定　在点滴板上加一滴 0.1mol/L CoCl₂ 溶液，再加入 1 滴 0.1mol/L KSCN 溶液，再加入 2 滴丙酮，摇荡后观察现象。

7. Ni²⁺ 的鉴定　在点滴板上加一滴 0.1mol/L NiSO₄溶液，再加入 1 滴 2.0mol/L NH₃·H₂O 溶液，观察现象。再加入 2 滴丁二酮肟，观察现象。

【思考题】

1. 在配制 FeSO₄ 溶液时，为何要"加 2ml 纯化水和 1～2 滴 2mol/L H₂SO₄酸化，煮沸片刻"？

2. 在鉴定 Ni²⁺ 时，为何用 NH₃·H₂O 溶液调节 pH，能否使用强酸或强碱？

（崔珊珊）

附 录

一、一些无机物的热力学数据（298K）

化学式	$\Delta_f H_m^{\ominus}$ (kJ/mol)	$\Delta_f G_m^{\ominus}$ (kJ/mol)	$S_m^{\ominus}$ [J/(K·mol)]
Ag (s)	0.0	0.0	0.0
AgCl (s)	−127.0	−109.8	96.3
AgBr (s)	−100.4	−96.9	107.1
AgI (s)	−61.8	−66.2	115.5
$AgNO_3$ (s)	−24.4	−33.4	140.9
Al (s)	0.0	0.0	0.0
$AlCl_3$ (s)	−704.2	−628.8	109.3
Al_2O_3（刚玉）	−1675.7	−1582.3	50.9
B_2O_3 (s)	−1273.5	−1194.3	54.0
Ba (s)	0.0	0.0	0.0
$BaCl_2$ (s)	−855.0	−806.7	123.7
$BaCO_3$ (s)	−1216.3	−1137.6	112.1
$BaSO_4$ (s)	−1473.2	−1362.2	132.2
Br_2 (g)	30.9	3.1	245.5
Br_2 (l)	0.0	0.0	0.0
C (s，金刚石)	1.9	2.9	2.4
C (s，石墨)	0.0	0.0	0.0
CO (g)	−110.5	−137.2	197.7
CO_2 (g)	−393.5	−394.4	213.8
Ca (s)	0.0	0.0	41.6
$CaCl_2$ (s)	−795.4	−748.8	108.4
$CaCO_3$ (s)	−1206.9	−1128.8	92.9
CaO (s)	−634.9	−603.3	38.1
$Ca(OH)_2$ (s)	−985.2	−897.5	83.4
Cl_2 (g)	0.0	0.0	223.1
$CaSO_4$ (s)	−1434.5	−1322.0	106.5
Cu (s)	0.0	0.0	33.2
$CuSO_4$ (s)	−771.4	−662.2	109.2
F_2 (g)	0.0	0.0	202.8

续表

化学式	$\Delta_f H_m^{\ominus}$ (kJ/mol)	$\Delta_f G_m^{\ominus}$ (kJ/mol)	$S_m^{\ominus}$ [J/(K·mol)]
Fe (s)	0.0	0.0	27.3
FeO (s)	-272.0	-251.0	61.0
Fe_2O_3 (s)	-824.2	-742.2	87.4
Fe_3O_4 (s)	-1118.4	-1015.4	146.4
H_2 (g)	0.0	0.0	130.7
HCl (g)	-92.3	-95.3	186.9
HF (g)	-273.3	-275.4	173.8
HBr (g)	-36.29	-53.4	198.7
HI (g)	265.5	1.7	206.6
H_2O (g)	-241.8	-228.6	188.8
H_2O (l)	-285.8	-237.1	70.0
H_2O_2 (l)	-187.8	-120.4	109.6
H_2S (g)	-20.6	-33.4	205.8
$HgCl_2$ (s)	-224.3	-178.6	146.0
I_2 (g)	62.4	19.3	260.7
I_2 (s)	0.0	0.0	116.1
K (s)	0.0	0.0	64.7
KBr (s)	-393.8	-380.7	95.9
KCl (s)	-436.5	-408.5	82.6
KI (s)	-327.9	-324.9	106.3
$KMnO_4$ (s)	-837.2	-737.6	171.7
KOH (s)	-424.6	-378.7	78.9
Mg (s)	0.0	0.0	32.0
$MgCO_3$ (s)	-1095.8	-1012.1	65.7
MgO (s)	-601.6	-569.3	27.0
$MgSO_4$ (s)	-1284.9	-1170.6	91.6
Mn (s)	0.0	0.0	32.0
MnO_2 (s)	-520.0	-465.1	53.1
N_2 (g)	0.0	0.0	191.6
NH_3 (g)	-45.9	-16.4	192.8
NH_4Cl (s)	-341.43	-202.9	94.6
NO (g)	91.3	87.6	210.8
NO_2 (g)	33.2	51.3	240.1
Na (s)	0.0	0.0	51.3
NaCl (s)	-411.2	-384.1	72.1
$NaCO_3$ (s)	-1130.7	-1044.4	135.0

续表

化学式	$\Delta_f H_m^\ominus$（kJ/mol）	$\Delta_f G_m^\ominus$（kJ/mol）	$S_m^\ominus$ [J/（K·mol）]
NaNO$_3$（s）	−467.9	−367.0	116.5
NaOH（s）	−425.6	−379.5	64.5
O$_2$（g）	0.0	0.0	205.2
O$_3$（g）	142.7	163.2	238.9
SO$_2$（g）	−296.8	−300.1	248.2
SO$_3$（g）	−395.7	−371.1	256.8
SiO$_2$（石英）	−910.7	−856.3	41.5
Zn（s）	0.0	0.0	41.6
ZnO（s）	−350.46	−320.5	43.65

二、一些有机物的热力学数据（298K）

化学式	$\Delta_f H_m^\ominus$（kJ/mol）	$\Delta_f G_m^\ominus$（kJ/mol）	$S_m^\ominus$（kJ/mol）	$\Delta_e H_m^\ominus$（kJ/mol）
CH$_4$（g）	−74.6	−50.5	186.3	−890.8
C$_2$H$_2$（g）	227.4	209.9	200.9	−1301.1
C$_2$H$_4$（g）	52.4	68.4	219.3	−1411.2
C$_2$H$_6$（g）	−84.0	−32.0	229.2	−1560.7
C$_3$H$_8$（g）	−103.85	−23.49	269.91	−2219.2
C$_6$H$_6$（l）	49.1	124.5	173.4	−3267.6
CH$_3$OH（l）	−239.2	−166.6	126.8	−726.1
C$_2$H$_5$OH（l）	−227.6	−174.8	160.7	−1366.8
HCHO（g）	−108.6	−102.5	218.8	−570.7
CH$_3$CHO（l）	−192.2	−127.6	160.2	−1166.9
HCOOH（l）	−425.0	−361.4	129.0	−254.6
CH$_3$COOH（l）	−484.5	−389.9	159.8	−874.2

三、常用酸、碱溶液的相对密度、质量分数和物质的量浓度

试剂名称	相对密度	ω（质量分数）	c（mol/L）
氨水（NH$_3$·H$_2$O）	0.88 ~ 0.90	25% ~ 28%	13.3 ~ 14.8
冰醋酸（CH$_3$COOH，浓醋酸）	1.05	99.8%（GR） 99.0%（CR）	17.4
醋酸（CH$_3$COOH）	1.05	36% ~ 37%	6.0
高氯酸（HClO$_4$）	1.67 ~ 1.68	70% ~ 72%	11.7 ~ 12.0
磷酸（H$_3$PO$_4$）	1.69	85%	14.6

续表

试剂名称	相对密度	ω（质量分数）	c（mol/L）
氢氟酸（HF）	1.13~1.14	40%	22.5
氢溴酸（HBr）	1.49	47%	8.6
氢氧化钠（NaOH）	1.109	10%	2.8
硫酸（H_2SO_4）	1.83~1.84	95%~98%	17.8~18.4
三乙醇胺［（$HOCH_2CH_2$）$_3$N］	1.12		7.5
硝酸（HNO_3）	1.39~1.40	65%~68%	14.4~15.2
盐酸（HCl）	1.18~1.19	36%~38%	11.6~12.4

四、常用酸、碱在水溶液中的解离常数（298K）

名称	化学式	K_a	pK_a	名称	化学式	K_a	pK_a
醋酸	CH_3COOH	1.76×10^{-5}	4.75	亚砷酸	H_3AsO_3	5.1×10^{-10}	9.29
氢氰酸	HCN	6.2×10^{-10}	9.21	水	H_2O	1.00×10^{-14}	14.0
甲酸	HCOOH	1.77×10^{-4}	3.74	硼酸	H_3BO_3	5.8×10^{-10}	9.24
碳酸	H_2CO_3	$K_{a_1}=4.30\times10^{-7}$	6.38	过氧化氢	H_2O_2	2.2×10^{-12}	11.65
		$K_{a_2}=5.61\times10^{-11}$	10.25	硫代硫酸	$H_2S_2O_3$	$K_{a_1}=0.25$	0.60
氢硫酸	H_2S	$K_{a_1}=1.3\times10^{-7}$	6.89			$K_{a_2}=1.9\times10^{-2}$	1.72
		$K_{a_2}=7.1\times10^{-15}$	14.15	铬酸	H_2CrO_4	$K_{a_1}=1.8\times10^{-1}$	0.74
草酸	$H_2C_2O_4$	$K_{a_1}=5.9\times10^{-2}$	12.23			$K_{a_2}=3.2\times10^{-7}$	6.49
		$K_{a_2}=6.4\times10^{-5}$	4.19	邻苯二甲酸	$C_6H_4(COOH)_2$	$K_{a_1}=1.1\times10^{-3}$	2.95
磷酸	H_3PO_4	$K_{a_1}=7.6\times10^{-3}$	2.12			$K_{a_2}=2.9\times10^{-6}$	5.54
		$K_{a_2}=6.3\times10^{-8}$	7.20	柠檬酸	$C_6H_8O_7$	$K_{a_1}=7.4\times10^{-4}$	3.13
		$K_{a_3}=4.5\times10^{-13}$	12.36			$K_{a_2}=1.7\times10^{-5}$	4.76
亚磷酸	H_2PO_3	$K_{a_1}=3.7\times10^{-2}$	1.43			$K_{a_3}=4.0\times10^{-7}$	6.40
		$K_{a_2}=2.9\times10^{-7}$	6.54	酒石酸	$C_4H_6O_6$	$K_{a_1}=9.1\times10^{-4}$	3.04
氢氟酸	HF	6.8×10^{-4}	3.17			$K_{a_2}=4.3\times10^{-5}$	4.37
硫酸	H_2SO_4	$K_{a_2}=1.0\times10^{-2}$	1.99	苯酚	C_6H_5OH	1.1×10^{-10}	9.95
亚硫酸	H_2SO_3	$K_{a_1}=1.2\times10^{-2}$	1.91	苯甲酸	C_6H_5COOH	6.2×10^{-5}	4.21
		$K_{a_2}=1.6\times10^{-8}$	7.18	羟胺	NH_2OH	1.1×10^{-6}	5.96
碘酸	HIO_3	0.49	0.31	肼	NH_2NH_2	8.5×10^{-9}	8.07
次氯酸	HClO	4.6×10^{-11}	10.33	铵离子	NH_4^+	5.59×10^{-10}	9.25
次溴酸	HBrO	2.3×10^{-9}	8.63	甲胺	CH_5N	2.3×10^{-11}	10.64
次碘酸	HIO	2.3×10^{-11}	10.64	苯胺	$C_6H_5NH_2$	2.51×10^{-5}	4.60
亚氯酸	$HClO_2$	1.1×10^{-2}	1.95	乙醇胺	C_2H_7ON	3.18×10^{-10}	9.50
亚硝酸	HNO_2	7.1×10^{-4}	3.15	吡啶	C_5H_5N	5.90×10^{-6}	5.23
砷酸	H_3AsO_4	$K_{a_1}=6.2\times10^{-3}$	2.21	乙胺	$C_2H_5NH_2$	2.0×10^{-11}	10.70
		$K_{a_2}=1.2\times10^{-7}$	6.93				
		$K_{a_3}=3.1\times10^{-12}$	11.51				

五、常用难溶电解质的溶度积常数（298K）

难溶化合物	K_{sp}	难溶化合物	K_{sp}
AgAc	1.94×10^{-3}	$Fe(OH)_2$	4.87×10^{-17}
$AgAsO_3$	1.0×10^{-17}	$Fe(OH)_3$	2.79×10^{-39}
AgBr	5.35×10^{-13}	$FeCO_3$	3.2×10^{-11}
AgCN	5.97×10^{-17}	$FeC_2O_4 \cdot 2H_2O$	3.2×10^{-7}
Ag_2CO_3	8.46×10^{-12}	FeS	6.3×10^{-18}
AgCl	1.77×10^{-10}	Hg_2Cl_2	1.43×10^{-18}
$Ag_2C_2O_4$	5.40×10^{-12}	Hg_2I_2	5.2×10^{-29}
Ag_2CrO_4	1.12×10^{-12}	$Hg(OH)_2$	3.0×10^{-26}
$Ag_2Cr_2O_7$	2.0×10^{-7}	Hg_2S	1.0×10^{-47}
AgI	8.52×10^{-17}	HgS（红）	4.0×10^{-53}
$AgIO_3$	3.17×10^{-8}	HgS（黑）	1.6×10^{-52}
$AgNO_2$	6.00×10^{-4}	Hg_2SO_4	6.5×10^{-7}
AgOH	2.0×10^{-8}	KIO_4	3.71×10^{-4}
Ag_3PO_4	8.89×10^{-17}	K_2PtCl_6	7.48×10^{-6}
Ag_2S	6.3×10^{-50}	K_2SiF_6	8.7×10^{-7}
Ag_2SO_3	1.50×10^{-14}	Li_2CO_3	8.15×10^{-4}
Ag_2SO_4	1.20×10^{-5}	LiF	1.84×10^{-3}
$Al(OH)_3$	1.3×10^{-33}	$MgCO_3$	6.82×10^{-6}
$AlPO_4$	9.84×10^{-21}	MgF_2	5.16×10^{-11}
As_2S_3	2.1×10^{-22}	$Mg(OH)_2$	5.61×10^{-12}
AuCl	2.0×10^{-13}	$MnCO_3$	2.24×10^{-11}
$AuCl_3$	3.2×10^{-25}	$Mn(OH)_2$	1.9×10^{-13}
$Au(OH)_3$	5.5×10^{-46}	MnS（无定形）	2.5×10^{-10}
$BaCO_3$	2.58×10^{-9}	MnS（结晶）	2.5×10^{-13}
BaC_2O_4	1.6×10^{-7}	Na_3AlF_6	4.0×10^{-10}
$BaCrO_4$	1.17×10^{-10}	$NiCO_3$	1.42×10^{-7}
BaF_2	1.84×10^{-7}	$\alpha - NiS$	3.0×10^{-19}
$Ba(NO_3)_2$	4.64×10^{-3}	$\beta - NiS$	1.0×10^{-24}
$Ba(OH)_2$	5×10^{-3}	$\gamma - NiS$	2.0×10^{-26}
$Ba_3(PO_4)_2$	3.4×10^{-23}	$Pb(OH)_2$	1.43×10^{-20}
$BaSO_3$	5.0×10^{-10}	$Pb(OH)_4$	3.2×10^{-44}
$BaSO_4$	1.08×10^{-10}	$Pb_3(PO_4)_2$	8.0×10^{-40}
BaS_2O_3	1.6×10^{-5}	$PbMoO_4$	1.0×10^{-13}
$Bi(OH)_3$	4.0×10^{-31}	PbS	8.0×10^{-28}
BiOCl	1.8×10^{-31}	$PbBr_2$	6.60×10^{-6}
Bi_2S_3	1.0×10^{-97}	$PbCO_3$	7.4×10^{-14}
$CaCO_3$	3.36×10^{-9}	$Cu_3(PO_4)_2$	1.40×10^{-37}
$CaC_2O_4 \cdot H_2O$	2.32×10^{-9}	$Cu_2P_2O_7$	8.3×10^{-16}
$CaCrO_4$	7.1×10^{-4}	CuS	6.3×10^{-36}

续表

难溶化合物	K_{sp}	难溶化合物	K_{sp}
CaF_2	3.45×10^{-11}	Cu_2S	2.5×10^{-48}
$CaHPO_4$	1.0×10^{-7}	$PbCl_2$	1.70×10^{-5}
$Ca(OH)_2$	5.02×10^{-6}	PbC_2O_4	4.8×10^{-10}
$Ca_3(PO_4)_2$	2.07×10^{-33}	$PbCrO_4$	2.8×10^{-13}
$CaSO_4$	4.93×10^{-5}	$PbSO_4$	2.53×10^{-8}
$CaSO_3 \cdot 0.5H_2O$	3.1×10^{-7}	$Sn(OH)_2$	5.45×10^{-27}
$CdCO_3$	1.0×10^{-12}	$Sn(OH)_4$	1.0×10^{-56}
$CdC_2O_4 \cdot 3H_2O$	1.42×10^{-8}	SnS	1.0×10^{-25}
$Cd(OH)_2$（新析出）	2.5×10^{-14}	$SrCO_3$	5.60×10^{-10}
CdS	8.0×10^{-27}	$SrC_2O_4 \cdot H_2O$	1.60×10^{-7}
$CoCO_3$	1.40×10^{-13}	SrC_2O_4	2.2×10^{-5}
$CuCO_3$	1.4×10^{-10}	$SrSO_4$	3.44×10^{-7}
$CuCl$	1.72×10^{-7}	$ZnCO_3$	1.46×10^{-10}
$CuCrO_4$	3.6×10^{-6}	$ZnC_2O_4 \cdot 2H_2O$	1.38×10^{-9}
CuI	1.27×10^{-12}	$Zn(OH)_2$	3.0×10^{-17}
$CuOH$	1×10^{-14}	$\alpha - ZnS$	1.6×10^{-24}
$Cu(OH)_2$	2.2×10^{-20}	$\beta - ZnS$	2.5×10^{-22}

六、一些电对的标准电极电势（298K）

电极反应	$\varphi^{\ominus}(V)$
A. 在酸性溶液中	
$Li^+ + e^- \rightleftharpoons Li$	-3.0403
$Cs^+ + e^- \rightleftharpoons Cs$	-3.02
$Rb^+ + e^- \rightleftharpoons Rb$	-2.98
$K^+ + e^- \rightleftharpoons K$	-2.931
$Ba^{2+} + 2e^- \rightleftharpoons Ba$	-2.912
$Sr^{2+} + 2e^- \rightleftharpoons Sr$	-2.899
$Ca^{2+} + 2e^- \rightleftharpoons Ca$	-2.868
$Na^+ + e^- \rightleftharpoons Na$	-2.71
$Mg^{2+} + 2e^- \rightleftharpoons Mg$	-2.372
$1/2H_2 + e^- \rightleftharpoons H^-$	-2.23
$Sc^{3+} + 3e^- \rightleftharpoons Sc$	-2.077
$[AlF_6]^{3-} + 3e^- \rightleftharpoons Al + 6F^-$	-2.069

续表

电极反应	$\varphi^{\ominus}$ (V)
$Be^{2+} + 2e^- \rightleftharpoons Be$	-1.847
$Al^{3+} + 3e^- \rightleftharpoons Al$	-1.662
$Ti^{2+} + 2e^- \rightleftharpoons Ti$	-1.37
$[SiF_6]^{2-} + 4e^- \rightleftharpoons Si + 6F^-$	-1.24
$Mn^{2+} + 2e^- \rightleftharpoons Mn$	-1.185
$V^{2+} + 2e^- \rightleftharpoons V$	-1.175
$Cr^{2+} + 2e^- \rightleftharpoons Cr$	-0.913
$TiO^{2+} + 2H^+ + 4e^- \rightleftharpoons Ti + H_2O$	-0.89
$H_3BO_3 + 3H^+ + 3e^- \rightleftharpoons B + 3H_2O$	-0.8700
$Zn^{2+} + 2e^- \rightleftharpoons Zn$	-0.7600
$Cr^{3+} + 3e^- \rightleftharpoons Cr$	-0.744
$As + 3H^+ + 3e^- \rightleftharpoons AsH_3$	-0.608
$Ga^{3+} + 3e^- \rightleftharpoons Ga$	-0.549
$Fe^{2+} + 2e^- \rightleftharpoons Fe$	-0.447
$Cr^{3+} + e^- \rightleftharpoons Cr^{2+}$	-0.407
$Cd^{2+} + 2e^- \rightleftharpoons Cd$	-0.4032
$PbI_2 + 2e^- \rightleftharpoons Pb + 2I^-$	-0.365
$PbSO_4 + 2e^- \rightleftharpoons Pb + SO_4^{2-}$	-0.3590
$Co^{2+} + 2e^- \rightleftharpoons Co$	-0.28
$H_3PO_4 + 2H^+ + 2e^- \rightleftharpoons H_3PO_3 + H_2O$	-0.276
$Ni^{2+} + 2e^- \rightleftharpoons Ni$	-0.257
$CuI + e^- \rightleftharpoons Cu + I^-$	-0.180
$AgI + e^- \rightleftharpoons Ag + I^-$	$-0.152\ 41$
$GeO_2 + 4H^+ + 4e^- \rightleftharpoons Ge + 2H_2O$	-0.15
$Sn^{2+} + 2e^- \rightleftharpoons Sn$	-0.1377
$Pb^{2+} + 2e^- \rightleftharpoons Pb$	-0.1264
$WO_3 + 6H^+ + 6e^- \rightleftharpoons W + 3H_2O$	-0.090
$[HgI_4]^{2-} + 2e^- \rightleftharpoons Hg + 4I^-$	-0.04
$2H^+ + 2e^- \rightleftharpoons H_2$	0
$[Ag(S_2O_3)_2]^{3-} + e^- \rightleftharpoons Ag + 2S_2O_3^{2-}$	0.01
$AgBr + e^- \rightleftharpoons Ag + Br^-$	$0.071\ 16$
$S_4O_6^{2-} + 2e^- \rightleftharpoons 2S_2O_3^{2-}$	0.08
$S + 2H^+ + 2e^- \rightleftharpoons H_2S$	0.142
$Sn^{4+} + 2e^- \rightleftharpoons Sn^{2+}$	0.151
$SO_4^{2-} + 4H^+ + 2e^- \rightleftharpoons H_2SO_3 + H_2O$	0.172
$AgCl + e^- \rightleftharpoons Ag + Cl^-$	$0.222\ 16$

续表

续表

电极反应	$\varphi^{\ominus}(V)$
$Hg_2Cl_2 + 2e^- \rightleftharpoons 2Hg + 2Cl^-$	0.267 91
$VO^{2+} + 2H^+ + e^- \rightleftharpoons V^{3+} + H_2O$	0.337
$Cu^{2+} + 2e^- \rightleftharpoons Cu$	0.3417
$[Fe(CN)_6]^{3-} + e^- \rightleftharpoons [Fe(CN)_6]^{4-}$	0.358
$[HgCl_4]^{2-} + 2e^- \rightleftharpoons Hg + 4Cl^-$	0.38
$Ag_2CrO_4 + 2e^- \rightleftharpoons 2Ag + CrO_4^{2-}$	0.4468
$H_2SO_3 + 4H^+ + 4e^- \rightleftharpoons S + 3H_2O$	0.449
$Cu^+ + e^- \rightleftharpoons Cu$	0.521
$I_2 + 2e^- \rightleftharpoons 2I^-$	0.5353
$I_3^- + 2e^- \rightleftharpoons 3I^-$	0.5355
$MnO_4^- + e^- \rightleftharpoons MnO_4^{2-}$	0.558
$H_3AsO_4 + 2H^+ + 2e^- \rightleftharpoons H_2AsO_3 + H_2O$	0.560
$Cu^{2+} + Cl^- + e^- \rightleftharpoons CuCl$	0.56
$Sb_2O_5 + 6H^+ + 4e^- \rightleftharpoons 2SbO^+ + 3H_2O$	0.581
$TeO_2 + 4H^+ + 4e^- \rightleftharpoons Te + 2H_2O$	0.593
$O_2 + 2H^+ + 2e^- \rightleftharpoons H_2O_2$	0.695
$H_2SeO_3 + 4H^+ + 4e^- \rightleftharpoons Se + 3H_2O$	0.74
$H_3SbO_4 + 2H^+ + 2e^- \rightleftharpoons H_3SbO_3 + H_2O$	0.75
$Fe^{3+} + e^- \rightleftharpoons Fe^{2+}$	0.771
$Hg_2^{2+} + 2e^- \rightleftharpoons 2Hg$	0.7971
$Ag^+ + e^- \rightleftharpoons Ag$	0.7994
$2NO_3^- + 4H^+ + 2e^- \rightleftharpoons N_2O_4 + 2H_2O$	0.803
$Hg^{2+} + 2e^- \rightleftharpoons Hg$	0.851
$HNO_2 + 7H^+ + 6e^- \rightleftharpoons HN_4^+ + 2H_2O$	0.86
$NO_3^- + 3H^+ + 2e^- \rightleftharpoons HNO_2 + H_2O$	0.934
$NO_3^- + 4H^+ + 3e^- \rightleftharpoons NO + 2H_2O$	0.957
$HIO + H^+ + 2e^- \rightleftharpoons I^- + H_2O$	0.987
$HNO_2 + H^+ + e^- \rightleftharpoons NO + H_2O$	0.983
$VO_4^{3-} + 6H^+ + e^- \rightleftharpoons VO^{2+} + 3H_2O$	1.031
$N_2O_4 + 4H^+ + 4e^- \rightleftharpoons 2NO + 2H_2O$	1.035
$N_2O_4 + 2H^+ + 2e^- \rightleftharpoons 2HNO_2$	1.065
$Br_2 + 2e^- \rightleftharpoons 2Br^-$	1.066
$IO_3^- + 6H^+ + 6e^- \rightleftharpoons I^- + 3H_2O$	1.085
$SeO_4^{2-} + 4H^+ + 2e^- \rightleftharpoons H_2SeO_3 + H_2O$	1.151
$ClO_4^- + 2H^+ + 2e^- \rightleftharpoons ClO_3^- + H_2O$	1.189
$IO_3^- + 6H^+ + 5e^- \rightleftharpoons 1/2I_2 + 3H_2O$	1.195
$MnO_2 + 4H^+ + 2e^- \rightleftharpoons Mn^{2+} + 2H_2O$	1.224

续表

续表

电极反应	$\varphi^{\ominus}$ (V)
$O_2 + 4H^+ + 4e^- \Longrightarrow 2H_2O$	1.229
$Cr_2O_7^{2-} + 14H^+ + 6e^- \Longrightarrow 2Cr^{3+} + 7H_2O$	1.232
$2HNO_2 + 4H^+ + 4e^- \Longrightarrow N_2O + 3H_2O$	1.297
$HBrO + H^+ + 2e^- \Longrightarrow Br^- + H_2O$	1.331
$Cl_2 + 2e^- \Longrightarrow 2Cl^-$	1.357 93
$ClO_4^- + 8H^+ + 7e^- \Longrightarrow 1/2Cl_2 + 4H_2O$	1.39
$IO_4^- + 8H^+ + 8e^- \Longrightarrow I^- + 4H_2O$	1.4
$BrO_3^- + 6H^+ + 6e^- \Longrightarrow Br^- + 3H_2O$	1.423
$ClO_3^- + 6H^+ + 6e^- \Longrightarrow Cl^- + 3H_2O$	1.451
$PbO_2 + 4H^+ + 2e^- \Longrightarrow Pb^{2+} + 2H_2O$	1.455
$ClO_3^- + 6H^+ + 5e^- \Longrightarrow 1/2Cl_2 + 3H_2O$	1.47
$HClO + H^+ + 2e^- \Longrightarrow Cl^- + H_2O$	1.482
$2BrO_3^- + 12H^+ + 10e^- \Longrightarrow Br_2 + 6H_2O$	1.482
$Au^{3+} + 3e^- \Longrightarrow Au$	1.498
$MnO_4^- + 8H^+ + 5e^- \Longrightarrow Mn^{2+} + 4H_2O$	1.507
$NaBiO_3 + 6H^+ + 2e^- \Longrightarrow Bi^{3+} + Na^+ + 3H_2O$	1.60
$2HClO + 2H^+ + 2e^- \Longrightarrow Cl_2 + 2H_2O$	1.611
$MnO_4^- + 4H^+ + 3e^- \Longrightarrow MnO_2 + 2H_2O$	1.679
$Au^+ + e^- \Longrightarrow Au$	1.692
$Ce^{4+} + e^- \Longrightarrow Ce^{3+}$	1.72
$H_2O_2 + 2H^+ + 2e^- \Longrightarrow 2H_2O$	1.776
$Co^{3+} + e^- \Longrightarrow Co^{2+}$	1.92
$S_2O_8^{2-} + 2e^- \Longrightarrow 2SO_4^{2-}$	2.010
$O_3 + 2H^+ + 2e^- \Longrightarrow O_2 + H_2O$	2.076
$F_2 + 2e^- \Longrightarrow 2F^-$	2.866

B. 在碱性溶液中

电极反应	$\varphi^{\ominus}$ (V)
$Mg(OH)_2 + 2e^- \Longrightarrow Mg + 2OH^-$	-2.690
$Al(OH)_3 + 3e^- \Longrightarrow Al + 3OH^-$	-2.31
$SiO_3^{2-} + 3H_2O + 4e^- \Longrightarrow Si + 6OH^-$	-1.679
$Mn(OH)_2 + 2e^- \Longrightarrow Mn + 2OH^-$	-1.56
$As + 3H_2O + 3e^- \Longrightarrow AsH_3 + 3OH^-$	-1.37
$Cr(OH)_3 + 3e^- \Longrightarrow Cr + 3OH^-$	-1.48
$[Zn(CN)_4]^{2-} + 2e^- \Longrightarrow Zn + 4CN^-$	-1.26
$Zn(OH)_2 + 2e^- \Longrightarrow Zn + 2OH^-$	-1.249
$N_2 + 4H_2O + 4e^- \Longrightarrow N_2H_4 + 4OH^-$	-1.15
$PO_4^{3-} + 2H_2O + 2e^- \Longrightarrow HPO_3^{2-} + 3OH^-$	-1.05

续表

电极反应	$\varphi^{\ominus}$ (V)
$[Sn(OH)_6]^{2-} + 2e^- \rightleftharpoons H_2SnO_2 + 4OH^-$	-0.93
$SO_4^{2-} + H_2O + 2e^- \rightleftharpoons SO_3^{2-} + 2OH^-$	-0.93
$P + 3H_2O + 3e^- \rightleftharpoons PH_3 + 3OH^-$	-0.87
$Fe(OH)_2 + 2e^- \rightleftharpoons Fe + 2OH^-$	-0.877
$2NO_3^- + 2H_2O + 2e^- \rightleftharpoons N_2O_4 + 4OH^-$	-0.85
$[Co(CN)_6]^{3-} + e^- \rightleftharpoons [Co(CN)_6]^{4-}$	-0.83
$2H_2O + 2e^- \rightleftharpoons H_2 + 2OH^-$	-0.8277
$AsO_4^{3-} + 2H_2O + 2e^- \rightleftharpoons AsO_2^- + 4OH^-$	-0.71
$AsO_2^- + 2H_2O + 3e^- \rightleftharpoons As + 4OH^-$	-0.68
$SO_3^{2-} + 3H_2O + 6e^- \rightleftharpoons S^{2-} + 6OH^-$	-0.61
$[Au(CN)_2]^- + e^- \rightleftharpoons Au + 2CN^-$	-0.60
$2SO_3^{2-} + 3H_2O + 4e^- \rightleftharpoons S_2O_3^{2-} + 6OH^-$	-0.571
$Fe(OH)_3 + e^- \rightleftharpoons Fe(OH)_2 + OH^-$	-0.56
$S + 2e^- \rightleftharpoons S^{2-}$	-0.47644
$NO_2^- + H_2O + e^- \rightleftharpoons NO + 2OH^-$	-0.46
$[Cu(CN)_2]^- + e^- \rightleftharpoons Cu + 2CN^-$	-0.43
$[Co(NH_3)_6]^{2+} + 2e^- \rightleftharpoons Co + 6NH_3$ (aq)	-0.422
$[Hg(CN)_4]^{2-} + 2e^- \rightleftharpoons Hg + 4CN^-$	-0.37
$[Ag(CN)_2]^- + e^- \rightleftharpoons Ag + 2CN^-$	-0.30
$NO_3^- + 5H_2O + 6e^- \rightleftharpoons NH_2OH + 7OH^-$	-0.30
$Cu(OH)_2 + 2e^- \rightleftharpoons Cu + 2OH^-$	-0.222
$PbO_2 + 2H_2O + 4e^- \rightleftharpoons Pb + 4OH^-$	-0.16
$CrO_4^{2-} + 4H_2O + 3e^- \rightleftharpoons Cr(OH)_3 + 5OH^-$	-0.13
$[Cu(NH_3)_2]^+ + e^- \rightleftharpoons Cu + 2NH_3$ (aq)	-0.11
$O_2 + H_2O + 2e^- \rightleftharpoons HO_2^- + OH^-$	-0.076
$MnO_2 + 2H_2O + 2e^- \rightleftharpoons Mn(OH)_2 + 2OH^-$	-0.05
$NO_3^- + H_2O + 2e^- \rightleftharpoons NO_2^- + 2OH^-$	0.01
$[Co(NH_3)_6]^{3+} + e^- \rightleftharpoons [Co(NH_3)_6]^{2+}$	0.108
$2NO_2^- + 3H_2O + 4e^- \rightleftharpoons N_2O + 6OH^-$	0.15
$IO_3^- + 2H_2O + 4e^- \rightleftharpoons IO^- + 4OH^-$	0.15
$Co(OH)_3 + e^- \rightleftharpoons Co(OH)_2 + OH^-$	0.17
$IO_3^- + 3H_2O + 6e^- \rightleftharpoons I^- + 6OH^-$	0.26
$ClO_3^- + H_2O + 2e^- \rightleftharpoons ClO_2^- + 2OH^-$	0.33
$Ag_2O + H_2O + 2e^- \rightleftharpoons 2Ag + 2OH^-$	0.342
$ClO_4^- + H_2O + 2e^- \rightleftharpoons ClO_3^- + 2OH^-$	0.36
$[Ag(NH_3)_2]^+ + e^- \rightleftharpoons Ag + 2NH_3$ (aq)	0.373

续表

电极反应	$\varphi^{\ominus}$ (V)
$O_2 + 2H_2O + 4e^- \rightleftharpoons 4OH^-$	0.401
$2BrO^- + 2H_2O + 2e^- \rightleftharpoons Br_2 + 4OH^-$	0.45
$NiO_2 + 2H_2O + 2e^- \rightleftharpoons Ni(OH)_2 + 2OH^-$	0.490
$IO^- + H_2O + 2e^- \rightleftharpoons I^- + 2OH^-$	0.485
$ClO_4^- + 4H_2O + 8e^- \rightleftharpoons Cl^- + 8OH^-$	0.51
$2ClO^- + 2H_2O + 2e^- \rightleftharpoons Cl_2 + 4OH^-$	0.52
$BrO_3^- + 2H_2O + 4e^- \rightleftharpoons BrO^- + 4OH^-$	0.54
$MnO_4^- + 2H_2O + 3e^- \rightleftharpoons MnO_2 + 4OH^-$	0.595
$MnO_4^{2-} + 2H_2O + 2e^- \rightleftharpoons MnO_2 + 4OH^-$	0.60
$BrO_3^- + 3H_2O + 6e^- \rightleftharpoons Br^- + 6OH^-$	0.61
$ClO_3^- + 3H_2O + 6e^- \rightleftharpoons Cl^- + 6OH^-$	0.62
$ClO_2^- + H_2O + 2e^- \rightleftharpoons ClO^- + 2OH^-$	0.66
$BrO^- + H_2O + 2e^- \rightleftharpoons Br^- + 2OH^-$	0.761
$ClO^- + H_2O + 2e^- \rightleftharpoons Cl^- + 2OH^-$	0.81
$N_2O_4 + 2e^- \rightleftharpoons 2NO_2^-$	0.867
$HO_2^- + H_2O + 2e^- \rightleftharpoons 3OH^-$	0.878
$FeO_4^{2-} + 2H_2O + 3e^- \rightleftharpoons FeO_2^- + 4OH^-$	0.9
$O_3 + H_2O + 2e^- \rightleftharpoons O_2 + 2OH^-$	1.24

七、常用配离子的稳定常数（298K）

配离子	$K_{稳}$	配离子	$K_{稳}$
$[AuCl_2]^+$	6.3×10^9	$[Co(en)_3]^{2+}$	8.69×10^{13}
$[CdCl_4]^{2-}$	6.33×10^2	$[Co(en)_3]^{3+}$	4.90×10^{48}
$[CuCl_3]^{2-}$	5.0×10^5	$[Cr(en)_2]^{2+}$	1.55×10^9
$[CuCl_2]^-$	3.1×10^5	$[Cu(en)_2]^+$	6.33×10^{10}
$[FeCl]^+$	2.29	$[Cu(en)_3]^{2+}$	1.0×10^{21}
$[FeCl_4]^-$	1.02	$[Fe(en)_3]^{2+}$	5.00×10^9
$[HgCl_4]^{2-}$	1.17×10^{15}	$[Hg(en)_2]^{2+}$	2.00×10^{23}
$[PbCl_4]^{2-}$	39.8	$[Mn(en)_3]^{2+}$	4.67×10^5
$[PtCl_4]^{2-}$	1.0×10^{16}	$[Ni(en)_3]^{2+}$	2.14×10^{18}
$[SnCl_4]^{2-}$	30.2	$[Zn(en)_3]^{2+}$	1.29×10^{14}
$[ZnCl_4]^{2-}$	1.58	$[AlF_6]^{3-}$	6.94×10^{19}
$[Ag(CN)_2]^-$	1.3×10^{21}	$[FeF_6]^{3-}$	1.0×10^{16}
$[Ag(CN)_4]^{3-}$	4.0×10^{20}	$[AgI_3]^{2-}$	4.78×10^{13}
$[Au(CN)_2]^-$	2.0×10^{38}	$[AgI_2]^-$	5.94×10^{11}
$[Cd(CN)_4]^{2-}$	6.02×10^{18}	$[CdI_4]^{2-}$	2.57×10^5

配离子	$K_{稳}$	配离子	$K_{稳}$
$[Cu(CN)_2]^-$	1.0×10^{16}	$[CuI_2]^-$	7.09×10^8
$[Cu(CN)_4]^{3-}$	2.00×10^{30}	$[PbI_4]^{2-}$	2.95×10^4
$[Fe(CN)_6]^{4-}$	1.0×10^{35}	$[HgI_4]^{2-}$	6.76×10^{29}
$[Fe(CN)_6]^{3-}$	1.0×10^{42}	$[Ag(NH_3)_2]^+$	1.12×10^7
$[Hg(CN)_4]^{2-}$	2.5×10^{41}	$[Cd(NH_3)_6]^{2+}$	1.38×10^5
$[Ni(CN)_4]^{2-}$	2.0×10^{31}	$[Cd(NH_3)_4]^{2+}$	1.32×10^7
$[Zn(CN)_4]^{2-}$	5.0×10^{16}	$[Co(NH_3)_6]^{3+}$	1.58×10^{35}
$[Ag(SCN)_4]^{3-}$	1.20×10^{10}	$[Cu(NH_3)_2]^+$	7.25×10^{10}
$[Ag(SCN)_2]^-$	3.72×10^7	$[Cu(NH_3)_4]^{2+}$	2.09×10^{13}
$[Au(SCN)_4]^{3-}$	1.0×10^{42}	$[Fe(NH_3)_2]^{2+}$	1.6×10^2
$[Au(SCN)_2]^-$	1.0×10^{23}	$[Hg(NH_3)_4]^{2+}$	1.90×10^{19}
$[Cd(SCN)_4]^{2-}$	3.98×10^3	$[Mg(NH_3)_2]^{2+}$	20
$[Co(SCN)_4]^{2-}$	1.00×10^5	$[Ni(NH_3)_6]^{2+}$	5.49×10^8
$[Cr(NCS)_2]^+$	9.52×10^2	$[Ni(NH_3)_4]^{2+}$	9.09×10^7
$[Cu(SCN)_2]^-$	1.51×10^5	$[Pt(NH_3)_6]^{2+}$	2.00×10^{35}
$[Fe(NCS)_2]^+$	2.29×10^3	$[Zn(NH_3)_4]^{2+}$	2.88×10^9
$[Hg(SCN)_4]^{2-}$	1.70×10^{21}	$[Al(OH)_4]^-$	1.07×10^{33}
$[Ni(SCN)_3]^-$	64.5	$[Bi(OH)_4]^-$	1.59×10^{35}
$[AgEDTA]^{3-}$	2.09×10^5	$[Cd(OH)_4]^{2-}$	4.17×10^8
$[AlEDTA]^-$	1.29×10^{16}	$[Cr(OH)_4]^-$	7.94×10^{29}
$[CaEDTA]^{2-}$	1.0×10^{11}	$[Cu(OH)_4]^{2-}$	3.16×10^{18}
$[CdEDTA]^{2-}$	2.5×10^7	$[Fe(OH)_4]^{2-}$	3.80×10^8
$[CoEDTA]^{2-}$	2.04×10^{16}	$[Ca(P_2O_7)]^{2-}$	4.0×10^4
$[CoEDTA]^-$	1.0×10^{36}	$[Cd(P_2O_7)]^{2-}$	4.0×10^5
$[CuEDTA]^{2-}$	5.0×10^{18}	$[Cu(P_2O_7)]^{2-}$	1.0×10^8
$[FeEDTA]^{2-}$	2.14×10^{14}	$[Pb(P_2O_7)]^{2-}$	2.0×10^5
$[FeEDTA]^-$	1.70×10^{24}	$[Ni(P_2O_7)_2]^{6-}$	2.5×10^2
$[HgEDTA]^{2-}$	6.33×10^{21}	$[Ag(S_2O_3)]^-$	6.62×10^8
$[MgEDTA]^{2-}$	4.37×10^8	$[Ag(S_2O_3)_2]^{3-}$	2.88×10^{13}
$[MnEDTA]^{2-}$	6.3×10^{13}	$[Cd(S_2O_3)_2]^{2-}$	2.75×10^6
$[NiEDTA]^{2-}$	3.64×10^{18}	$[Cu(S_2O_3)_2]^{3-}$	1.66×10^{12}
$[ZnEDTA]^{2-}$	2.5×10^{16}	$[Pb(S_2O_3)_2]^{2-}$	1.35×10^5
$[Ag(en)_2]^+$	5.00×10^7	$[Hg(S_2O_3)_4]^{6-}$	1.74×10^{33}
$[Cd(en)_3]^{2+}$	1.20×10^{12}	$[Hg(S_2O_3)_2]^{2-}$	2.75×10^{29}

参考文献

［1］张丽荣，程鹏，徐家宁，等．无机化学［M］．5 版．北京：高等教育出版社，2024．

［2］北京师范大学，华中师范大学，南京师范大学．无机化学［M］．5 版．北京：高等教育出版社，2020．

［3］矫文美，钱广盛，梁文慧．浅谈高校大学生思维能力的培养：以沉淀溶解平衡教学设计为例［J］．广东化工，2022，49（18）：240–242．

［4］高琳．基础化学［M］．北京：高等教育出版社，2021．

［5］牛秀明，林珍．无机化学［M］．3 版．北京：人民卫生出版社，2018．

［6］张天蓝，姜凤超．无机化学［M］．7 版．北京：人民卫生出版社，2016．

［7］吴巧凤，李伟．无机化学［M］．3 版．北京：人民卫生出版社，2021．

［8］高职高专化学教材编写组．无机化学［M］．6 版．北京：高等教育出版社，2022．

［9］冯务群，张宝成．无机化学［M］．5 版．北京：人民卫生出版社，2023．

［10］古国榜，李朴．无机化学［M］．4 版．北京：化学工业出版社，2023．

［11］石慧，郭红彦．无机化学［M］．北京：人民卫生出版社，2020．

［12］姜斌．无机化学［M］．2 版．北京：科学出版社，2020．

［13］张雪昀，董会珏，俞晨秀．基础化学［M］．北京：中国医药科技出版社，2019．

元素周期表

图例说明：
- 原子序数
- 元素符号，红色指放射性元素
- 元素名称，注*的是人造元素
- 外围电子层排布，括号指可能的电子层排布
- 相对原子质量（加括号的数据为该放射性元素半衰期最长同位素的质量数）

示例：92 U 铀 $5f^36d^17s^2$ 238.0

颜色图例：稀有气体 | 过渡元素 | 金属 | 非金属

周期	IA 1	IIA 2	IIIB 3	IVB 4	VB 5	VIB 6	VIIB 7	VIII 8	VIII 9	VIII 10	IB 11	IIB 12	IIIA 13	IVA 14	VA 15	VIA 16	VIIA 17	0 18
1	1 H 氢 $1s^1$ 1.008																	2 He 氦 $1s^2$ 4.003
2	3 Li 锂 $2s^1$ 6.941	4 Be 铍 $2s^2$ 9.012											5 B 硼 $2s^22p^1$ 10.81	6 C 碳 $2s^22p^2$ 12.01	7 N 氮 $2s^22p^3$ 14.01	8 O 氧 $2s^22p^4$ 16.00	9 F 氟 $2s^22p^5$ 19.00	10 Ne 氖 $2s^22p^6$ 20.18
3	11 Na 钠 $3s^1$ 22.99	12 Mg 镁 $3s^2$ 24.31											13 Al 铝 $3s^23p^1$ 26.98	14 Si 硅 $3s^23p^2$ 28.09	15 P 磷 $3s^23p^3$ 30.96	16 S 硫 $3s^23p^4$ 32.06	17 Cl 氯 $3s^23p^5$ 35.45	18 Ar 氩 $3s^23p^6$ 39.95
4	19 K 钾 $4s^1$ 39.10	20 Ca 钙 $4s^2$ 40.08	21 Sc 钪 $3d^14s^2$ 44.96	22 Ti 钛 $3d^24s^2$ 47.87	23 V 钒 $3d^34s^2$ 50.94	24 Cr 铬 $3d^54s^1$ 52.00	25 Mn 锰 $3d^54s^2$ 54.94	26 Fe 铁 $3d^64s^2$ 55.85	27 Co 钴 $3d^74s^2$ 58.93	28 Ni 镍 $3d^84s^2$ 58.69	29 Cu 铜 $3d^{10}4s^1$ 63.55	30 Zn 锌 $3d^{10}4s^2$ 65.39	31 Ga 镓 $4s^24p^1$ 69.72	32 Ge 锗 $4s^24p^2$ 72.64	33 As 砷 $4s^24p^3$ 74.92	34 Se 硒 $4s^24p^4$ 78.96	35 Br 溴 $4s^24p^5$ 79.90	36 Kr 氪 $4s^24p^6$ 83.80
5	37 Rb 铷 $5s^1$ 85.47	38 Sr 锶 $5s^2$ 87.62	39 Y 钇 $4d^15s^2$ 88.91	40 Zr 锆 $4d^25s^2$ 91.22	41 Nb 铌 $4d^45s^1$ 92.91	42 Mo 钼 $4d^55s^1$ 95.94	43 Tc 锝 $4d^55s^2$ [98]	44 Ru 钌 $4d^75s^1$ 101.1	45 Rh 铑 $4d^85s^1$ 102.9	46 Pd 钯 $4d^{10}$ 106.4	47 Ag 银 $4d^{10}5s^1$ 107.9	48 Cd 镉 $4d^{10}5s^2$ 112.4	49 In 铟 $5s^25p^1$ 114.8	50 Sn 锡 $5s^25p^2$ 118.7	51 Sb 锑 $5s^25p^3$ 121.8	52 Te 碲 $5s^25p^4$ 127.6	53 I 碘 $5s^25p^5$ 126.9	54 Xe 氙 $5s^25p^6$ 131.3
6	55 Cs 铯 $6s^1$ 132.9	56 Ba 钡 $6s^2$ 137.3	57~71 La–Lu 镧系	72 Hf 铪 $5d^26s^2$ 178.5	73 Ta 钽 $5d^36s^2$ 180.9	74 W 钨 $5d^46s^2$ 183.8	75 Re 铼 $5d^56s^2$ 186.2	76 Os 锇 $5d^66s^2$ 190.2	77 Ir 铱 $5d^76s^2$ 192.2	78 Pt 铂 $5d^96s^1$ 195.1	79 Au 金 $5d^{10}6s^1$ 197.0	80 Hg 汞 $5d^{10}6s^2$ 200.6	81 Tl 铊 $6s^26p^1$ 204.4	82 Pb 铅 $6s^26p^2$ 207.2	83 Bi 铋 $6s^26p^3$ 209.0	84 Po 钋 $6s^26p^4$ [209]	85 At 砹 $6s^26p^5$ [210]	86 Rn 氡 $6s^26p^6$ [222]
7	87 Fr 钫 $7s^1$ [223]	88 Ra 镭 $7s^2$ [226]	89~103 Ac–Lr 锕系	104 Rf 𬬻* $(6d^27s^2)$ [265]	105 Db 𬭊* $(6d^37s^2)$ [268]	106 Sg 𬭳* $(6d^47s^2)$ [271]	107 Bh 𬭛* $(6d^57s^2)$ [270]	108 Hs 𬭶* $(6d^67s^2)$ [277]	109 Mt 鿏* $(6d^77s^2)$ [276]	110 Ds 𫟼* $(6d^87s^2)$ [281]	111 Rg 𬬭* $(6d^{10}7s^1)$ [280]	112 Cn 鿔* $(6d^{10}7s^2)$ [285]	113 Nh 鿭* [284]	114 Fl 𫓧* $(7s^27p^2)$ [281]	115 Mc 镆* [288]	116 Lv 𬭳* $(7s^27p^4)$ [289]	117 Ts 鿬* [294]	118 Og 鿫* [294]

镧系：

57 La 镧 $5d^16s^2$ 138.9	58 Ce 铈 $4f^15d^16s^2$ 140.1	59 Pr 镨 $4f^36s^2$ 140.9	60 Nd 钕 $4f^46s^2$ 144.2	61 Pm 钷 $4f^56s^2$ [145]	62 Sm 钐 $4f^66s^2$ 150.4	63 Eu 铕 $4f^76s^2$ 152.0	64 Gd 钆 $4f^75d^16s^2$ 157.3	65 Tb 铽 $4f^96s^2$ 158.9	66 Dy 镝 $4f^{10}6s^2$ 162.5	67 Ho 钬 $4f^{11}6s^2$ 164.9	68 Er 铒 $4f^{12}6s^2$ 167.3	69 Tm 铥 $4f^{13}6s^2$ 168.9	70 Yb 镱 $4f^{14}6s^2$ 173.0	71 Lu 镥 $4f^{14}5d^16s^2$ 175.0

锕系：

89 Ac 锕 $6d^17s^2$ [227]	90 Th 钍 $6d^27s^2$ 232.0	91 Pa 镤 $5f^26d^17s^2$ 231.0	92 U 铀 $5f^36d^17s^2$ 238.0	93 Np 镎 $5f^46d^17s^2$ [237]	94 Pu 钚 $5f^67s^2$ [244]	95 Am 镅* $5f^77s^2$ [243]	96 Cm 锔* $5f^76d^17s^2$ [247]	97 Bk 锫* $5f^97s^2$ [247]	98 Cf 锎* $5f^{10}7s^2$ [251]	99 Es 锿* $5f^{11}7s^2$ [252]	100 Fm 镄* $5f^{12}7s^2$ [257]	101 Md 钔* $5f^{13}7s^2$ [258]	102 No 锘* $5f^{14}7s^2$ [259]	103 Lr 铹* $5f^{14}6d^17s^2$ [262]

0族电子数与电子层：

电子层	0族电子数
K	2
L / K	8 / 2
M / L / K	8 / 8 / 2
N / M / L / K	8 / 18 / 8 / 2
O / N / M / L / K	8 / 18 / 18 / 8 / 2
P / O / N / M / L / K	8 / 18 / 32 / 18 / 8 / 2
Q / P / O / N / M / L / K	8 / 18 / 22 / 18 / 8 / 2

注：相对原子质量录自1999年国际原子量表，并全部取4位有效数字。